新时代工程咨询与管理系列丛书

水环境治理PPP项目绩效激励机制研究

苏丽敏　岳红伟　著

中国建筑工业出版社

图书在版编目（CIP）数据

水环境治理PPP项目绩效激励机制研究 / 苏丽敏，岳红伟著 . —北京：中国建筑工业出版社，2023.7
（新时代工程咨询与管理系列丛书）
ISBN 978-7-112-28893-9

Ⅰ . ①水… Ⅱ . ①苏… ②岳… Ⅲ . ①水环境—综合治理—政府投资—合作—社会资本—激励机制—研究
Ⅳ . ① X143

中国国家版本馆 CIP 数据核字（2023）第 121571 号

责任编辑：朱晓瑜　张智芊
文字编辑：李闻智
责任校对：刘梦然
校对整理：张辰双

新时代工程咨询与管理系列丛书
水环境治理PPP项目绩效激励机制研究
苏丽敏　岳红伟　著
*
中国建筑工业出版社出版、发行（北京海淀三里河路 9 号）
各地新华书店、建筑书店经销
北京海视强森文化传媒有限公司制版
建工社（河北）印刷有限公司印刷
*
开本：787 毫米 × 1092 毫米　1/16　印张：11½　字数：258 千字
2023 年 9 月第一版　2023 年 9 月第一次印刷
定价：**49.00** 元
ISBN 978-7-112-28893-9
（41601）

前 言

水环境治理PPP项目是典型的依效付费项目，具有公益性强、涉及专业多、以政府付费为主等特点。目前，水环境治理PPP项目绩效评价体系和支付机制不完善，政府付费与运维期绩效考核挂钩率不高，甚至有些项目的运维本身缺乏约束性，从而使“重建设、轻运营”的现象更为严重。本书旨在解决水环境治理PPP项目依效付费缺乏理论基础、激励合同中出现的激励不足和激励不相容的问题，为水环境基础设施的提质增效提供理论基础和方法指导。基于此，本书的主要内容包括以下三个方面：

（1）水环境治理PPP项目绩效评价研究。考虑到目前水环境治理PPP项目绩效评价指标体系不完善，以及对绩效评价模型的研究仍处于摸索阶段，结合水环境治理PPP项目的绩效评价涉及多源、多维、多时空、多主体评价数据信息的独特特征，首先，采用调查问卷、文献分析、专家访谈等方法，构建水环境治理PPP项目绩效评价指标体系；其次，综合运用自适应加权融合算法和语言直觉模糊理论对水环境治理PPP项目绩效评价不同类型的数据信息进行融合；再次，利用直觉模糊理论和MULTIMOORA评价方法的优势，构建改进的MULTIMOORA绩效评价方法，该方法从比率系统、参照点法、全乘模型三个角度进行评价，得到的评价结果具有强鲁棒性；最后，以某县水环境治理和水生态修复工程项目为例，验证了模型的有效性和可行性。

（2）水环境治理PPP项目依效付费机制设计。针对水环境治理PPP项目依效付费机制设计中政府付费与运维期绩效考核挂钩率（以下简称“绩效挂钩率”）不高、不同绩效水平下单位付费额和政府阶段付费额的确定缺乏理论支撑的问题，首先，依据政府和社会资本方在水环境治理PPP项目中目标不一致的事实，建立以协调政府和社会资本双方利益诉求为目标的优化函数，揭示运维能力、成本系数对绩效挂钩率的影响关系，确定绩效挂钩率的计算方法；其次，探求付费与绩效水平的对价关系，构建以均衡政府财政支出和社会资本方合理收益为目标的优化函数，揭示社会资本方的绩效评价结果、成本等因素对单位付费额的影响机理，确定不同绩效水平下的单位付费额；再次，结合水环境治理PPP项目特征，将项目的整个运维期按绩效考核周期划分为若干阶段，运用多阶段随机动态规划理论，以政府付费额为决策变量，以社会资本方的扣除额为随机变量，以满足基本绩效情况下政府的付费额最小为目标函数，构建政府在水环境治理PPP项目的每个阶段付费额优化的模型；最后，以某县水环境治理和生态修复项目为例，验证模型的合理性和有效性。

（3）水环境治理PPP项目多周期动态激励机制模型构建。为了弥补水环境治理PPP项目激励机制设计中，由于多周期动态效应、声誉效应、棘轮效应等关键因子未被纳入激励框架而导致的激励缺位或过度激励等问题，首先，构建基于绩效的声誉效应下多周期动态激励机制模型；其次，构建基于绩效的声誉和棘轮耦合效应下多周期动态激励机制模型；最后，利用数值模拟分析方法对两种激励机制模型的结果进行分析。

本书通过构建水环境治理PPP项目全面系统性的绩效评价体系、研究不确定条件下付费结构的优化模型、剖析基于绩效的多周期动态博弈下声誉效应和棘轮效应的内在激励机理，既丰富和完善了PPP项目绩效评价和定价理论，为PPP项目的激励合同设计提供理论基础，又可以对生态环境类PPP项目起到很好的借鉴和示范作用，对我国重大工程项目的运行管理和绩效改善、社会公共基础设施服务水平的提升具有重要的应用价值。

本书由华北水利水电大学苏丽敏和岳红伟撰写。感谢华北水利水电大学数学与统计学院申建伟教授对本书提出的中肯建议和给予的大力支持。在本书的撰写过程中，华北水利水电大学水利学院李慧敏教授和曹永超博士对全书的构思、案例选取及方法应用均提出了宝贵的意见和建议。同时，本书得到国家自然科学基金面上项目（数字孪生驱动下城市公共基础设施建造服务化绩效治理机制研究，编号：72271091），河南省科技攻关项目（数字技术赋能黄河流域城市绿色高质量发展动态演进及治理机制研究，编号：232102321114），河南省高等学校重点科研项目（基于数字孪生和区块链的城市公共基础设施绩效治理平台开发，编号：23A630009），以及教育部“春晖计划”科研合作项目（数字孪生驱动下城市关键基础设施运维服务绩效激励机制研究，编号：HZKY20220268）的资助。

中国建筑工业出版社的朱晓瑜和李闻智编辑为本书的出版付出了大量心血和劳动，提出了诸多较有价值的建议，在此表示衷心感谢。

限于编者的水平，疏漏与不当之处在所难免，敬请专家学者们斧正。

编者

2023年4月

目　录 | CONTENTS

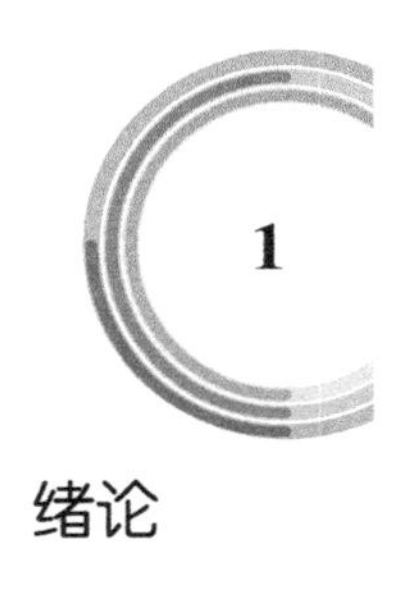

绪论

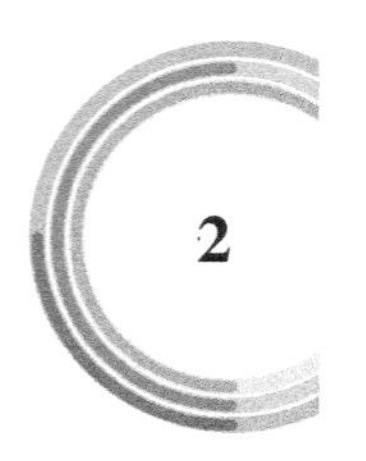

水环境治理PPP项目激励机制概述

水环境治理PPP项目绩效评价研究

水环境治理PPP项目依效付费机制设计

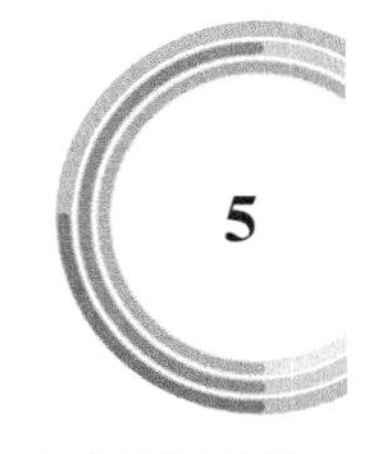

水环境治理PPP项目多周期动态激励机制模型构建

结论与展望

| 1 |

绪论

1.1 研究背景

1.1.1 水环境治理 PPP 项目是实现生态文明建设的有效途径

随着工业化、城镇化的快速发展，水环境污染、水生态破坏等问题日益突出。我国废污水排放量从 1999 年的 20.41 亿 m^3 增加到 2016 年的约 56.90 亿 m^3，多年的平均增长量为 2.39 亿 m^3/a；工业废水排放量平均每年增加 1.95 亿 t；生活污水排放量平均每年增加 0.44 亿 t。并且大部分未经处理或处理未达标的废水被直接排入河道和水域，造成大多数河道水体污染。水环境污染问题已经成为制约我国经济社会发展的重要因素之一，引起了国家和地方政府的高度重视。党的十八大以来，习近平总书记反复强调“绿水青山就是金山银山”[1]。2015 年，国务院出台的《水污染防治行动计划》，明确了今后水环境治理的工作目标：“到 2020 年，全国水环境质量得到阶段性改善，污染严重水体较大幅度减少；到 2030 年，力争全国水环境质量总体改善，水生态系统功能初步恢复；到本世纪中叶，生态环境质量全面改善，生态系统实现良性循环。”水环境治理（本书将水污染治理、水环境整治、水生态修复、水生态文明、黑臭水体治理等统称为“水环境治理”）是解决我国水环境恶化、水生态平衡破坏问题之需，是保障我国经济社会可持续发展之需，是国家发展战略之需，是国家政策之需。

为了切实落实《水污染防治行动计划》，财政部、环境保护部联合印发《关于推进水污染防治领域政府和社会资本合作的实施意见》（财建〔2015〕90 号），要求在水污染防治领域推广运用 PPP 模式，充分发挥市场机制作用，鼓励和引导社会资本参与水污染防治项目的建设和运营。在政府的大力推行下，中国 PPP 市场引人瞩目，截至 2018 年 9 月底，入库（财政部）项目达到 8287 个，总金额达到 12.31 万亿元，其中水环境治理 PPP 项目的个数占比为 9.60%，成交总金额占比为 5.80%。PPP 模式的应用和发展，为水环境治理提供了新的途径。

1.1.2 绩效评价是水环境治理 PPP 项目成功的关键

PPP 项目承载着重大责任与使命，绩效考核尤为重要。绩效评价工作能否有效开展、评价结果能否有效运用，是衡量项目是否取得成效的主要手段。政府依据绩效评价结果，并将其作为运营补贴对价支付的依据，通过绩效评价的手段对项目公司的建设和运营进行有效监督，绩效评价是 PPP 项目全生命周期中的重要环节，有助于促进实现公共服务提质增效目标，是推动 PPP 项目可持续发展的基础。

《财政部关于印发〈政府和社会资本合作项目财政管理暂行办法〉的通知》（财金〔2016〕92 号）中要求合同应当进行绩效和产出标准的制定，明确付费与绩效水平挂钩。财政部门应对其 PPP 项目预算进行绩效评价，同时会同行业主管部门在 PPP 项目的整个生命周期内，按照合同签订的产出绩效标准，对项目实际产出绩效、实际实施效果、收益状况以及可持续等方面开展绩效评价等工作。为突出PPP项目绩效导向的理念，推动PPP项目由重建设向重运营转变，确保项目长期稳定运行，《关于规范政府和社会资本合作（PPP）综合信息平台项目库管理的通知》（财办金〔2017〕92号）在推动项目建立按效付费机制方面强调，政府付费与项目绩效考核结果挂钩，且建设成本中参与绩效考核的部分占比不得低于30%。如何进一步落实《关于规范政府和社会资本合作（PPP）综合信息平台项目库管理的通知》（财办金〔2017〕92号）中关于绩效挂钩率的规范实施成果；如何加强政府绩效评价工作能力建设，培养专业人才，逐渐形成PPP项目绩效评价工作流程与方法；如何在PPP项目绩效评价过程中切实维护政府公信力，保证公正准确地开展政府年度付费工作，都将成为相关部门对PPP项目监管工作的持续关注点。将PPP项目绩效评价工作作为监督与管理PPP项目规范执行的重要手段，切实提高公共服务的效率与质量。

水环境治理PPP项目是典型的依效付费项目，绩效评价结果是付费的基础。与传统PPP项目相比，水环境治理PPP项目具有公益性强、涉及专业多、周期长、以政府付费为主等特点。同时，水环境治理技术相对比较复杂，水环境治理PPP项目的完工不仅仅包含施工，还包含更专业的公司在较长特许期内对项目的运营和维护，而运维结果的好坏则需要进行更为准确的绩效评价。然而，目前水环境治理PPP项目绩效评价体系和支付机制不完善，政府付费与运维期绩效挂钩率不高，甚至有些项目的运维本身缺乏约束性，从而使“重建设、轻运营”的现象更为严重。因此，对水环境治理PPP项目绩效评价进行研究变得非常迫切，这不仅是行业发展的需求，更是水环境治理PPP项目可持续发展的关键。

1.1.3 合理的付费机制是政府和社会资本方双赢的基础

PPP模式本质上是一种可以实现优化资源配置的合作机制，主要强调通过政府和社会资本双方的有效合作提升公共服务效率，而政府付费是重要的PPP模式之一，政府可以通过其与社会资本方合作项目的可用性、使用量，以及绩效中的付费情况来控制项目质量、提高合作效率。《PPP项目合同指南（试行）》专门对付费机制进行了阐述，付费机制关系着PPP项目的风险分配和收益回报，是PPP项目合同中的核心条款。在实际的PPP项目中，根据项目各方的合作预期和承受能力，结合项目所涉及的行业、运作方式等实际情况，因地制宜地设置付费机制。依效付费是指在项目的运维期内，政府依据合同中关于运营维护绩效考核标准及考核程序的规定，对项目进行绩效考核，根据绩效考核结果支付运营维护费用，突出绩效导向，改变了“重建设、轻运营”的局面。

在水环境治理PPP项目中，政府依据社会资本方在项目运维期的绩效产出水平支付运维期费用。政府希望社会资本方的绩效水平越高越好，而绩效水平越高意味着社会资本方在项目的运维过程中投入就越多，即需要付出的成本越高。而社会资本方的逐利性可能会使其在项目的建设和运维过程中尽可能地减少投入，甚至不惜降低项目的社会效益，并且如果社会资本方在项目中没有稳定的经济收入，其参与项目的积极性也会降低。因此，在水环境治理 PPP 项目的运维过程中，政府通过设置合理的付费机制，可以有效地激励和引导社会资本积极地投入项目的建设和运维中，这样做一方面可以吸引社会资本方提供更加优质的公共服务，另一方面也可以使社会资本方自身的经济利益最大化。

1.1.4 完善的激励机制是水环境治理 PPP 项目绩效持续提升的保障

随着水环境治理 PPP 项目进入发展的快车道，如何保证项目绩效水平（项目运维的效果）的提升一直是政府关注和研究的重点。在水环境治理 PPP 项目中，政府通过购买服务的形式向社会资本方支付运维期费用，希望社会资本方能够积极地投入资金和技术以提高水环境治理效果，而社会资本方则倾向于付出尽可能少的成本使自身的经济收益最大化。在项目的运维过程中，政府不能直接观测到社会资本方的行动，只能通过项目的运维效果进行判断。委托代理理论的核心是研究委托人和代理人的信息不对称和激励问题。对于水环境治理 PPP 项目而言，委托代理理论主要研究信息不对称情况下政府方（委托人）和社会资本方（代理人）之间的博弈，政府方对社会资本方的激励主要通过订立契约，并将对社会资本方的付费与绩效考核挂钩的形式来实现。

社会资本方能够达到政府期望的努力程度取决于参与约束和激励相容约束。其中，参与约束是指社会资本方从接受合同中得到的期望效用大于等于其不接受合同的期望效用；激励相容约束是指如果社会资本方付出政府所希望的努力得到的期望效用大于其付出其他任何努力得到的期望效用时，社会资本方才会选择努力。《财政部关于推广运用政府和社会资本合作模式有关问题的通知》（财金〔2014〕76 号）中提到，项目评估时，要综合考虑公共服务需要、责任风险分担、产出标准、关键绩效指标、支付方式、融资方案和所需要的财政补贴等要素，平衡好项目财务效益和社会效益，确保实现激励相容。学者 Hurwicz[2~4] 在其创立的机制设计理论中将“激励相容”定义为：在市场经济中，每个理想经济人都会有自利的一面，其个人行为会被自利的规则支配；如果能有一种制度安排，使行为人追求个人利益的行为，正好与企业实现机体价值最大化的目标相吻合，这一制度安排就是“激励相容”。水环境治理 PPP 项目的激励相容是在项目的运维过程中实现政府追求社会效益最大化和社会资本追求自身经济利益最大化的协调。《关于进一步加强政府和社会资本合作（PPP）示范项目规范管理的通知》（财金〔2018〕54 号）指出：“落实中长期财政规划和年度预算安排，加强项目绩效考核，落实按效付费机制，强化激励约束效果，确保公共服务安全、稳定、高效供给。”

水环境治理 PPP 项目运维周期长，多周期动态效应、声誉效应和棘轮效应等关键因子在激励过程中起着非常重要的作用。因此，在水环境治理 PPP 项目的运维过程中，政府设计一个有效的激励合同，根据观测到的项目的运维效果对社会资本方进行奖惩，对于持续提升项目绩效具有重要意义。

1.2 研究现状分析

1.2.1 PPP 项目绩效评价研究现状

PPP 项目绩效评价是指根据设定的绩效目标，运用科学合理的绩效评价指标和评价方法，对 PPP 项目进行评价。对 PPP 项目进行绩效考核，不仅是政府“按绩效付费”的依据，更是实现 PPP 项目增加公共服务有效供给之“初心”的关键[5]。在 PPP 项目执行过程中，促进 PPP 项目成功实施的关键在于对项目进行有效的绩效评估与监管等[6~8]。Yu 等[9] 强调指标体系和评价模型对于 PPP 项目绩效评价的关键作用，两者直接反映了项目评价结果的真实情况。

在 PPP 项目绩效评价指标体系构建方面的研究主要有：姜爱华和刘家象[10] 提出要落实绩效评价机制，政府应完善 PPP 项目全周期的绩效评价体系建设。通过“物有所值”“财政可承受力评估”“绩效监测与支付”等方式完成 PPP 项目全周期的绩效评价，并对 PPP 项目五个阶段的关键成功因素及关键绩效指标进行详细分析。Mladenovic 等[11] 从大量的文献出发，找出公共部门、私营部门和用户的绩效目标，并归纳为技术、功能性和财务三类关键绩效指标（Key Performance Index，KPI）。Toor 和 Ogunlana[12] 认为传统的铁三角措施（质量、成本和工期）不再适用于评估大型基础设施项目的绩效，而其他绩效指标如安全性、资源的有效利用、有效性、利益相关者的满意度，以及冲突和争端的减少变得越来越重要，这意味着建筑行业正在由传统的量化绩效衡量标准向定量和定性绩效衡量相结合的评估标准转变。Liu 等[13] 从五个方面探讨了实施 PPP 项目全生命周期绩效评估的可行性，分别为：关键利益相关者的满意度，项目交付过程，公共机构自身的能力，私营部门自身的能力，以及关键利益相关者对项目的贡献。Yuan 等[14, 15] 基于轨道交通 PPP 项目的目标，建立了一个 KPI 概念性框架，利用结构化问卷和验证性因子分析的方法构建了包含项目公众满意度、政府部门满意度等利益相关者满意度指标和实施项目的进度、设计的复杂程度等物理指标在内的 PPP 项目绩效评价体系。Yuan 等[16] 通过验证性因子分析及结构方程模型对公租房 PPP 项目的运营绩效指标进行了筛选，主要包含房屋分配和回收效率、项目空间分布、生活环境、项目财务状况等。Toor 和 Ogunlana[12] 认为用在公共项目中的安全性、资源的有效利用程度、利益相关者的满意度以及冲突发生率来衡量项目的绩效变得越来越重要，并将其纳入指标体系中。Liu 等[17] 提出了以利益相关者为导向的全生命周期绩效评估体系，该体系包含了项目关键成功因素、公共部门的角色与责任、特许权获得者的选择、风险管理、不同类型下的成本和时间效率，并在该体系中引入“物有所值”理念，从而使公共和私营部门能够在项目整个生命周期中进一步提高绩效。Negishi 等[18] 从建筑技术层面、最终用户层面和外部系统层面构建了指标体系，继而提出了一种全生命周期绩效评估框架。Song 等[19] 通过多案例研究识别了政府决策失误、支付违约等 11 项 PPP 项目提前终止的影响因素。这些研究均为 PPP 项目绩效评估指标体系的构建提供了一定的思路和借鉴。

在 PPP 项目绩效评价模型方面的研究主要有：Mladenovic 等[11] 探讨了项目 KPI 如何满足利益相关者绩效目标，提出项目绩效的两层评价方法。第一层是基于每个利益相关者的角度评估项目的最终目标，即私营部门的盈利能力、公共部门的效益和资金价值，以及为用户提供的服务水平；第二层对具体利益相关者目标的实现进行了调整和加权组合，形成 PPP 项目绩效综合评价方法。Cong 和 Ma[20] 以效率、经济、效果和公平理论为基础，分别构建旧城改造 PPP 项目绩效评价指标体系和有序加权的指数模型，并结合云模型进行了绩效评价。Luo 等[21] 从经济效益、项目内部流程、创新与环境保护、可持续发展和利益相关者满意度五个方面构建了页岩气 PPP 项目的指标体系，并利用层次分析法（AHP）和物元分析法对实际项目进行了绩效评价。

然而，PPP 项目运营绩效评价中仍存在绩效评价法规依据不足、公私绩效评价目标不一致、相关绩效风险评价难以开展、财政中长期承受能力评价缺乏科学论证、绩效评价方法有待完善等问题。袁竞峰等[22] 指出实际操作中缺乏有效而完善的绩效指标，导致 PPP 项目的绩效评价缺位和产出不能达到预期目标。Lawther[23] 通过半结构化访谈和多案例比较，发现绩效监管资源不足和项目产出标准的解释不一致可能会导致 PFI 项目中不合理的支付。由此可见，构建完善的绩效评估指标体系、配套的评价标准和有效的绩效评价方法是开展 PPP 项目绩效评价的基础。

水环境治理 PPP 项目绩效评价的研究，在我国还处于起步阶段，但是水环境管理、水资源管理等相关研究成果可以为其提供借鉴。王亚华和吴丹[24] 从社会、经济、生态三个维度，构建了流域水环境管理绩效评价目标体系。马涛和翁晨艳[25] 建立了由职能指标、效益指标、潜力指标构成的城市水环境治理绩效评价指标体系，并以北京、上海和杭州为研究对象进行了实证评估。李雪松和孙博文[26] 在全面分析城市水环境治理效益的基础上，结合 AHP 和线性加权模型，从生态、经济和社会三个维度评价了水环境治理效益。

在以绩效付费为基础的 PPP 项目中，项目的成功更依赖于项目的绩效管理系统和 KPI，绩效水平只有被科学合理地评价才能对项目起到正向激励作用，进而促使社会资本提高公共基础设施的运行质量和效率。已有的评价指标体系及模型为本书提供了有力的理论和方法支撑，但是还不能满足水环境治理 PPP 项目绩效评价的需求。因此，随着水环境治理行业建设的不断深入，围绕水环境治理 PPP 项目特点，构建一套适合的绩效指标评价体系以实现项目的“物有所值”显得尤为迫切。

1.2.2 PPP 项目依效付费机制研究现状

PPP 项目付费机制是社会资本方参与 PPP 项目，并通过公共服务或公共物品的供给来获得投资回报的方式，合理的付费机制是政府和社会资本双方目标实现、顺利合作的基础。因此，PPP 项目付费机制是政府和社会资本方在 PPP 项目建设、运营和维护过程中关注的核心要素，也是 PPP 合同中最为关键的条款之一。与传统基础设施项目不同，PPP 项目的本质是通过引入社会资本方的资金和管理技术，从而提高公共服务和公共产品的质量和数量，并注重政府部门与社会资本之间的风险分配，以实际绩效进行相应的付费[27]。也就是说，PPP 项目绩效评价的结果是政府合理付费的依据，新公共管理理论也提出要按照绩效或者效果付费，这恰恰解释了 PPP 项目为什么要进行绩效评价[28]。

1. PPP 项目“定价” 问题的相关研究

依效付费机制设计的本质是产品或服务的“定价”问题[29]，其价格制定得过高或过低均不利于 PPP 项目的顺利进行。若价格制定得过高，会因超出消费者承受能力而致使消费者不选择使用该项目，继而导致 PPP 项目失败；若价格制定得过低，为了调动社会资本方工作的积极性，政府方需要支付高额的补偿，从而增加了政府的财政压力[30]。宋金波和张紫薇[31] 利用系统动力学的方法对污水处理 BOT 项目进行了特许定价研究，得出了不同因素组合下的特许价格能够为污水处理 BOT 项目特许定价提供理论参考和决策依据的结论。何寿奎和孙立东[32] 指出对于竞争性比较强的行业，可以让企业在市场自由竞价中形成定价，而对于自然垄断性的行业，还需政府定价，只是不再采用传统的政府统一定价模式，而是采取价格上限规制的定价方法。在分析 PPP 项目特点的基础上，姚鹏程和王松江[33] 指出，PPP 项目的定价问题实质上是一个多目标优化问题，且有多个相对独立的决策者，某个决策者将会影响到其他决策者的决策，处于不同层次上的决策者又有不同的权力，进而构建了双层目标规划模型。在保证服务质量的前提下，任志涛和高素侠[34] 从激励社会资本改善效率的视角出发，通过将质量因子引入价格上限规制模型，构建了基于服务治理的价格上限规制模型。段世霞等[35] 运用结构方程对 PPP 项目价格的影响因素进行分析，结果表明政府是影响 PPP 项目价格的重要因素之一，政府应该制定适当的激励措施，在保证资源合理有效配置的同时，也使社会资本方的投入可以得到相应的利益回报。叶晓甦和杨俊萍[36] 在分析现状和回顾文献的基础上，结合政府、社会资本方、公众三者在 PPP 项目中的目标，构建了基于多目标规划模型的 PPP 项目定价方式。易欣[37] 在兼顾政府的社会效益、社会资本方和公众利益的前提下，结合 PPP 轨道交通项目的特征，提出了基于动态多目标的定价机制及对应的定价模型，并针对 PPP 轨道交通项目特许期内客流量变化的三个阶段的定价做了详细讨论。邵俊岗等[38] 以政府的社会福利最大化、社会资本方的利益最大化和消费者的剩余最大化为目标，将政府作为上层决策者，社会资本方和消费者作为下层决策者，建立了非线性双层规划模型来研究 PPP 项目定价问题。考虑到人对环境的认识不足，且易受环境和情绪的影响，孙春玲和徐叠元[39] 用“公平关切”参数来表达各方追求利益均衡的意愿，从博弈论的视角出发，研究加入“公平关切”因素的 PPP 项目定价对社会资本的利润、消费者剩余和社会效益的影响，以确定 PPP 项目定价模型。张水波等[40] 认为在价格规制中应用最广泛的是价格上限规制和收益率规制，并分析了两种价格规制的优缺点，提出应结合两种方式的优点综合使用，同时也提出未来的研究方向是设计一种动态的、有效的激励型价格机制，这对 PPP 特许经营项目价格规制研究具有一定的指导意义。

2. PPP 项目付费机制的相关研究

根据英国财政部发布的《标准化 PF2 合同》，PPP 项目的付费机制主要有使用量付费、可用性付费、使用量和可用性混合型付费三类。其中，可用性付费（Availability Payment）项目是典型的政府付费 PPP 项目，该模式中如果基础设施或服务不可用，或者其质量、安全、服务水平没有达到产出要求，政府将在支付给私营资本的费用中进行扣款，从而影响私营资本的收益，这种模式在美国、英国和加拿大等国家被广泛应用。Abdel Aziz 等[41] 调研了加拿大以绩效付费（Performance-based Payment）为基础的 DBFO（Design-Build-Finance-Operate）交通项目的付费结构，发现其付费结构主要有基于资本的付费（分为建设期支付或建设期不支付）和基于服务的付费（包括可用性、运行维护服务、交通管理、安全、使用者满意度）。Abdel Aziz 等[42] 采用多案例比较的方法，研究了美国和加拿大高速公路可用性支付项目实施的情况，发现高速公路 PPP 项目的可用性付费结构主要包括基于资本的付费、可用性付费、使用者付费、运行维护付费、工程质量合格付费、运行安全付费、交通管理质量付费、资产不可用扣款、工期延误扣款、交通中断扣款和通货膨胀等，每个项目的付费结构都是由几种付费方式组合而成。Zhu 和 Cui[43] 构建了基于双层随机动态规划的可用性支付设计模型，并应用遗传算法进行求解，得出既满足公共部门预算约束又满足私营部门预期收益的支付结构。郑皎和侯嫚嫚[44] 认为在政府付费机制设计时应充分考虑社会资本风险偏好与运行成本、特许期等因素，制定价格合理、付费方式科学的付费机制。

依效付费机制可以激励社会资本方充分利用其技术和管理优势提高项目运营水平，确保项目治理效果。适当的激励机制又能提高社会资本工作的积极性，提高项目的投资回报率，节省政府监督的成本，对提高付费机制实行的有效性具有重要的作用[44]。基于绩效付费的 PPP 项目在其他领域得到了广泛的应用，但在这些领域中，案例分析和定性研究较多，从理论上构建付费机制设计模型的研究较少。水环境治理 PPP 项目的付费也基于绩效导向，但是又不同于其他领域，需要根据水环境治理 PPP 项目的特点，借鉴欧美在其他领域的成功经验，来设计水环境治理 PPP 项目的依效付费机制。

1.2.3 PPP 项目的激励机制研究现状

绩效评价是政府对社会资本方在项目运维过程中所做的努力进行有效衡量、评价与监督的手段，可以促进 PPP 模式在实际应用中的标准化、规范化。因此，建立合理有效的绩效激励机制能够进一步提高社会资本方在项目运维过程中的绩效水平[45]。

国内外关于 PPP 项目激励机制方面的研究已有相当多的成果，从社会资本方的视角来看，研究主要集中在社会资本方的机会主义行为方面。曹启龙等[46] 从社会资本方的任务目标多维性出发，构建了 PPP 项目多任务委托代理激励模型，并指出政府激励方式和社会资本方的行为成本函数存在依存关系。Liu 等[47] 建立了委托代理模型并引入投机趋势，证明了提高激励强度和增加利益分配可以有效地促使特许经营者提高生产力水平，削弱社会资本方的投机趋势进而抑制其投机行为。Sarbry[48] 发现政府有效的监督机制可以促进 PPP 项目的成功。Koo 等[49] 认为政府的监督能够有效地抑制社会资本方的投机行为。

从政府的视角来说，研究的焦点主要集中在政府的监督、管理以及补偿行为等方面。Greco[50] 基于政府角度，利用委托代理理论构建了激励监督模型，研究了对于社会资本方政府如何选择激励方式和监督水平。柯永建等[51] 强调了政府制定合理的激励措施可以提高社会资本方的投资热情和努力水平。而预设合理监管目标值[52] 和加权监管力度[53] 进行奖惩是较为有效的激励措施。石莎莎等[54] 运用缔结有效内部契约治理机制的方法，从内外治理的角度深入分析了诱导原理，并运用系统动力学理论研究了政府监督行为能够对社会资本方的机会主义行为产生抑制效果，认为公私双方应构建柔性化的利益分配机制和激励约束机制，以充分发挥利益主体的主观能动性。曹启龙等[55] 认为作为委托方的政府的惩罚作用能够抑制社会资本方投机行为，并在政府激励监督机制的基础上，引入并强化惩罚力度，构建了 PPP 项目的委托代理激励模型，来分析政府激励水平、监管力度和惩罚力度对社会资本方绩效行为的影响。不同于以往鼓励公共部门积极进行激励和监督的研究，Jensen 等[56] 通过研究表明并不是激励与监督越高越好，这样反而会忽略社会资本方内部的激励效用，他们认为设计激励机制要以合理为原则。

由于 PPP 项目的特许经营期较长且外界环境不断地动态变化，当出现运营成本增加或市场需求量下降等导致项目难以维持运营的情况时，政府的补偿行为可以有效地激励社会资本方的行为。Bergstrom 和 Andreoni[57] 建立了三种不同的政府补贴模型，包括政府税收补贴、投资赞助和减免社会资本方捐赠额，并从纳什均衡的角度论证了政府使用税收补贴对增加公共物品供给效率的有效性。Reeven[58] 发现政府的补贴行为会影响 PPP 项目运营阶段的绩效表现水平。柯永建等[51] 归纳分析了几个典型 PPP 项目案例中政府部门的激励措施，包括政府担保、税收减免优惠、政府投资赞助、政府对融资的协助和开发新市场等，研究表明税收减免措施效果显著，而政府投资赞助效果较差。曹启龙等[59] 对 PPP 项目“补建设”和“补运营”两种模式分别构建了委托代理激励模型，并将运营阶段的收益补贴、成本补贴、利润补贴纳入模型中，比较分析了不同政府补贴模式下社会资本方的最优努力行为。然而，在信息公开不透明的情况下，政府往往承担了过多的风险，Acerete 等[60] 通过实例研究发现，风险分担不均衡导致了项目收益被社会资本方独占，而损失则由全社会共同承担，因此，补偿机制的建立应以社会福利和消费者剩余的提升为前提，并在此基础上建立公平、公正的补偿机制。

设计 PPP 项目激励机制的主要意义在于，政府通过合约激励社会资本，在使社会资本达到预期收益的同时实现社会效益的最大化，合理分担风险，抑制社会资本的投机行为，并提高项目的绩效水平。曹启龙等[61] 将声誉效应引入 PPP 项目的激励体系之中，构建了显性激励与隐性激励相结合的最优动态激励契约模型，分析引入声誉效应的隐性激励机制对 PPP 项目的收益及社会效益的影响。Rangel 等[62] 运用泊松和负二项回归模型分析了西班牙高速公路 PPP 项目的道路安全、事故率和合同中的安全激励之间的关系，结果发现政府部门在 PPP 项目中引入安全激励是降低高速公路事故率、提高安全性的有效举措，同时也可以鼓励私人资本积极地选择更好的技术和管理措施来处理安全问题。刘德海等[63] 讨论了政府声誉在应急处置环境污染群体性事件过程中对地方政府预期成本的影响，研究表明，政府声誉效应越大，地方政府的预期成本也越大，且地方政府预期成本增加值也越大。

PPP 项目激励机制的相关研究为水环境治理 PPP 项目激励机制的研究提供了丰富的理论支撑，然而，水环境治理 PPP 项目具有涉及专业多、周期长等特征，在长达几十年的运营维护期内，政府如何激励社会资本方才能使政府和社会资本方实现“双赢”，社会资本方的声誉效应对其收益有何影响，以及政府如何制定绩效目标才能更好地激励社会资本方等相关问题仍有待进一步探讨。

1.2.4 现有研究存在的问题及进一步研究的方向

目前，关于水环境治理 PPP 项目绩效激励机制的相关研究取得了一定进展，但仍有以下方面的问题需要进一步研究：

（1）水环境治理 PPP 项目绩效评价体系的研究相对匮乏。水环境治理 PPP 项目是典型的依效付费项目，绩效评价是项目是否有效的关键。如何设计绩效评价体系才能对社会资本的努力起到正确的引导作用？多源、多维、多时空、多主体的评价数据如何有效融合？这些将是进一步研究的方向。

（2）水环境治理 PPP 项目的付费机制设计缺乏科学的理论支撑。在项目完工进入运营期后，政府按照可用性绩效和运行维护绩效考核结果付费给项目公司。按照《关于规范政府和社会资本合作（PPP）综合信息平台项目库管理的通知》（财办金〔2017〕92 号）的要求，可用性付费至少 30% 用于绩效考核，但是此比例是否合理是一个值得研究的问题。在运营维护绩效付费中，政府付费和绩效考核如何挂钩？付费结构设计的理论依据是什么？如何设计付费机制才能均衡政府和社会资本方的目标？这些问题均有待进一步探讨。

（3）水环境治理 PPP 项目的长期激励机制设计缺乏全面系统的考虑。由于在水环境治理 PPP 项目中，政府和社会资本方的信息不对称，政府无法观测到社会资本方的努力水平，也无法完全观测到项目的绩效水平。因此，如何设计有效的激励合同，调动社会资本方的积极性，在特许经营期内提高并保持 PPP 项目的绩效水平，提升社会效益？在多阶段博弈的情况下，声誉效应如何影响社会资本道德风险控制的问题？声誉效应、棘轮效应在激励过程中有何影响作用？这些问题仍需进一步深入研究。

1.3 研究目的和意义

目前，水环境治理 PPP 项目所面临的绩效评价体系不健全、政府付费与运维绩效的激励缺位和激励不相容等问题，给水环境治理 PPP 项目的可持续发展带来了巨大的挑战。本书针对水环境治理 PPP 项目特点和合同特征，探索绩效付费的定价机制，揭示长期不完备合同在多因素叠加耦合效应下的内在激励机理，构建多阶段动态博弈下的柔性激励合同，深化和完善 PPP 项目合同理论与方法，为政府监管、社会资本投资决策提供理论依据，为水生态文明建设提供理论支撑和决策参考，实现社会、环境、经济的可持续发展。

理论意义：①构建全面系统的水环境治理 PPP 项目的绩效评价体系，丰富 PPP 项目绩效评价理论；②研究不确定条件下付费结构优化的模型，完善 PPP 项目定价理论；③剖析多阶段动态博弈下声誉效应、棘轮效应的内在激励机理，为 PPP 项目的激励合同设计提供理论依据；④应用绩效评价理论、委托代理理论和随机动态规划理论等多学科交叉的理论与方法，对水环境治理 PPP 项目中的绩效合同进行设计，丰富了工程项目管理理论，具有学科意义。

现实意义：结合水环境治理 PPP 项目特点，对绩效约束下的激励机制进行设计、仿真与实证，研究成果将有助于理清 PPP 项目目标、产出标准、绩效考核和付费机制之间的内在逻辑，使政府部门在 PPP 招标文件编写、合同设计、绩效考核、财政支付、再谈判等环节有章可循，从而提高政府采购效率和监管能力，提升 PPP 项目合同的完整性，促进我国 PPP 项目的可持续发展。本书不仅对生态环境类 PPP 项目有很好的借鉴和示范作用，而且对我国重大工程项目的运行管理和绩效改善、社会公共基础设施服务水平的提升具有重要的应用价值。

1.4 研究内容和创新点

1.4.1 研究内容

本书以水环境治理 PPP 项目绩效激励机制为研究对象，遵循“绩效评价→依效付费机制设计→激励机制模型构建”的递进式研究主线，主要研究以下三部分内容：水环境治理 PPP 项目绩效评价研究、水环境治理 PPP 项目依效付费机制设计和水环境治理 PPP 项目多周期动态激励机制模型构建，其中绩效评价结果是依效付费机制设计的基础，在合理的依效付费机制设计的前提下，完善的激励机制为项目绩效的持续提升提供保障，研究内容逻辑如图 1-1 所示。

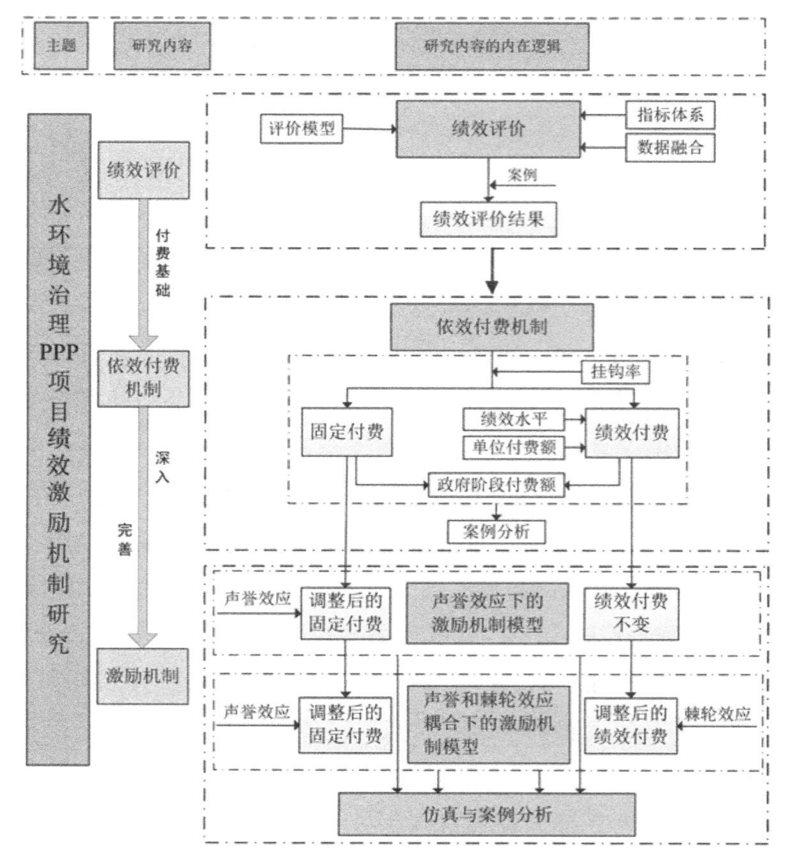

图 1-1　研究内容逻辑

本书的具体研究内容如下：

（1）水环境治理PPP项目绩效评价研究。该部分研究主要包括：①水环境治理PPP项目绩效评价指标体系构建。根据水环境治理PPP项目绩效评价指标选择的原则，首先通过国内外文献分析、专家访谈等方法，初选出水环境治理PPP项目绩效评价指标；然后针对初选的指标重要性程度运用调查问卷法搜集数据，并利用构建的指标筛选模型对初选的指标进行二次筛选，最终确定水环境治理PPP项目绩效评价指标体系。②水环境治理PPP项目绩效评价指标数据处理。水环境治理PPP项目绩效评价涉及多专业、多主体、多维空间和多维时间数据，且数据类型复杂。所有数据大致分为两类：调查问卷的数据和实时监测数据。对于调查问卷的数据，首先将所有数据进行规范化处理，然后转换为直觉模糊数进行数据信息集结；对于实时监测数据，运用算术平均值法和自适应加权融合算法进行数据处理。③改进的MULTIMOORA评价模型的构建。结合水环境治理PPP项目绩效评价指标体系及数据特征，综合利用传统MULTIMOORA评价方法和直觉模糊集的优势，构建改进的适用于水环境治理PPP项目绩效评价的MULTIMOORA评价模型。最后以某县水环境治理和生态修复工程项目的绩效评价为例，说明所研究内容的合理性和科学性。

（2）水环境治理 PPP 项目依效付费机制设计。该部分在介绍水环境治理 PPP 项目付费机制设计原则和描述依效付费机制设计问题的基础上，从两个方面研究了依效付费机制的设计：一是水环境治理 PPP 项目付费结构的设计，包括水环境治理 PPP 项目中政府付费与运维期绩效挂钩率的设计，水环境治理 PPP 项目绩效水平的设置以及各绩效水平下单位付费额的确定；二是水环境治理 PPP 项目政府阶段付费额的优化设计。最后以某县水环境治理和生态修复工程项目为例，验证了模型的有效性和合理性。

（3）水环境治理 PPP 项目多周期动态激励机制模型构建。该部分在水环境治理 PPP 项目激励机制基本模型的基础上，结合水环境治理 PPP 项目的特征，构建基于绩效的声誉效应下多周期动态激励机制模型，以及基于绩效的声誉和棘轮耦合效应下多周期动态激励机制模型，并对建立的激励机制模型进行分析，主要分析社会资本方最优努力水平和政府对社会资本方的最优激励系数。最后以某县水环境治理和生态修复工程为例，运用数值模拟的方法，分析了政府对社会资本方的最优激励系数与各影响参数之间的关系，并通过对主要影响参数的数值模拟，比较分析了两个模型得到的最优激励系数的变化趋势。

1.4.2 研究的创新点

本书以水环境治理 PPP 项目绩效激励机制为研究对象，其创新之处主要体现在以下三个方面：

1. 构建适用于水环境治理 PPP 项目的绩效评价指标体系和评价模型

针对水环境治理 PPP 项目绩效评价指标体系不完善和绩效评价方法缺乏鲁棒性等问题，本书利用文献分析、专家访谈等方法，通过对绩效评价指标进行初步筛选和二次筛选，建立了一套适用于水环境治理 PPP 项目绩效评价的指标体系；同时，将 MULTIMOORA 评价方法引入水环境治理 PPP 项目绩效评价中，构建改进的 MULTIMOORA 绩效评价方法，丰富了水环境治理 PPP 项目绩效评价理论。

2. 提出依效付费合同的付费机制设计方法

同类研究中关于付费机制的研究已取得了丰硕的成果，但多数研究是关于经营性项目的付费机制，且大多数还停留于静态扣费研究，关于绩效付费性项目的付费机制研究还不多，而关于绩效挂钩率和单位付费额的研究基本没有。因此，本研究基于优化理论进行建模，并利用极值理论求解，分别求得绩效挂钩率、不同绩效水平下的单位付费额。同时，运用随机动态规划理论构建多阶段动态规划模型，求得政府阶段付费额，旨在为水环境治理 PPP 项目依效付费机制设计提供理论支撑。

3. 构建声誉效应、声誉和棘轮耦合效应下多周期动态激励机制模型

目前的同类研究中大多数只考虑声誉效应在长周期激励过程中的影响，对于声誉和棘轮耦合效应作用的考虑甚少，且多数假设在每个绩效周期内的激励程度相同。基于此，本书将声誉效应、声誉和棘轮耦合效应下多周期动态激励机制模型引入水环境治理 PPP 项目激励合同的设计中，并研究其对社会资本努力系数、政府方对社会资本方的最优激励系数等参数的影响，以拓展设计 PPP 项目激励机制的新思路。

1.5 研究方法、研究方案及研究技术路线

1.5.1 研究方法

1. 多源、多维、多时空数据自适应加权融合算法

水质传感器数据融合是用多个水质传感器对同一个区域的水质进行测量，从而得到该区域的多源信息，并将这些信息进行融合。水质传感器数据自适应加权融合算法不要求指导传感器测量数据的任何经验知识，只是靠水质传感器提供的测量数据，就可以融合出均方误差最小的数据融合值。水环境治理 PPP 项目绩效评价过程中涉及多源、多维、多时空数据，本书利用多传感器数据自适应加权融合算法对多源数据进行融合。

2. 定性的研究方法

本书采用问卷调查、专家访谈、文献分析等方法初步筛选出水环境治理 PPP 项目绩效评价指标，并对指标进行二次筛选，从而确定最终的绩效评价指标体系。

3. 改进的 MULTIMOORA 绩效评价方法

传统的 MULTIMOORA 评价方法采用比率系统、参照点法、完全相乘法对被评价对象进行排序，并利用占优理论将三个排序结果转化为最终的排序结果，与其他的评价方法相比，该方法具有较强的鲁棒性。本书利用 MULTIMOORA 评价方法和直觉模糊理论的优势，并结合水环境治理 PPP 项目绩效评价的实际问题，构建改进的 MULTIMOORA 绩效评价方法。

4. 多目标随机动态规划方法

本书在设计水环境治理 PPP 项目依效付费机制时，采用多目标随机动态规划方法来确定政府的阶段最佳付费额。将水环境治理 PPP 项目的运维周期按绩效考核周期分成若干个阶段，每个阶段政府的最佳付费额，在整个运维期都为最佳。

5. 多阶段动态博弈理论建模

本研究利用多阶段动态博弈理论，通过分别构建基于绩效的声誉效应下的水环境治理 PPP 项目多周期动态激励机制模型，以及基于绩效的声誉和棘轮耦合效应下的水环境治理 PPP 项目多周期动态激励机制模型，分析在水环境治理 PPP 项目较长特许期内，政府对社会资本方的最优激励以及社会资本方的最优努力水平。

6. 数值模拟仿真方法

本研究利用数值模拟仿真的方法分析政府对社会资本方的最优激励系数与各影响参数之间的关系，以及在不同激励机制模型中得到的不同激励系数的变化趋势。

1.5.2 研究方案

本书以水环境治理 PPP 项目绩效激励机制为研究对象，遵循“绩效评价→付费机制设计→激励机制模型构建”递进式研究思路进行研究，主要由三部分内容构成。本节将分别详细地阐述这三部分内容的研究方案，其中整体研究方案如图 1-2 所示。

具体各部分内容的研究方案如下：

研究内容一：水环境治理 PPP 项目绩效评价研究。

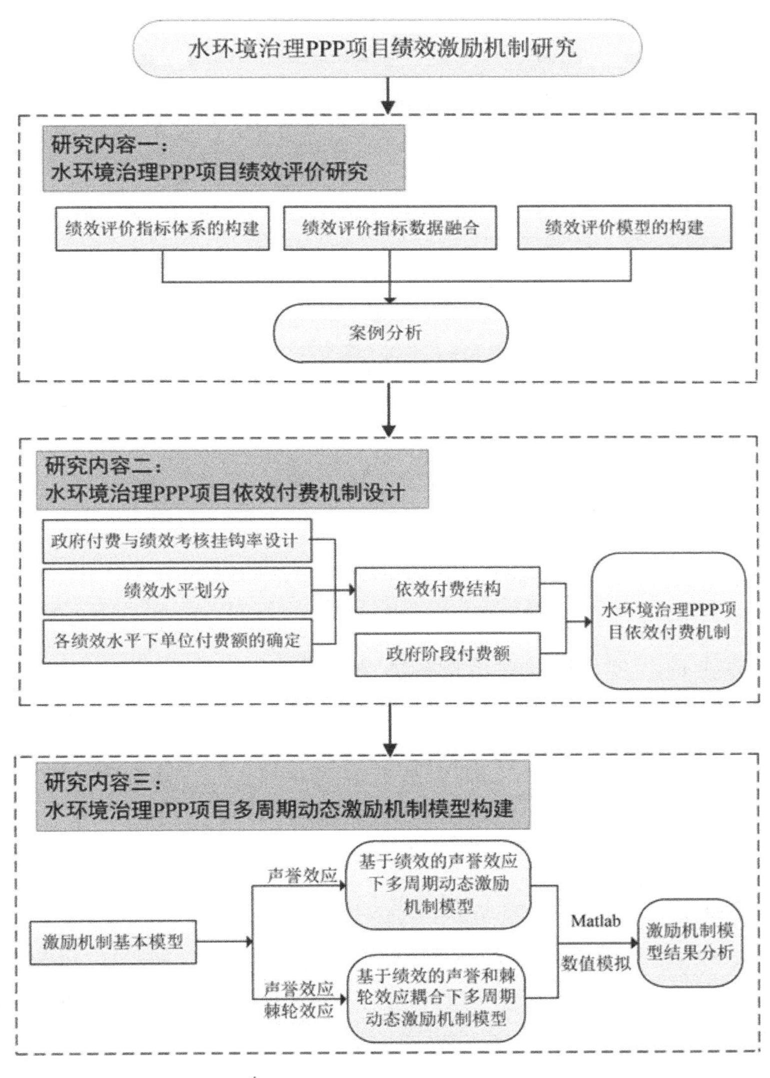

图 1-2　整体研究方案

该研究内容共分为四部分（图 1-3）：

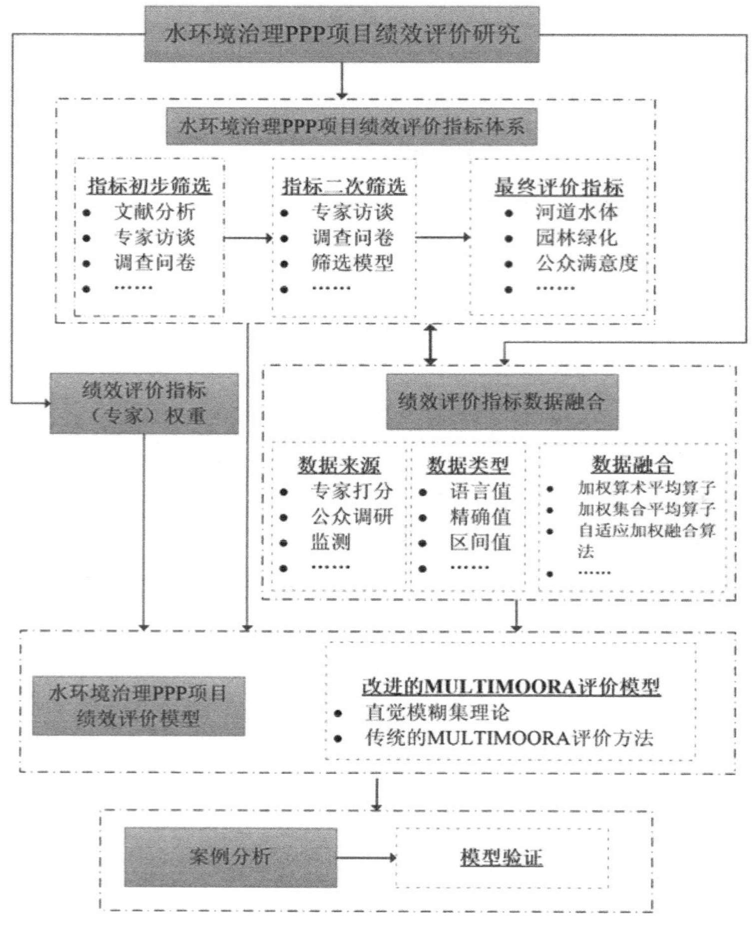

图 1-3　水环境治理 PPP 项目绩效评价研究方案

1）水环境治理 PPP 项目绩效评价指标体系的构建

首先，根据水环境治理 PPP 项目的特点，通过文献分析以及与行业专家、学者开展深度访谈等方式，初步筛选出绩效评价指标；其次，针对选出的指标，以问卷调查的方式邀请水环境治理相关领域的专家对指标的重要程度做出判断，进行二次筛选；最后，构建指标筛选模型，根据搜集的调查问卷的数据，确定最终的绩效评价指标体系。

2）水环境治理 PPP 项目绩效评价指标数据融合

水环境治理 PPP 项目绩效评价涉及的数据类型多且复杂。首先，对于水质传感器按周监测的数据，需先将不同传感器监测的数据利用自适应加权融合算法得到周检的数据；然后，运用算术均值法得到按年监测的数据；最后，将不同类型的评价数据均转换成直觉模糊数，运用模糊集理论进行运算。

3）水环境治理 PPP 项目绩效评价模型的构建

一是权重的计算，包括指标权重的计算和专家权重的计算两部分，其中指标权重采用直觉模糊熵来表示评价准则的模糊程度，专家权重由熵权法和距离测度来综合反映专家在判断信息时的模糊性和一致性程度；二是评价模型的构建，在传统 MULTIMOORA 评价方法的基础上，分五个步骤构建了改进的 MULTIMOORA 评价模型，分别为：比率系统、参照点法、全乘模型、集结评价结果、去模糊化。

4）案例分析

应用构建的指标体系、数据处理方法以及绩效评价模型，对某县水环境治理和生态修复工程进行绩效评价，验证模型的合理性和有效性。

研究内容二：水环境治理 PPP 项目依效付费机制设计。

该研究内容共分为三部分（图 1-4）：

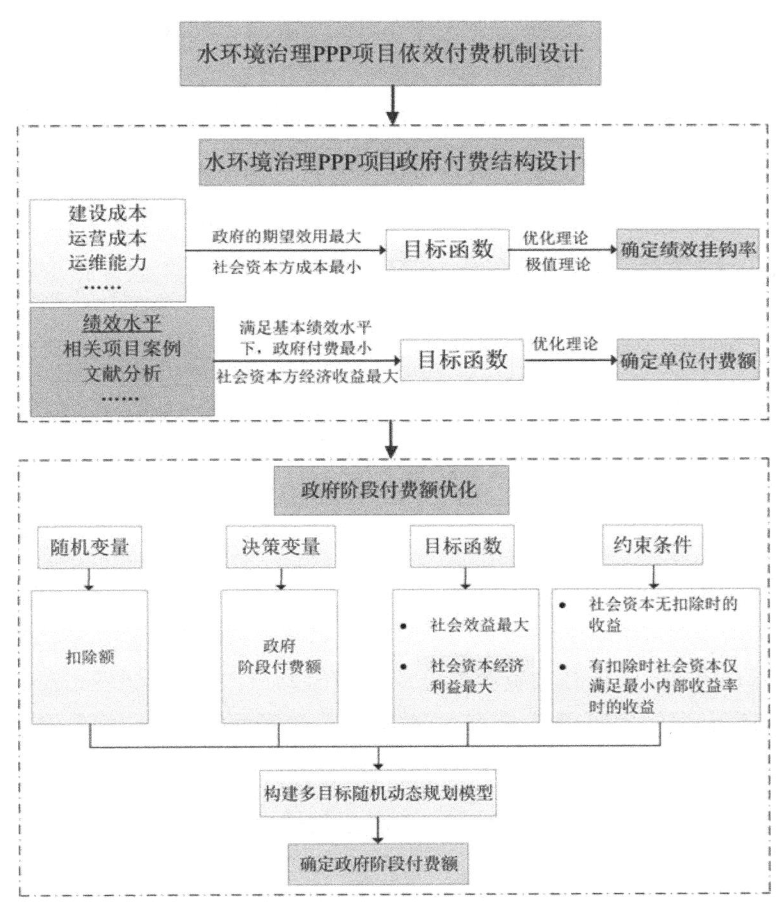

图 1-4　水环境治理 PPP 项目依效付费机制研究方案

1）水环境治理 PPP 项目政府付费结构设计

（1）绩效挂钩率（政府付费与绩效考核结果挂钩比例）设计。绩效挂钩率是政府需求目标和社会资本投资风险之间利益均衡的结果，是绩效付费结构设计的基础。因此，政府方需要确定一个合理的分割比例，以保障绩效考核的合理性。考虑社会资本方的建设成本、运营成本、运维能力等因素，构建社会资本方的成本函数，并以政府期望效用最大和社会资本方成本最小为目标，结合运用极值理论，确定绩效挂钩率。

（2）划分绩效水平。依据类似项目案例的数据和相关研究报告，将水环境治理 PPP 项目绩效水平划分为最低绩效水平、次低绩效水平、中等绩效水平、良好绩效水平和优秀绩效水平五个等级。

（3）确定单位付费额。在绩效水平确定后，运用最优化理论，确定在不同绩效水平下，社会资本方每提高一单位绩效考核得分政府方支付的费用是多少，这里每提高一单位绩效考核得分的费用称作单位付费额。

2）水环境治理 PPP 项目政府阶段付费额优化

应用多阶段随机动态规划理论，考虑社会资本方在每个绩效周期中绩效扣除的不确定性，将水环境治理 PPP 项目的特许经营期划分为若干个阶段，每个阶段社会资本方的财务状况作为不同阶段的状态，政府方在每个阶段选择的付费额作为决策变量，在保证社会效益最大化的同时，社会资本方的经济利益达到最大，构建多目标随机动态规划模型并求解，得到最佳阶段付费额，即政府方在该阶段选择某一付费额可以使该目标函数达到最优，从而得到政府在整个特许经营期内的最佳付费额。

3）案例分析

以某县水环境治理和生态修复工程为例，假设扣除额服从均匀分布，对模型进行计算检验，从而验证模型的合理性。

研究内容三：水环境治理 PPP 项目多周期动态激励机制模型构建。

该研究内容共分为四部分（图 1-5）：

1）模型假设

①假设政府方是风险中性的，社会资本方是风险规避的。②假设第 i 阶段社会资本方的实际绩效为 π_i，目标绩效为 $\bar{\pi}_i$。③假设第 i 阶段社会资本方的固定收入为 a_i，第 $i+1$ 阶段的固定收入根据第 i 阶段社会资本方的声誉做出调整。④假设政府方无法观测到社会资本方的运维能力 η。⑤假设社会资本方在第 i 阶段的努力水平为 e_i，成本函数为 $C(e_i)$。⑥假设社会资本方的实际产出为 π_i，政府方观察到的产出为 $\tilde{\pi}_i$，或者以概率 γ 观察到实际产出 π_i。⑦假设社会资本方为了避免棘轮效应，更倾向于减少本阶段上报的绩效产出，故 $\Delta\pi_i = \pi_i - \tilde{\pi}_i > 0$。

2）多周期动态激励机制基本模型构建

将水环境治理 PPP 项目特许经营期按绩效考核周期分为 N 个阶段，即每个绩效考核周期为一个阶段。根据设计的付费结构，社会资本方的收入主要为固定收入和绩效收入。假设激励契约为 $A_n = A(\pi_n) = a_n + \beta_n(\pi_n - \pi_0)$，其中 a_n 为第 n 个绩效考核周期的固定收入，$\beta_n \in [0,1]$ 为第 n 个绩效考核周期的激励系数，π_n 和 π_0 分别为第 n 个绩效考核周期社会资本方的实际绩效产出和政府方在该绩效考核周期对社会资本方的目标绩效产出（$n=1,2,\cdots,N$），则政府方的期望效用函数为：$\psi_G=(\pi_n,\pi_0,a_n,e_n,\beta_n)$。

3）水环境治理 PPP 项目多周期动态激励机制模型构建

在多周期动态激励机制基本模型的基础上，考虑激励过程中声誉效应和棘轮效应对激励的影响，构建水环境治理 PPP 项目多周期动态激励机制模型。

（1）构建基于绩效的声誉效应下多周期动态激励机制模型。在激励机制基本模型的基础上，考虑社会资本方的声誉在长期合同中对激励的影响构建模型。在该模型的构建中，利用社会资本方的讨价还价能力 s 来表示其声誉效应。在激励契约 $A_n=A(\pi_n)=a_n+\beta_n(\pi_n-\pi_0)$ 中，政府方根据社会资本方在第 $n-1$ 阶段的声誉调整其在第 n 阶段的固定收入 $a_n(a_{n-1},s)$，则社会资本方的产出函数为 $\pi_n(a_n,s,\eta,\varepsilon_n)$，以政府方的期望效用函数 $\bar{\psi}_G(\pi_n,\pi_0,s,a_n,e_n,\beta_n)$ 最大为目标，通过对激励系数 β_n 求一阶导数得到政府对社会资本方的最优激励契约。

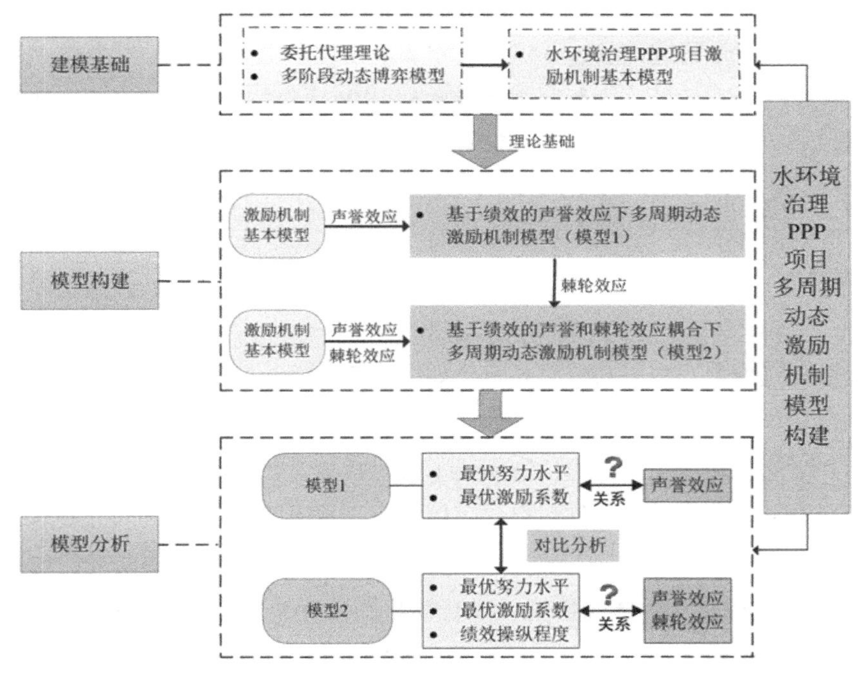

图 1-5　水环境治理 PPP 项目多周期动态激励机制模型构建研究方案

（2）构建基于绩效的声誉和棘轮耦合效应下多周期动态激励机制模型。在上一步模型构建的基础上，进一步考虑棘轮效应对社会资本方产出函数的影响，构建声誉系数和棘轮效应动态叠加耦合效应下的水环境治理 PPP 项目多周期动态激励机制模型。棘轮效应由政府可观察到的社会资本方的绩效产出 $\tilde{\pi}_n$ 和社会资本方的实际绩效产出 π_n 之间的差值 $\Delta\pi_n$ 来表示，则社会资本方第 n 阶段的产出函数为 $\pi_n(a_n,s,\Delta\pi_i,\eta,\varepsilon_n)$，以政府方的期望

效用函数 $\tilde{\psi}_G(\pi_n,\pi_0,s,\gamma,a_n,e_n,\beta_n)$ 最大为目标，通过对激励系数 β_n 求一阶导数得到政府对社会资本方的最优激励契约。

4）激励机制模型的结果分析

（1）在基于绩效的声誉效应下的多周期动态激励机制模型中，分析社会资本方的最优努力水平、最优激励系数和各参数之间的关系。

（2）在基于绩效的声誉和棘轮耦合效应下多周期动态激励机制模型中，揭示声誉效应、棘轮效应，以及二者动态叠加耦合效应下对努力水平和激励系数的影响机理。

（3）运用 Matlab 数值模拟，比较分析最优激励系数在两种激励机制模型下的变化趋势。

1.5.3 研究技术路线

本书采用“绩效评价→依效付费机制设计→激励机制模型构建”的递进式研究思路，通过查阅国内外文献、梳理研究现状及分析实际中存在的问题，以水环境治理 PPP 项目绩效评价、水环境治理 PPP 项目依效付费机制设计和水环境治理 PPP 项目多周期动态激励机制模型构建为主要研究内容，并以某县水环境治理和生态修复工程为例，分别验证了研究内容的科学性和有效性，为我国水环境治理 PPP 项目的理论和应用研究提供了参考。研究技术路线如图 1-6 所示。

1.6 章节安排

根据上述研究内容，本书共分为 6 章，如图 1-7 所示。

具体各章节内容如下：

第 1 章：绪论。从现实和理论角度阐述了研究背景、研究目的和意义，分析国内外研究现状，概括本书的研究内容、创新点及采用的研究技术路线。

第 2 章：水环境治理 PPP 项目激励机制概述。本章首先根据所要研究的内容进行相关理论的介绍，主要包括 PPP 模式概述、PPP 项目绩效评价相关理论、PPP 项目依效付费机制理论和激励机制相关理论，为水环境治理 PPP 项目绩效评价研究、依效付费机制设计和多周期动态激励机制模型构建提供了理论基础；然后就本书的三部分主要研究内容的研究方法和研究方案进行了详细的阐述。后续的第 3 章、第 4 章和第 5 章的研究将依据本章的相关理论和研究方案展开。

第 3 章：水环境治理 PPP 项目绩效评价研究。针对水环境治理中存在的实际问题，结合水环境治理 PPP 项目特征，开展水环境治理 PPP 项目绩效评价研究。主要包含水环境治理 PPP 项目绩效评价指标识别，多源、多维、多时空数据处理，以及绩效评价模型的构建。最后以某县水环境治理和生态修复工程项目的绩效评价为例，验证评价体系构建的科学性和合理性。绩效评价是依效付费的基础，绩效评价研究为依效付费机制设计提供了理论依据。

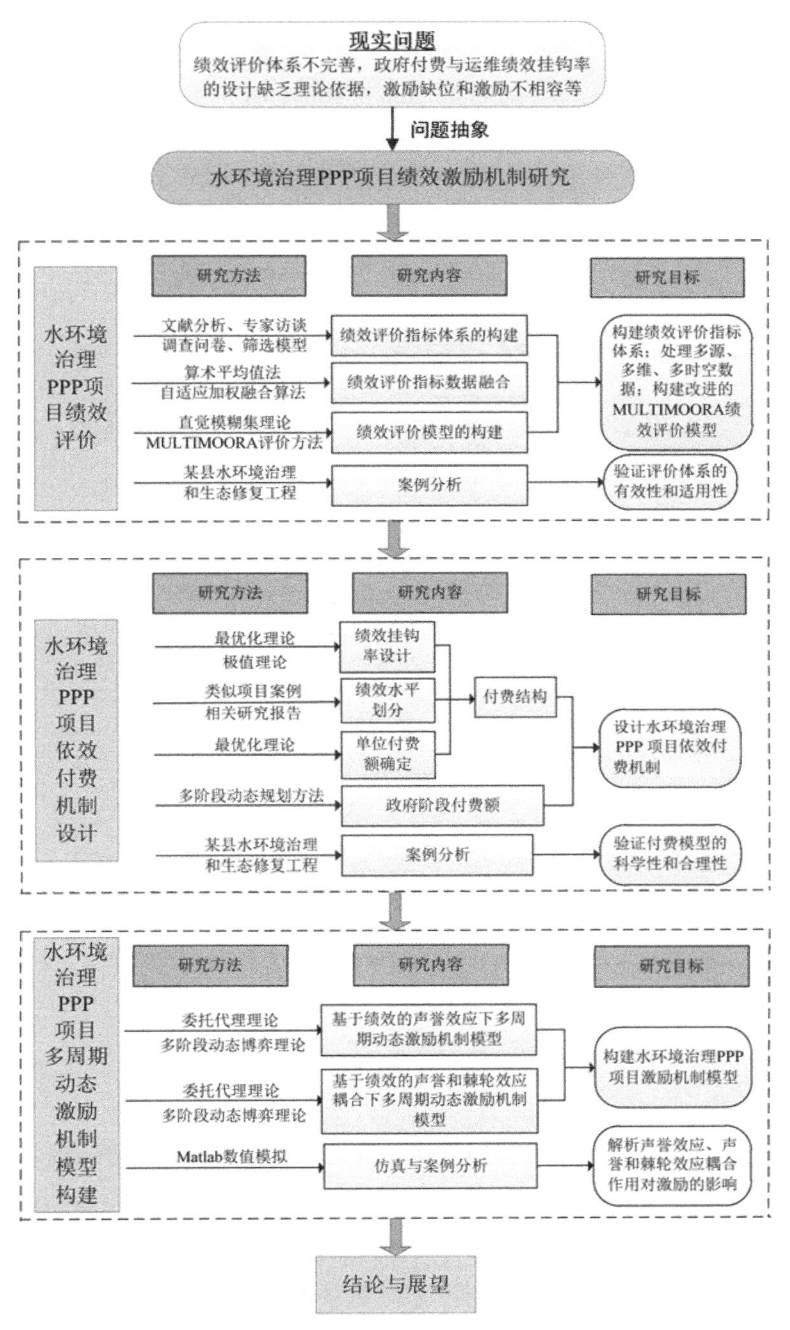

图 1-6　研究技术路线

第 4 章：水环境治理 PPP 项目依效付费机制设计。从水环境治理 PPP 项目依效付费机制设计的原则和问题描述入手，分两部分对水环境治理 PPP 项目依效付费机制进行设计，分别为水环境治理 PPP 项目依效付费结构设计和政府阶段付费额优化的设计，前者包括政府付费与运维期绩效挂钩率的设计、水环境治理 PPP 项目绩效水平及各绩效水平下单位付费额的设置。科学合理的依效付费机制，一方面可以实现对社会资本方的有效激励，另一方面可以激励社会资本在重视经济利润的同时，为提高项目治理效果积极做出努力。

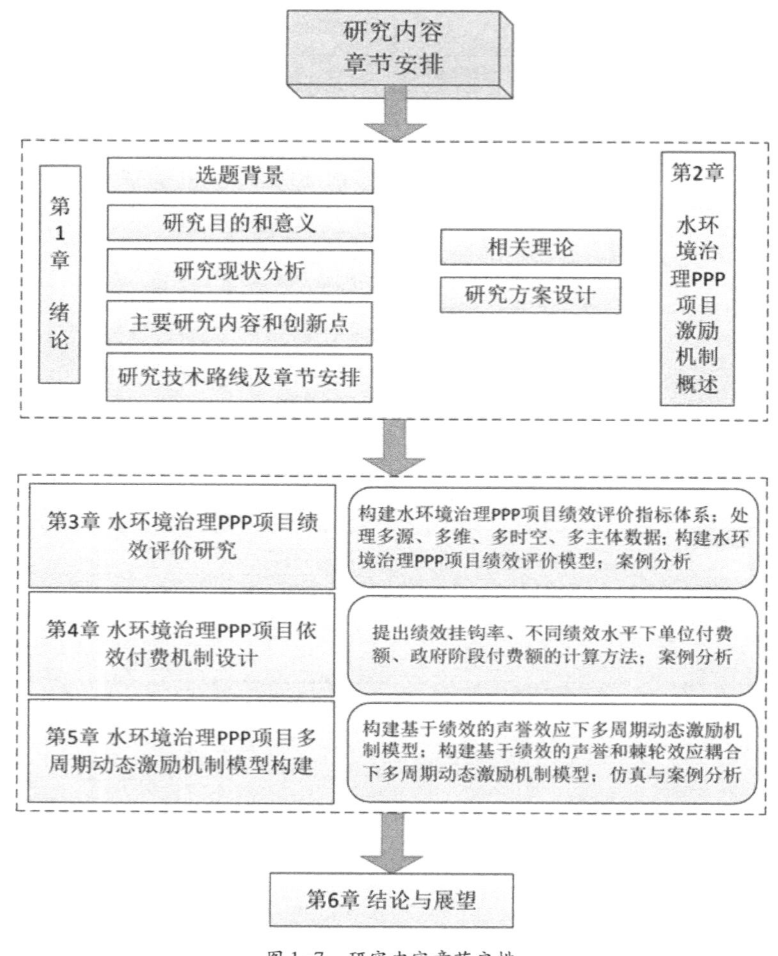

图 1-7　研究内容章节安排

第 5 章：水环境治理 PPP 项目多周期动态激励机制模型构建。本章内容首先介绍了水环境治理 PPP 项目激励机制存在的问题，然后以水环境治理 PPP 项目激励机制基本模型为基础，分别构建了基于绩效的声誉效应下多周期动态激励机制模型，以及基于绩效的声誉和棘轮耦合效应下多周期动态激励机制模型，最后以某县水环境治理和生态修复项目为例，对模型中影响政府对社会资本方的最优激励系数以及社会资本方的最优努力水平的各参数进行了模拟分析，且对在不同的激励机制模型中得到的最优激励系数进行了对比分析。

第 6 章：结论与展望。对本书在理论和应用两个方面的研究进行总结，并就研究中尚未解决的问题以及今后的研究方向做出说明。

| 2 |

水环境治理PPP项目激励机制概述

本章主要对PPP模式概述、PPP项目绩效评价相关理论、PPP项目依效付费相关理论和激励机制相关理论进行介绍。

2.1 PPP模式概述

PPP是Public-Private-Partnership的英文首字母，译为政府和社会资本合作模式。广义的PPP泛指公共部门和私营部门为提供公共产品或服务而建立的长期合作关系；狭义的PPP强调政府通过与企业合作而实现双方优势互补、风险共担和利益共享。无论是广义的PPP还是狭义的PPP，其本质上均可以理解为：公共部门和私营部门基于基础设施和公用事业而达成的长期合同关系。在传统方式下，公共部门是基础设施和公共服务的提供者，在PPP模式下，公共部门是监管者、规制者、合作者、购买者。私营部门在PPP模式下则负责承担基础设施的投资、融资、设计、建设、运营、维护等，私营部门的投资回报通过“使用者付费”“政府付费”或“可行性缺口补助”方式获得。

在PPP模式的合作中，政府与社会资本之间通过合同形成一种长期稳定的合约关系。在该关系中，政府规定并通过合同的形式告知社会资本方需要提供的服务类型与标准，合同中约定政府和社会资本方的义务，包括服务项目在预算范围内完成等。因此，政府通过使用PPP模式，吸引社会资本参与基础设施的设计、建造和运营，提供优质的服务，产生较好的社会效益，使资金的价值实现最大化。

伙伴关系、利益共享、风险分担是PPP模式的三个重要特征。其中，伙伴关系强调各个参与方平等协商的关系和机制，这是PPP模式的基础所在。伙伴关系必须遵从法治环境下的“契约精神”，建立具有法律意义的契约伙伴关系，即政府和非政府的市场主体以平等民事主体的身份协商订立法律协议，双方的履约责任和权益受到相关法律、法规的确认和保护。利益共享是PPP项目的第二个基本特征，政府和社会资本方之间的利益共享机制，就是政府和社会资本方之间共享项目所带来利润的分配机制，PPP项目中政府和非政府的市场主体应当在合作协议中建立科学合理的利润调节机制，确保社会资本方按照协议约定的方式取得合理的投资回报，避免项目运营中可能出现的问题造成社会资本方无法收回投资回报或者政府违约。伙伴关系不仅意味着利益共享还意味着风险分担。PPP模式中合作双方的风险分担更多是考虑双方风险的最优应对、最佳分担，要注重建立风险分担机制，尽可能地做到每一种风险都能由最善于应对该风险的合作方承担，进而达到项目整体风险的最小化。风险分担原则，旨在实现整个项目风险的最小化，要求合理分配项目风险，项目设计、建设、融资、运营维护等商业风险原则上由社会资本方承担，政策、法规和最低需求等风险由政府承担。

与传统政府采购模式不同的是，PPP模式中由项目实施机构设立独立的投资项目，并提供政策支持，由社会资本方负责建设和运营管理[64]。该模式的特点为多主体供给与负责，优势在于吸引社会资本方、开辟资金来源、提高公共服务的数量和质量等。政府和社会资本合作的理念贯穿于项目的全过程，《国务院办公厅转发财政部发展改革委人民银行关于在公共服务领域推广政府和社会资本合作模式指导意见的通知》（国办发〔2015〕42号）明确要求构建保障政府和社会资本合作模式持续健康发展的制度体系，包括以绩效评价为基础的财政管理制度、多层次监督管理体系、公共服务价格调整机制。

目前，PPP 模式在全球诸如电力、垃圾处理、学校、医院、公路等领域被广泛应用[65~68]。近年来，PPP 模式因其在吸引社会资本和项目建设效率方面的优势，在我国的部分基础设施领域得到了较快发展。为此，国家出台了许多相关的重要文件，要在公共服务领域推广和运用 PPP 模式，尤其在水污染防治、合同管理等领域均出台了明确规定。

2.2 PPP 项目绩效评价相关理论

2.2.1 PPP 项目绩效评价

综合国内外相关研究成果，关于绩效的解释和看法并无定论。学者们主要从“结果”“行为”和“技能、能力与价值观”三个视角对绩效的含义进行了界定[69]。从结果来说，绩效是指以实现政府目标为出发点，项目公司通过相关行为所实现的效果。从行为来说，绩效是指与政府目标相关的项目公司的行为。从技能、能力与价值观来说，绩效是项目公司必备的技能、能力的综合体现。与一般工程项目或政府合作类项目一样，PPP 项目绩效评价是指政府授权的评价主体依据选定的绩效评价指标、标准和方法，对 PPP 项目的绩效目标达成情况及可持续发展情况进行客观、公正的评价。绩效评价的结果将作为政府决策项目是否采用 PPP 模式、政府付费与奖惩、价格调整等事项的重要依据。开展 PPP 项目绩效评价的主要目的是通过绩效评价，准确地选择采用 PPP 模式的项目，加强对 PPP 项目提供的公共产品、服务质量和价格的监管，将评价结果与政府付费机制及奖惩挂钩，以激发社会资本方的创新意识，通过制度创新、管理创新、技术创新，提高公共产品或服务的质量、效率和可持续性，确保实现公共利益最大化，促进 PPP 项目顺利实施。

按照评价目的的不同，PPP 项目绩效评价可分为项目实施前绩效评价、项目实施过程绩效评价和项目实施后绩效评价。本书讨论的是 PPP 项目实施过程绩效评价，即 PPP 项目事中绩效评价，其目的是为政府加强 PPP 项目监管提供信息和依据，有效控制 PPP 项目运行，使其达到预期的效果，满足各利益相关方的要求。PPP 项目实施过程绩效评价是政府控制 PPP 项目的一个环节，既是政府相关部门监管的重要内容，也是规范 PPP 项目主管部门和财政部门有效履行监管的重要手段，PPP 项目实施过程绩效评价的目的在于监测项目实施的实际状态与绩效目标（项目合同约定的预期绩效目标）状态间的偏差，分析其原因和可能的影响因素，并及时反馈信息，以便做出决策，采取必要的管理措施来实现或达到既定目标（预期绩效目标），引导、激励社会资本方和项目公司创新管理制度和方法，改进项目管理，以便有利于各利益相关方，特别是政府相关部门及时了解和把握项目现状，加强对项目实施的监督。由于项目实施阶段的管理决策工作主要表现为政府对项目的控制与监管，因此，PPP 项目实施过程绩效评价主要以社会资本方或项目公司作为评价对象，开展针对性绩效评价，能够为政府加强 PPP 项目控制与监管提供信息和依据。

根据 PPP 项目绩效的内涵，PPP 项目绩效评价是指政府部门借助一定的数学方法，根据特定的评价指标和评价标准，通过定量和定性分析，对项目公司运营过程中的最终目标的实现程度进行考量。水环境治理 PPP 项目运维期绩效评价包括河道水体、园林设施、桥梁等的治理情况，以及运维期公众的满意度，具体在水质情况、水体感官、河道清淤、水体维护、河道管理、水面保洁、沿岸绿化养护及河道设施维护治理等方面设置运维绩效评价指标。

2.2.2 PPP 项目绩效评价方法

绩效评价方法是指为了客观、准确地评价项目的绩效所使用的一系列方法、技术、工具等。科学合理的评价方法可以尽可能真实有效地反映项目的绩效评价结果。在对项目进行绩效评价时，应选择具有针对性和可行性的评价方法，不同类型的项目所选择的评价方法也要有所不同。目前，适合 PPP 项目绩效评价的方法主要有目标绩效考核法、关键绩效指标法、平衡计分卡法和逻辑框架法[70]。目标绩效考核法是以彼得·德鲁克的目标管理思想为基础，以 PPP 项目实施方案确定的并在《PPP 项目合同》中明确约定的 PPP 项目目标和评价标准、指标体系为导向和依据，考察 PPP 项目的绩效目标实现情况的一种绩效评价方法；关键绩效指标法是将关键指标当作评估标准，把项目公司的绩效与关键指标做比较的一种评估方法；平衡计分卡法是一种新型的绩效管理体系，主要依据哈佛大学教授罗伯特卡普兰创立的平衡计分卡，从四个角度（财务、内部运营、学习和成长）将组织的战略落实为可操作的衡量指标和目标值；逻辑框架法是由美国国际开发署在 1970 年开发并使用的一种设计、计划和评价的方法。目前，2/3 的国际组织把它作为援助项目的计划、管理和评价的方法。它是基于对一个具体问题（或事件）从产生、发展、结束到影响的“全过程”的重点分析，着力对宏观目标、具体目标、项目产出、项目投入四个要素之间的逻辑关系进行分析、评估或考核。通过应用逻辑框架法来确立项目的宏观目标、具体目标、项目产出、项目投入四个要素之间的逻辑关系，并据此分析项目的效率、效果、影响和持续性。此外，其他的绩效评价方法还有运筹学方法、统计分析方法、模糊数学方法、智能化方法等，表 2-1 详细分析和比较了各定量评价方法的优劣及适用范围[45]。

水环境治理 PPP 项目绩效评价涉及多源、多维、多主体的复杂数据类型，在分析和研究已有定量和定性评价方法的基础上，结合水环境治理 PPP 项目的实际特点，本书综合利用直觉模糊和 MULTIMOORA 方法的优势，构建了直觉模糊 MULTIMOORA 评价方法，对水环境治理 PPP 项目运维期的效果进行系统性的评价。

定量评价方法的优劣比较及适用对象 表 2-1

方法类别	方法名称	方法描述	优点	缺点	适用对象
运筹学方法	数据包络分析模型	以相对效率为基础，按多指标投入和多指标产出，对同类型单位的相对有效性进行评价，是基于一组标准来确定相对有效的生产前沿面	可以评价多输入、多输出的大系统，并可用窗口技术找出单元薄弱环节加以改进	只表明评价单元的相对发展指标，无法表示实际发展水平	用于经济学中的生产函数技术、规模有效性评价，产业的效益评价，教育部门的有效性评价
统计分析方法	主成分分析	相关的经济变量间存在起着支配作用的共同因素，可以对原始变量相关矩阵内部结构进行研究，找出影响某个经济过程的几个不相关的综合指标来线性表示原来变量	具有全面性、可比性、客观性、合理性，可以用于评价相关程度大的评价对象	因子负荷符号交替使得函数意义不明确，需要大量的统计数据，没有反映客观发展水平	对评价对象进行分类
	因子分析	根据因素相关性大小把变量分组，使同一组内的变量相关性最大			反映评价对象的依赖关系，并用于分类
	聚类分析	计算对象或指标间距离，或者相似系数，进行系统聚类			用于证券组合投资选择和地区的发展水平评价
	判别分析	计算指标间距离，判断所归属的主体			用于主体结构的选择和经济效益综合评价
模糊数学方法	模糊综合评价	引入隶属函数，实现把人类的直觉确定为具体系数，并将约束条件量化表示，进行数学解答	可以克服传统数学方法上的“唯一解”弊端，根据不同可能性得出多层次的问题题解，具备可扩展性	不能解决评价指标间相关造成的信息重复问题	用于消费者偏好识别，决策中的专家系统、银行项目贷款对象识别，拥有广阔的应用前景
	模糊积分				
	模糊模式识别				
智能化评价方法	基于 BP 人工神经网络的评价方法	模拟人脑智能化处理过程的人工神经网络技术，通过 BP 算法，学习或训练获取知识，并存储在神经元的权值中，通过联想把相关信息复现，能够“揣摩”“提炼”评价对象本身的客观规律，对相同属性评价对象的客观规律，对相同属性评价对象进行评价	网络具有自适应能力和可容错性，能够处理非线性、非局域性与非凸性的大型复杂系统	精度不高，需要大量的训练样本	用于银行贷款项目、股票评估、城市发展综合水平的评价，应用领域在不断扩大

2.3 PPP 项目付费机制相关理论

2.3.1 公共项目和 PPP 项目付费机制

根据公共项目在全生命周期内是否有经营收入，或者其经营收入能否收回项目的建设成本和运维成本，可以将公共项目分为三大类：①经营性项目，如公路、桥梁等，主要是向使用者征收费用，该类项目有较足够的资金流入，可以通过经营获得一定收益；②非经营性项目，该类项目不向使用者收费，也没有现金流入；③准经营性项目，如城市轨道交通，与经营性项目相类似，也向使用者收费，且有资金流入，不同的是此类项目资金的流入不能弥补其全部投资，地方政府还需要提供一定的补贴。显然，公共项目的类型不同，其收益特点和收益能力也不同。按照付费方式的不同，公共项目又可分为：政府付费类项目、使用者付费类项目、可行性缺口补助类项目。详细地讲，政府付费类项目是指 PPP 项目中的所有费用均由政府来承担，且这些项目不以盈利为目的，如学校、体育馆等公共设施，付费的金额主要依据项目的可用性、绩效、使用量等；使用者付费类项目是由公共产品或公共服务的消费者付费的 PPP 项目，在该类项目中 SPV 公司通过向使用者收取费用来收回建设和运营的成本，并获得一定的合理回报，在此种情况下，市场风险（如使用量不足等）往往由社会资本方自行承担；可行性缺口补助类项目是向使用者收费的项目，但是当使用者的付费收入不能收回成本时，或者能收回成本但无法获得合理收益时，政府要提供一定的补助，以使项目具有经济上的可行性。水环境治理 PPP 项目属于非经营性项目，该类项目中社会资本方的运维费用主要由政府承担。

2.3.2 PPP 项目付费机制与物有所值

公共项目采用 PPP 模式可以缓解政府的财政压力，同时也可以提高管理效率。然而，由于合同持续周期长，PPP 项目的风险具有很大的不确定性，公共项目是采用传统的政府采购模式还是采用 PPP 模式，目前国际上一般用物有所值（Value For Money，VFM）评价方法进行评价。在公共项目领域中，物有所值的解释可以理解为：在项目的全寿命周期内，采用 PPP 模式后项目的建设运营成本比在传统模式下的建设运营成本小[71]。物有所值评价就是评价政府等组织机构通过项目全寿命周期的管理和运营，是否能从项目的产品或服务中获得较大收益。英国财政部在 1992 年提出了 PFI（Private Finance Initiative）模式，即在后期英国提到的 PPP 模式，该模式强调了物有所值评价的重要性；澳大利亚和加拿大颁布了物有所值评价程序的相关指南[72]；德国的物有所值评价的三个步骤在 PPP 项目采购流程中执行，具体来说，就是物有所值评价在项目的初始阶段、前期阶段、招标阶段和执行阶段进行[73]。

水环境治理项目采用PPP模式的首要前提是，水环境治理效果要优于传统的水环境治理模式，即物有所值。在水环境治理项目中引入PPP模式，一是可以缓解政府在水环境治理项目中的财政压力；二是将社会资本先进的技术与管理方式应用于水环境治理的建设和运营维护过程中，可以提高水环境治理效果，进而改善公共服务的供给效率。对于政府方来说，在对拟建的水环境治理项目进行投融资决策时，当务之急是要判断采用PPP模式之后能否有效提升水环境治理项目以及相关服务的效率，也就是需要做物有所值评价。

然而，水环境治理PPP项目实现物有所值面临着社会资本融资较难、社会需求投资回报大及政府与社会资本方之间信息不对称等问题。因此，要确保水环境治理PPP项目真正实现“物有所值”，就要鼓励社会资本积极发挥自身的技术与管理优势，在承担一定风险的前提下，改善和提高水环境治理项目建设和运维过程中的效果，也就是利用合理的激励机制诱导社会资本积极提高自身的努力水平，改善工作绩效，提高水环境治理项目及相关公共服务的社会效益，进而实现物有所值。

将PPP模式引入到水环境治理项目后，项目的风险全部由政府承担将转变为政府和社会资本方共同承担，即社会资本方在项目的建设和运维过程中获得收益的同时，也承担着风险，这将促使社会资本方为提高水环境治理效果而积极努力，进而实现项目的物有所值。

2.3.3 PPP项目付费机制与激励相容

在PPP项目中，政府希望项目的社会效益实现最大化，即公共服务的供给效率和质量尽可能大，而社会资本方追求的是自身利益最大化。两者之间诉求的差异会使社会资本方为了实现自身经济利益的最大化，牺牲项目的质量，降低项目的社会效益。政府能否达到预期的公共效益的关键在于是否能够掌握社会资本方在项目建设及运维过程中的真实信息。

激励相容理论可以很好地实现社会资本方和政府方利益诉求的平衡[4]。激励相容由Hurwicz[2~4] 提出，后来，Willian[74] 将激励相容理论用于解决所有权与控制权分离的委托代理问题。在经济学视角下，社会资本方作为典型的理性经济人，其接受合同并参与项目建设及运维的目的在于实现自身利益的最大化。然而，由于两者之间的信息不对称，政府方无法完全掌握社会资本方的所有行为，如果政府对社会资本方的绩效管理缺乏激励，社会资本方工作积极性降低，会趋于低效率工作，以节省自身成本，最大化其收益，这与政府追求公共效益最大化的目标相违背。因此，借助激励相容理论，实现社会资本经济收益与社会效益的融合对PPP项目的顺利实施具有非常重要的作用。

在水环境治理PPP项目中，政府与社会资本方之间形成了典型的委托代理关系。在理性经济人的假设下，社会资本方会借助所有的信息优势以获取利益的最大化，这不利于社会效益的实现。因此，在水环境治理PPP项目中引入激励相容理论，利用政府对社会资本方工作的绩效监管，从理论上能够有效地解决项目合作过程中，政府与社会资本方之间由于信息不对称导致项目绩效降低的情况。所谓激励相容的绩效管理模式，是指在水环境治理 PPP 项目中，政府通过对绩效考评模式的设计，激励社会资本方在追求自身经济利益最大化的同时也能够兼顾政府所追求的公共效益目标最大化。即通过对社会资本方提供的水环境治理项目以及相关公共服务进行绩效考核，并将绩效考核的结果与政府购买服务所支付的额度挂钩，从而实现水环境治理 PPP 项目对社会资本方的有效激励。

2.4 激励机制相关理论

2.4.1 委托代理理论

Coase[75] 最早提出委托代理理论，随后委托代理理论在经济学、工程管理等领域得到了广泛应用[76, 77]。近年来，其主要用于研究信息不对称条件下的主体经济行为及激励问题[78, 79]。信息经济学将委托代理关系视为一种合约关系进行研究，在以合约为核心的委托代理活动中，委托人委托代理人从事某些活动，这些活动服务于委托人的利益。合约关系也可以分为信息对称和信息不对称情况下的合约关系。当“信息对称”时，委托人可以拥有关于代理人行为的所有信息，并据此施以奖惩。此时，“帕累托最优”很容易实现。当交易信息不对称时，由于两者根本利益目标不一致，代理人将忽视委托人希望代理人采取符合委托人期望利益最优化的行动这一需求，而只重视追求自身利益，导致两者利益冲突剧烈，无法实现“帕累托最优”。这就是经济学中关于“经济人”的假设，这一假设也是委托代理理论的基本假设前提。信息不对称指交易过程中，活动的参与者拥有的信息，对于其他参与者来说是无法拥有的或者说是不能完全拥有的。而信息经济学的核心内容便是“在已经给定的信息结构下，参与者如何安排最优契约”。委托代理理论主要是研究委托人和代理人利益不一致且信息不对称情况下，委托人如何设计激励契约来激励代理人在工作中做出最大努力[80~84]。

委托代理问题有两种典型的表现形式：①逆向选择。逆向选择是指委托代理双方在事前信息不对称的情况下，代理人为了谋取自身利益的最大化，在信息传递过程中，尽可能地展示自己的优势，而过滤掉对自己不利的信息。这样的委托代理关系一旦形成，必然存在潜在的委托代理风险。②道德风险。道德风险指委托代理契约签订后，代理人为了获得自身利益，利用自身掌握的信息比委托人多的优势，隐藏自己的真实行动和信息。“道德风险”存在的原因之一为激励约束不到位，委托人和代理人诉求不一致而导致了契约执行成本增加，因此，委托人需要通过制定健全完善的激励与约束机制来调动代理人在合作中的积极性，以减少成本并维护双方收益。

在通常的委托代理问题中，委托人和代理人之间的委托代理关系是一次性的，这适用于临时性的项目管理，而对于较长特许期的 PPP 项目，激励契约的制定一方面需要考虑市场对项目之前的运维效果的反应，具有较好运维效果的项目会更受青睐，项目的收益也会超过预期的收益；另一方面由于特许期较长，委托人无法准确判断代理人在项目运维中的绩效产出的变化来源于其努力，还是环境和市场的变化。这类项目的激励就需要考虑代理人的声誉作用，以及利用显性契约解决项目较长周期带来的不确定性问题。“经济人”的假设使得委托代理双方在合作中的效率受到极大损害。当委托人作为“经济人”时，委托人只重视自身的利益，而看不到代理人的努力；当代理人作为“经济人”时，代理人为了谋取自身更多的利益，将出现“偷工减料”“偷懒”等行为，从而使项目的社会效益受到损害。此时，委托人就需要通过某种形式和某种强度的棘轮来刺激和监督代理人以积极的行动来减少自身利益的损失。

总之，委托代理理论是建立在委托人和代理人双方信息不对称、博弈的基础上的，其核心内容为委托人对代理人的激励和约束[85]。委托代理理论中的激励指的是委托人设计一个激励性报酬契约，以激励代理人以积极的行为提高项目的效用。应用委托代理理论需要满足两个条件：①参与约束。参与约束是指代理人在付出努力的情况下，从委托人一方获得的收益要大于其在同样努力的条件下开展其他活动得到的收益。②激励相容约束。激励相容约束是指代理人选择委托人希望其选择的行动时得到的期望效用必须大于其选择其他任何行动时所获得的期望效用，即使代理人自身利益达到最大化的同时，也实现了委托人利益的最大化。

2.4.2 委托代理理论的模型化方法

在介绍委托代理理论的模型化方法之前，首先提出以下问题：假设有两个参与人 A 和 B，其中参与人 A（委托人）希望参与人 B（代理人）按照自己的利益选择行动，但参与人 A 无法直接观测到参与人 B 的行动，只能通过观测一些变量来判断参与人 B 的行动，这些变量由参与人 B 的行动和其他一些外生的随机因素来决定，即委托人无法直接观测到代理人的行动，只能得到一些关于代理人行动的不完全信息。委托人要考虑的问题便是根据观测到的有关代理人行动的信息，如何奖惩代理人，才可以有效地激励其选择对自己较有利的行动。委托代理理论的模型化方法主要有三种，下面做简单阐述。

假设 θ 是外生的随机因素，其取值范围用 Θ 表示，令 $G(\theta)$ 和 $g(\theta)$ 分别表示 θ 在 Θ 上的分布函数和密度函数，当 θ 有有限个值时，$g(\theta)$ 称为 θ 的概率分布，委托人和代理人无法控制随机变量 θ 。若代理人选择的行动是 a ，且外生的随机变量 θ 实现，委托人可观测到的结果为 $x(a,\theta)$ 和产出 $\pi(a,\theta)$ ，且委托人拥有产出 $\pi(a,\theta)$ 的直接所有权。

假设当代理人选择行动 a 后，外生变量 θ 实现，a 和 θ 共同决定可观测的结果 $x(a,\theta)$ 和产出 $\pi(a,\theta)$ ，其中 $\pi(a,\theta)$ 的直接所有权属于委托人，且 $\partial^2\pi/\partial a^2 > 0$，$\partial\pi/\partial\theta > 0$，说明在

给定 θ 时，代理人的努力程度越高，产出也越高，但努力的边际产出率却越低，另外，θ 越大，说明自然状态也越有利。委托人要考虑的问题首先是设计激励合同 $s(x)$ ，继而根据观测到的 x 对代理人实施奖惩。下面分析激励合同 $s(x)$ 具有什么样的特征。

假设用 $v[\pi - s(x)]$ 和 $u[s(\pi) - c(a)]$ 分别表示委托人的期望效用函数和代理人的期望效用函数，其中 $c(a)$ 为代理人选择行动 a 时付出的努力，$v' > 0, v'' \leqslant 0$；$u' > 0, u'' \leqslant 0$；$c' > 0, c'' > 0$。假设 $\partial\pi/\partial a > 0$ 和 $c' > 0$，$\partial\pi/\partial a > 0$ 意味着委托人希望代理人多努力，而 $c' > 0$ 意味着代理人希望少努力。即在委托代理问题中，委托人和代理人的目标是不一致的，委托人希望代理人尽可能多地付出努力，而代理人则希望少努力，这就需要委托人给予代理人足够的激励，使代理人能如委托人期望的那样付出努力。假定分布函数 $G(\theta)$ 、生产技术 $x(a,\theta)$ 和 $\pi(a,\theta)$ 以及效用函数 $v(.)$ 和 $u(.) - c(.)$ 都是共同知识；就是说，委托人和代理人在有关这些技术关系上的认识是一致的。$x(a,\theta)$ 是共同知识的假定，这意味着，如果委托人能观测到 θ ，也就可以知道 a ，反之亦然。这是为什么我们必须同时假定 a 和 θ 都不可观测的原因。

经过上述分析，委托人的期望效用可以表示如下：$\int v\{\pi(a,\theta) - s[x(a,\theta)]\}g(\theta)\mathrm{d}\theta$ 。

委托人的问题就是如何选择 a 和 $s(x)$ 使上述期望效用函数最大化。但是委托人会面临来自代理人的两个约束，第一个约束是参与约束，即代理人从接受合同中得到的期望效用不能小于不接受合同时能得到的最大期望效用。代理人“不接受合同时能得到的最大期望效用”由他面临的其他市场机会决定，可以称为保留效用，用 $\bar{u}$ 表示。参与约束又称个人理性约束，可以表述如下：

$$(\mathrm{IR}) \quad \int u\{s[x(a,\theta)]\}g(\theta)\mathrm{d}\theta - c(a) \geqslant \bar{u}\ ; \tag{2-1}$$

第二个约束是代理人的激励相容约束：给定委托人不能观测到代理人的行动 a 和自然状态 θ ，在任何的激励合同下，代理人总是选择使自己的期望效用最大化的行动 θ ，因此，任何委托人希望的 θ 都只能通过代理人的效用最大化行为实现。换言之，如果 θ 是委托人希望的行动，$a \in A'$ 是代理人可选择的任何行动，那么，只有当代理人选择 a 中得到的期望效用大于选择 a' 中得到的期望效用时，代理人才会选择 a 。激励相容约束的数学表述如下：

$$(\mathrm{IC}) \quad \int u\{s[x(a,\theta)]\}g(\theta)\mathrm{d}\theta - c(a) \geqslant \int u\{s[x(a',\theta)]\}g(\theta)\mathrm{d}\theta - c(a') \tag{2-2}$$

其中，$\forall a' \in A$ 。

基于上述分析，给出委托代理理论的三种模型化方法。

1. 状态空间模型化方法[86, 87]

委托人的问题是选择 a 和 $s(x)$ 最大化期望效用函数（P），满足约束条件（IR）和（IC），即 $\max\limits_{a,s(x)}\int v\{\pi(a,\theta) - s[x(a,\theta)]\}g(\theta)\mathrm{d}\theta$。

$$\text{s. t. (IR)} \quad \int u\{s[x(a,\theta)]\}g(\theta)\mathrm{d}\theta - c(a) \geqslant \bar{u} \tag{2-3}$$

$$\text{(IC)} \quad \int u\{s[x(a,\theta)]\}g(\theta)\mathrm{d}\theta - c(a) \geqslant \int u\{s[x(a',\theta)]\}g(\theta)\mathrm{d}\theta - c(a') \tag{2-4}$$

该模型的优点为每一种技术关系都非常直观，不足之处是应用该模型化方法得不到从经济学上讲有信息量的解，即 $s(x)$ 必须在有限区域内，否则，解甚至不存在。

2. 分布函数的参数化方法[88, 89]

将上述自然状态 θ 的分布函数转换为结果 x 和 π 的分布函数，给定 θ 的分布函数 $G(\theta)$，对应每一个 a，存在一个 x 和 π 的分布函数，这个新的分布函数通过技术关系 $x(a,\theta)$ 和 $\pi(a,\theta)$ 从原分布函数 $G(\theta)$ 导出。在状态空间模型化方法中，效应函数对自然状态取期望值，在参数化方法中，效用函数对观测变量 x 取期望值。委托人的问题可以表述如下：$\max\limits_{a,s(x)}\int v[\pi - s(x)]f(x,\pi,a)\mathrm{d}x$。

$$\text{s. t. (IR)} \quad \int u[s(x)]f(x,\pi,a)\mathrm{d}x - c(a) \geqslant \bar{u} \tag{2-5}$$

$$\text{(IC)} \quad \int u[s(x)]f(x,\pi,a)\mathrm{d}x - c(a) \geqslant \int u[s(x)]f(x,\pi,a')\mathrm{d}x - c(a') \tag{2-6}$$

其中，$\forall a' \in A$，$f(x,\pi,a)$ 表示从原分布函数 $G(\theta)$ 导出的分布函数所对应的密度函数。

3. 一般化分布方法

将分布函数作为选择变量，令 p 为 x 和 π 的密度函数，P 为所有可选择的密度函数的集合，即有 $p \in P$。那么，委托人的问题可以表述如下：$\max\limits_{p\in P,s(x)}\int v[\pi - s(x)]p(x,\pi)\mathrm{d}x$。

$$\text{s. t. (IR)} \quad \int u[s(x)]p(x,\pi)\mathrm{d}x - c(p) \geqslant \bar{u} \tag{2-7}$$

$$\text{(IC)} \quad \int u[s(x)]p(x,\pi)\mathrm{d}x - c(p) \geqslant \int u[s(x)]\tilde{p}(x,\pi)\mathrm{d}x - c(\tilde{p}) \tag{2-8}$$

其中，$\forall \tilde{p} \in P$，$c(p)$ 为 p 的成本函数。

在该模型化方法的表述中，关于行动和成本的经济学解释消失了，但得到了非常简练的一般化模型，这个一般化模型甚至可以包括隐藏信息模型。

2.5 本章小结

本章主要内容包括：介绍了本研究所涉及的相关理论，具体有 PPP 模式概述、PPP 项目绩效评价相关理论、PPP 项目付费机制相关理论和激励机制相关理论，为本书的后续研究提供了理论基础。

根据主要研究内容设计了研究方案，具体如下：

（1）水环境治理 PPP 项目绩效评价研究。根据水环境治理 PPP 项目的特点，通过文献分析、专家访谈等方式，建立水环境治理 PPP 项目绩效评价指标体系；利用多源、多维、多时空自适应加权融合算法，语言值和直觉模糊数之间的转换关系，直觉模糊加权算术平均算子等方法实现了多源、多维、多时空、多主体数据的处理；综合运用传统 MULTIMOORA 评价方法和直觉模糊集理论构建了改进的水环境治理 PPP 项目 MULTIMOORA 绩效评价模型。

（2）水环境治理 PPP 项目依效付费机制设计。考虑社会资本方的建设成本、运营成本、运维能力等因素，以政府期望效用最大和社会资本方成本最小为目标，运用极值理论，提出了绩效挂钩率的计算方法；依据类似项目案例的数据和相关研究报告，将水环境治理 PPP 项目绩效水平划分为最低绩效水平、次低绩效水平、中等绩效水平、良好绩效水平和优秀绩效水平五个等级；在确定的绩效水平的基础上，利用以均衡政府财政支出和社会资本方合理收益为目标的优化函数，得到了政府方在不同绩效水平下给予社会资本方单位付费额的计算方法；基于绩效评价结果，应用随机动态规划理论，构建政府最佳阶段付费额的计算模型。

（3）水环境治理 PPP 项目多周期动态激励机制模型构建。在水环境治理 PPP 项目激励机制基本模型的基础上，构建基于绩效的声誉效应下多周期动态激励机制模型；在上述模型的基础上，进一步考虑棘轮效应在激励过程中的影响，构建基于绩效的声誉和棘轮耦合效应下多周期动态激励机制模型。

| 3 |

水环境治理
PPP项目绩效
评价研究

如前所述，水环境治理 PPP 项目运维期绩效评价结果是政府依效付费的基础，政府方根据社会资本方在项目运维过程中的绩效考核结果支付其运维期费用。科学有效的绩效考核与管理体系，能够有效地激励社会资本方为提高工作绩效而积极努力，从而实现良好的项目产出效益，同时也可以减少政府方的监管难度和成本。本章从水环境治理 PPP 项目绩效评价指标的识别、绩效评价指标体系的建立、绩效评价模型的构建等方面对水环境治理 PPP 项目绩效评价进行研究。

3.1 水环境治理 PPP 项目绩效评价指标体系构建

本节介绍水环境 PPP 项目绩效评价指标体系构建的原则和思路，并分两步确定最终的绩效评价指标体系：①通过梳理相关文献、验收规范、高频指标等方式初步筛选出水环境治理 PPP 项目绩效评价指标；②运用调查问卷、专家访谈等方法对初步筛选出的指标进行重要程度数据收集，并构建指标筛选模型，对初步筛选的指标进行二次筛选，确定最终的绩效评价指标体系。

3.1.1 水环境治理 PPP 项目绩效评价指标选择原则

水环境治理 PPP 项目绩效评价指标的选择应当遵循以下原则：

1. 全面与系统性原则

与其他 PPP 项目不同的是，水环境治理 PPP 项目周期长，涉及的专业面广、影响因素多，这就使得影响绩效评价的因素具有不确定性和多样性。因此，在构建指标体系时，需要运用系统的理论，从全局出发，选择覆盖面广且能综合反映评价对象的指标。

2. 科学与可行性原则

水环境治理 PPP 项目评价指标的选择须满足实际、精确、实用和方便分析，为确保评价结果的可靠性，要做到严谨、科学。

3. 简洁性原则

水环境治理 PPP 项目绩效评价涉及的专业多、技术难度大，在建立指标体系时要尽可能地选取包含所有主要因素的指标，还应简单明了，对于意思相近、意思相同或关系密切的指标，只需要选取几个作为代表就可以，力求做到简洁，有代表性。

4. 系统性原则

水环境治理 PPP 项目绩效指标的选择要能够切实反映其所带来的环境效益、社会效益、经济效益、治理效果、可持续性等，确保评价结果的客观和公正。

5. 数据可获得性和可量化性原则

在获取水环境治理 PPP 项目的绩效评价指标时，争取做到每个指标简便、易获得且意思明确，从而保证得到的数据具有可操作性，且符合成本效益原则。

3.1.2 水环境治理 PPP 项目绩效评价指标的初步识别

根据水环境治理 PPP 项目的特点，构建运维期绩效评价指标体系，主要以 SPV 公司治理、河道堤防、水工建筑物等八个方面为出发点。首先，通过高频指标筛选、国内外文献分析以及专家访谈等方式，初步筛选出水环境治理 PPP 项目绩效评价指标；其次，针对初步筛选出的指标，邀请水环境治理相关领域的专家填写问卷，对指标的重要程度做出判断；最后，构建指标筛选模型，根据搜集的调查问卷的数据，确定最终的绩效评价指标体系。水环境治理 PPP 项目绩效评价指标体系构建的思路，如图 3-1 所示。

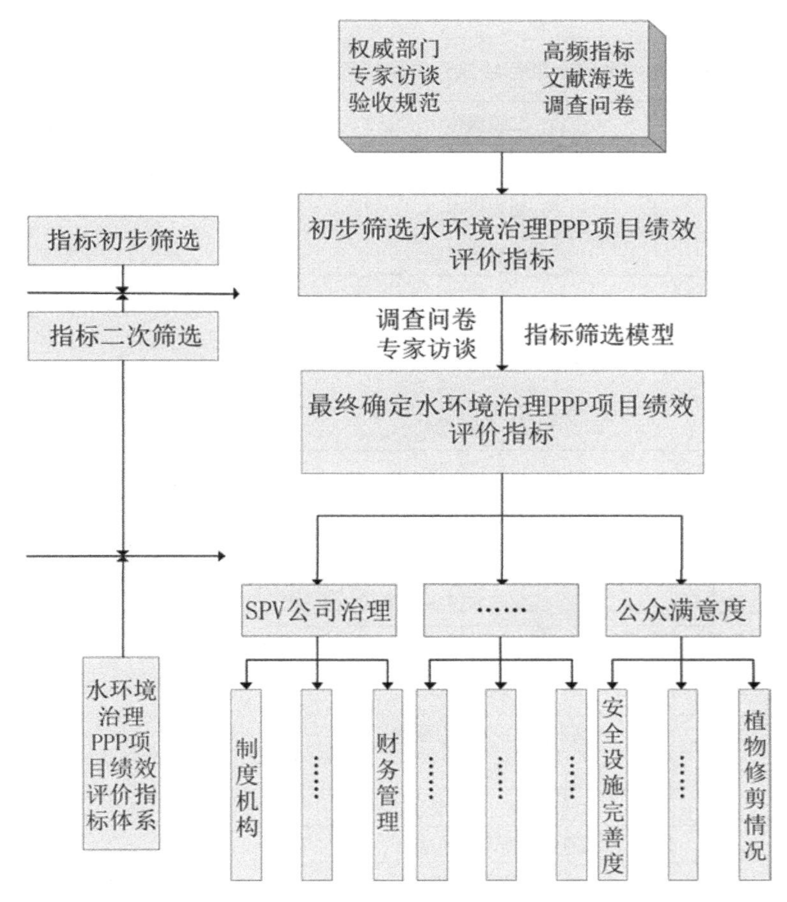

图 3-1 水环境治理 PPP 项目绩效评价指标体系构建的思路

水环境治理 PPP 项目绩效评价涉及水质安全、市政管网、园林绿化、堤防安全、污水处理、照明设施、生态修复等多个方面，因此，其指标体系应着眼于全面评价，侧重于项目全过程动态评价。2011 年 4 月 2 日，财政部颁布了《财政部关于印发〈财政支出绩效评价管理暂行办法〉的通知》（财预〔2011〕285 号），该办法规定了绩效评价应当注意考察的对象和内容，明确了绩效目标的内容和要求，对如何设置评价体系、标准、开展评估时采用什么样的方法以及绩效评价开展的组织管理和工作程序均做出了规定。此外，还包括了绩效报告和绩效评价报告、绩效评价结果及其应用等方面内容[90]。本书在查阅文献及系统分析国内外研究成果的基础上[22, 91~97]，结合相关政策、相关标准定额[98~102]及水环境治理 PPP 项目本身的特点，从 SPV 公司治理、河道堤防、水工建筑物等八个方面出发，初步确定了水环境治理 PPP 项目的绩效评价指标，如表 3-1 所示。从表中可以看出，水环境治理 PPP 项目初步建立的指标体系共包含 8 个一级指标和 86 个二级指标，由于这些指标的识别过程有很强的主观性，故还邀请在水环境治理和 PPP 项目领域经验丰富的专家对以上指标进行筛选和修正。

水环境治理 PPP 项目绩效评价初步筛选的指标体系 表 3-1

一级指标	二级指标	指标来源
SPV 公司治理	组织机构	崔德高[95]
	制度机制	
	人力资源管理	
	安全管理	
	财务管理	
河道堤防	堤顶及防汛道路	王广满和陈军[103]
	防浪（洪）墙	
	减压及排渗设施	
	堤坡戗台	
	河道防护工程	
	堤防附属设施	
	堤身	
	堤肩	
水工建筑物	混凝土、橡胶坝结构	王广满和陈军[103]
	闸室	
	伸缩缝、排水设施	
	闸门表面及止水装置	
	闸门承载及支撑装置	
	附属设施及标识	
	机电设备运行状况	
	启闭机整体状况	
	日常维护记录	

续表

一级指标	二级指标	指标来源
河道水体	水面保洁程度	徐雄峰和张艺才[104]，周志新和赵翔[105]，胡宇飞等[106]，程燕等[107]，卜久贺等[108]
	岸线标志牌	
	水体透明度	
	无异味	
	水质	
	岸线周围污染源控制	
园林设施	树（花）池界石	湖北省质量技术监督局[109]
	绿地栅栏、挡土墙、防寒设施	
	景观栈道及亲水平台	
	停车场	
	景观廊架、景观亭、景观雕塑	
	路面状况	
	无障碍设施	
	标志牌	
	照明	
	园林灌溉设施	
	休息、娱乐、服务设施	
	卫生设施	
	护栏	
园林植物	长势	湖北省质量技术监督局[109]
	施肥	
	浇灌	
	修剪	
	病虫害防治	
	松土	
	除草	
	树穴	
	补植	
桥梁	桥面	住房和城乡建设部[110, 111]
	伸缩装置	
	防护设施	
	墩台	
	桥梁支座	
	人行通道	
	排水设施	

续表

一级指标	二级指标	指标来源
公众满意度	水体透明度	孙傅等[112]，张宝等[113]，胡兰心等[114]，程军蕊等[115]，朱伟等[116]，崔家萍和唐德善[117]，余海霞等[118]，王桂林等[119]，李浩等[120]，刘童等[121]，陈嘉等[122]，张利华等[123]，荣伟等[124]，刘昌雪等[125]，吴春梅等[126]，辛琛等[127]
	水体流动性	
	水体有无异味	
	水面清洁程度	
	河中有无障碍物	
	植物种类多样性	
	植物生长态势	
	植物修剪状况	
	四季变化丰富程度	
	提高生活便利	
	绿植覆盖率	
	河中水量是否丰沛	
	主体设施	
	建筑设施配套完备程度	
	植物的层次性	
	休息娱乐设施舒适度	
	安全设施完善度	
	河流周围卫生情况	
	安全标识完善度	
	满足健身需要	
	路灯位置、亮度合理性	
	卫生情况	
	各类设施与整体环境协调程度	
	监督或投诉渠道多样性、畅通性	
	服务人员综合素质	
	发现的问题的落实	
	满足生活休闲需要	
	周边活动时给您带来愉悦感	
	周围环境给您带来舒适感	

3.1.3 水环境治理 PPP 项目绩效评价指标的二次筛选

为了保证筛选出的指标的科学性和合理性，石宝峰和迟国泰[128] 综合运用信息含量最大和剔除冗余信息的原则筛选指标，周荣义等[129] 利用层次分析法和重要性指标筛选法对指标进行筛选，甘琳等[130] 利用重要程度指数法筛选出信息含量相对比较大的指标。本书在初步筛选出的水环境治理 PPP 项目绩效评价指标的基础上，参考已有的研究成果，通过设计关于指标重要性的调查问卷及构建筛选模型对初步筛选出的绩效评价指标进行二次筛选。

水环境治理 PPP 项目绩效评价体系是一个复杂的系统，涉及的指标除了 SPV 公司治理、河道堤防、水工建筑物、河道水体、园林设施、园林植物、桥梁，还要考虑公众这一特殊群体[131]。如果绩效评价的目标能依据公众的意见进行改善，则水环境治理 PPP 项目则相应地更具有使用效果和欣赏效果[132]。水环境治理 PPP 项目绩效评价调查问卷内容的设计，主要分为两部分：第一部分为参与评价的专家的基本情况调查，包括所处单位性质、参与投资或者参与 PPP 项目的数量和工作年限等信息；第二部分主要为专家根据调查问卷中的指标重要性做出判断，以访谈和召开专家会的形式填写问卷，问卷设计还需尽可能地考虑到调查对象的差异性，做到通俗易懂。本次问卷调查采用李克特五级量表进行编制，五个等级按递减的重要程度依次表示，所对应的指标分别为“5 非常重要”“4 比较重要”“3 重要”“2 一般重要”“1 可以忽略”，其中调查问卷的数据特征和调查问卷的内容分别参考表 3-2 和附录 1。

调查问卷的数据特征 表 3-2

个性特征	名称	问卷数量（个）	占比（%）
企业类型	政府相关部门	2	6.66
	研究机构	6	20.00
	投资公司	5	16.67
	设计单位	4	13.33
	SPV 项目公司	5	16.67
	施工单位	5	16.67
	其他	3	10.00
	合计	30	—
参与 PPP 项目数量	0～1 项	5	16.67
	2～3 项	16	53.33
	4～5 项	7	23.33
	6 项及以上	2	6.67
	合计	30	—
工作年限	1 年以内	3	10.00
	2～3 年	8	26.67
	4～5 年	14	46.67
	6 年及以上	5	16.67
	合计	30	—

指标重要性是指评价过程中指标对于评价结果的重要程度，是筛选指标的一个重要测度，本节对初步选出的指标进行二次筛选，分两个步骤进行。首先，邀请专家对初步选出

的指标的重要性进行打分；然后，根据调查问卷的数据，计算专家评价信息的可靠性，进而计算指标的重要性程度。专家评价信息的可靠性可以通过专家评价意见的一致性程度来描述，例如，第 i 个专家评价意见的一致性程度可以用第 i 个专家对评价指标重要性打分与其他专家重要性打分的偏差之和来表示，偏差之和越小，评价意见的一致性程度越高，该专家评价信息的可靠性程度越高。

下面给出专家对于被评价对象给出评价信息的可靠性程度的定义。

定义 3.1 设有 m 个评价专家对 n 个指标进行评价。若 a_{ij} 是第 i 个专家关于第 j 个指标的重要性打分值，w_{ij}（$i=1,2,\cdots,m$）表示专家 e_i 对评价指标 x_j 的重要性判断的可靠性程度，则有：

$$\begin{cases} w_{1j}=w_{2j}=\cdots=w_{mj}=1/m, & V_{ij}=0 \\ w_{ij}=\dfrac{1/V_{ij}}{\sum\limits_{i=1}^{m}(1/V_{ij})}, & V_{ij}\neq 0 \end{cases} \tag{3-1}$$

式中，$V_{ij}=\sum\limits_{\substack{l=1\\l\neq i}}^{m}|a_{ij}-a_{lj}|$（$j=1,2,\cdots,n$），为第 i 个专家和其他 $m-1$ 个专家关于第 j 个指标重要性打分的偏差之和。

假设 a_{ij} 是第 i 个专家关于第 j 个指标的重要性打分值，根据定义 3.1，下面给出指标重要程度的判断方法。

定义 3.2 若 a_{ij} 是第 i 个专家关于第 j 个指标的重要性打分值，w_{ij}（$i=1,2,\cdots,m$）表示专家 e_i 给出的评价指标 x_j 重要性判断信息的可靠程度，$\tilde{w}_j$ 为指标 x_j 的重要性程度，则有：

$$\tilde{w}_j=\sum_{i=1}^{m}a_{ij}w_{ij}/\sum_{j=1}^{m}\sum_{i=1}^{m}a_{ij}w_{ij} \tag{3-2}$$

根据公式（3-1）和公式（3-2），汇总专家调查问卷中对水环境治理 PPP 项目各指标重要性的评价值，计算各指标的重要性程度，保留重要性程度不小于80%的指标，最终确定水环境治理 PPP 项目绩效评价指标，计算的结果和确定的最终指标体系如表 3-3 所示。最终确定的水环境治理 PPP 项目绩效评价指标体系共包括 8 个一级指标，59 个二级指标。其中，第一个一级指标“SPV 公司治理（C_1）”包含 4 个二级指标；第二个一级指标“河道堤防（C_2）”包含 4 个二级指标；第三个一级指标“水工建筑物（C_3）”包含 6 个二级指标；第四个一级指标“河道水体（C_4）”包含 5 个二级指标；第五个一级指标“园林设施（C_5）”包含 10 个二级指标；第六个一级指标“园林植物（C_6）”包含 5 个二级指标；第七个一级指标“桥梁（C_7）”包含 4 个二级指标；第八个一级指标“公众满意度（C_8）”包含 21 个二级指标。

水环境治理 PPP 项目绩效评价指标　　表 3-3

一级指标	二级指标	重要性程度
SPV 公司治理（C_1）	组织机构（C_{1-1}）	0.87
	制度机制（C_{1-2}）	0.81
	安全管理（C_{1-3}）	0.88
	财务管理（C_{1-4}）	0.91
河道堤防（C_2）	堤顶及防汛道路（C_{2-1}）	0.81
	堤坡戗台（C_{2-2}）	0.85
	堤身（C_{2-3}）	0.86
	堤肩（C_{2-4}）	0.87
水工建筑物（C_3）	混凝土、橡胶坝结构（C_{3-1}）	0.89
	伸缩缝、排水设施（C_{3-2}）	0.82
	闸门表面及止水装置（C_{3-3}）	0.87
	附属设施及标识（C_{3-4}）	0.87
	机电设备运行状况（C_{3-5}）	0.81
	日常维护记录（C_{3-6}）	0.94
河道水体（C_4）	水面保洁程度（C_{4-1}）	0.87
	水体透明度（C_{4-2}）	0.91
	无异味（C_{4-3}）	0.90
	水质（C_{4-4}）	0.92
	岸线周围污染源控制（C_{4-5}）	0.86
园林设施（C_5）	树（花）池界石（C_{5-1}）	0.87
	景观栈道及亲水平台（C_{5-2}）	0.85
	景观廊架、景观亭、景观雕塑（C_{5-3}）	0.81
	路面状况（C_{5-4}）	0.88
	无障碍设施（C_{5-5}）	0.81
	照明（C_{5-6}）	0.83
	园林灌溉设施（C_{5-7}）	0.84
	休息、娱乐、服务设施（C_{5-8}）	0.89
	卫生设施（C_{5-9}）	0.80
	护栏（C_{5-10}）	0.89
园林植物（C_6）	长势（C_{6-1}）	0.90
	修剪（C_{6-2}）	0.90
	病虫害防治（C_{6-3}）	0.82
	除草（C_{6-4}）	0.89
	补植（C_{6-5}）	0.94

续表

一级指标	二级指标	重要性程度
桥梁（C_7）	桥面（C_{7-1}）	0.91
	伸缩装置（C_{7-2}）	0.87
	桥梁支座（C_{7-3}）	0.91
	排水设施（C_{7-4}）	0.91
公众满意度（C_8）	水体透明度（C_{8-1}）	0.94
	水体有无异味（C_{8-2}）	0.84
	水面清洁程度（C_{8-3}）	0.87
	植物种类多样性（C_{8-4}）	0.95
	植物生长态势（C_{8-5}）	0.91
	植物修剪状况（C_{8-6}）	0.82
	四季变化丰富程度（C_{8-7}）	0.92
	绿植覆盖率（C_{8-8}）	0.93
	建筑设施配套完备程度（C_{8-9}）	0.90
	休息娱乐设施舒适度（C_{8-10}）	0.90
	安全设施完善度（C_{8-11}）	0.85
	安全标识完善度（C_{8-12}）	0.84
	路灯位置、亮度合理性（C_{8-13}）	0.84
	卫生情况（C_{8-14}）	0.86
	各类设施与整体环境协调程度（C_{8-15}）	0.85
	监督或投诉渠道多样性、畅通性（C_{8-16}）	0.87
	服务人员综合素质（C_{8-17}）	0.89
	发现的问题的落实（C_{8-18}）	0.89
	满足生活休闲需要（C_{8-19}）	0.89
	周边活动时给您带来愉悦感（C_{8-20}）	0.90
	周围环境给您带来舒适感（C_{8-21}）	0.91

3.2 水环境治理 PPP 项目绩效评价指标数据处理

水环境治理 PPP 项目绩效评价涉及河道水体、园林绿化、市政设施等多源监测数据，河道安全、公园卫生等多维空间数据，月检、年检等多维时间数据，还有来自政府、公众、专家的多主体评价数据，这些数据类型有精确值、区间数、语言值等。另外，这些绩效评价指标各有各的特点，且指标的单位、量纲和评价标准之间存在差异，指标与指标之间存在不可公度性。因此，在进行水环境治理 PPP 项目的绩效评价时，不能将得到的指标的初始值在没有进行处理的情况下直接进行计算或比较，需要利用一定的数学方法对指标数据进行处理，消除指标之间量纲和单位的影响，将指标评价值转换成可以直接进行比较或运算的无量纲指标。

下面在分析水环境治理 PPP 项目绩效评价指标数据类型的基础上，给出不同数据类型的处理方法。

3.2.1 绩效评价指标的数据类型

在对水环境治理 PPP 项目运维效果进行评价时，绩效评价指标的数据来源有三种：①水质传感器监测数据，如获得水质指标数据是通过在不同治理区域安装水质传感器得到水质情况；②专家评价数据，邀请行业相关专家，以调查问卷的形式，获得绩效评价指标的数据；③公众调研数据，通过调查问卷向治理区域附近的公众进行调查，获得公众对治理效果的评价数据。

水质传感器监测数据的类型为精确值，进行数据计算和分析较为方便，而专家评价数据和公众调研数据的类型相对复杂。由于水环境治理 PPP 项目绩效评价问题本身的复杂性和绩效评价指标的多样性，专家或公众在给出评价信息时很难用精确值来表示，多以区间值、语言值等形式来表达。例如，在对指标“绿地覆盖率”进行评价时，公众虽然不能准确地表达绿地覆盖率的大小，但可以给出一个区间范围，也就是人类的认知可以用区间数来描述该类指标的现状。然而，对于有些指标的评价，由于人类思维的模糊性，用区间数无法给出评价，如指标“河道堤身的稳定性”，专家依据自己的经验只能给出诸如“非常稳定”“稳定”“不稳定”等这样的评价，这种描述数据的类型称为语言值。尽管语言值不如精确值准确，但更符合人类的认知习惯，也更容易获得，是表示模糊信息的有效工具。基于不同的研究视角，现有研究给出的语言评价信息有多种表达方式，例如语言信息[133, 134]、直觉语言信息[135, 136]等。其中，直觉模糊集的优点在于同时考虑专家对于给出的评价信息的确定和不确定程度。下面给出直觉模糊数和语言集的相关概念和运算法则，为本书的水环境治理 PPP 项目绩效评价研究提供理论基础。

1. 直觉模糊数

模糊集是数学中处理不确定性问题的一种理论，1965 年由数学美国控制论专家 Zadeh[137] 首次提出，该理论是对经典集合的推广。模糊集是用模糊性表征不确定性现象的理论方法，强调论域或子类边界的不明确或不分明性，重点研究数值与数值之间的模糊性。在此基础上，Atanassov 等[138] 提出了直觉模糊集（Intuitionistic Fuzzy Set，IFS）的概念，该理论同时描述隶属和非隶属的评价信息。

定义 3.3 [138] 设 X 为非空集合，则称 $A=\{[x;\mu_A(x),\nu_A(x)]\mid x\in X\}$ 为直觉模糊集，其中 $\mu_A(x)$ 和 $\nu_A(x)$ 分别为 X 中元素 x 属于 X 的隶属度 $\mu_A(x)$：$X\rightarrow[0,1]$ 和非隶属度

$\nu_A(x): X \rightarrow [0,1]$，且 $0 \leqslant \mu_A(x)+\nu_A(x) \leqslant 1$。另外，$\pi_A(x)=1-\mu_A(x)-\nu_A(x)$ 为 X 中元素 x 属于 X 的犹豫度。为了方便，Xu[139] 提出了直觉模糊数的概念，记为：$\tilde{\alpha}=(\mu,\nu)$，其中 $0 \leqslant \mu \leqslant 1, 0 \leqslant \nu \leqslant 1, 0 \leqslant \mu+\nu \leqslant 1$。

定义 3.4 [140] 设 $\alpha_i=\langle \mu_{\alpha_i}, \nu_{\alpha_i} \rangle\ (i=1,2,\cdots,n)$ 为一组直觉模糊数，且 $\alpha_i \in \mathrm{IFS}(X)$，$W=(w_1,w_2,\cdots,w_n)$ 为 α_i 的加权向量，且满足 $\sum_{i=1}^{n} w_i=1$，$0 \leqslant w_i \leqslant 1$，则称函数 $\mathrm{IFWA}_W(\alpha_1,\alpha_2,\cdots,\alpha_n)=\bigoplus_{i=1}^{n} w_i\alpha_i=\langle 1-\prod_{i=1}^{n}(1-\mu_{\alpha_i})^{w_i}, \prod_{i=1}^{n}(\nu_{\alpha_i})^{w_i} \rangle$ 为直觉模糊加权算术平均算子，计算之后的结果仍为直觉模糊数，且该算子满足幂等性、有界性及置换不变性等性质。

定义 3.5 [141] 设 $\alpha_i=\langle \mu_{\alpha_i},\nu_{\alpha_i} \rangle\ (i=1,2,\cdots,n)$ 为一组直觉模糊数，且 $\alpha_i \in \mathrm{IFS}(X)$，$W=(w_1,w_2,\cdots,w_n)$ 为 α_i 的加权向量，且满足 $\sum_{i=1}^{n} w_i=1$，$0 \leqslant w_i \leqslant 1$，则称函数 $\mathrm{IFWG}_W(\alpha_1,\alpha_2,\cdots,\alpha_n)=\alpha_1^{w_1} \otimes \alpha_2^{w_2} \otimes \cdots \otimes \alpha_n^{w_n}=\bigotimes_{j=1}^{n} \alpha_j^{w_j}$ 为直觉模糊加权几何算子，计算之后的结果仍为直觉模糊数，即 $\mathrm{IFWG}_W(\alpha_1,\alpha_2,\cdots,\alpha_n)=\langle \prod_{j=1}^{n} \mu_j^{w_j}, 1-\prod_{j=1}^{n}(1-\nu_j)^{w_j} \rangle$。

定义 3.6 [141] 任意两个直觉模糊数 $\tilde{\alpha}_1=(\mu_1,\nu_1)$ 和 $\tilde{\alpha}_2=(\mu_2,\nu_2)$ 的运算规则为：

（1）$\tilde{\alpha}_1 \oplus \tilde{\alpha}_2=(\mu_1+\mu_2-\mu_1\mu_2, \nu_1\nu_2)$；

（2）$\tilde{\alpha}_1 \otimes \tilde{\alpha}_2=(\mu_1\mu_2, \nu_1+\nu_2-\nu_1\nu_2)$；

（3）$\lambda\tilde{\alpha}_1=[1-(1-\mu_1)^{\lambda}, \nu_1^{\lambda}]$，$\lambda>0$；

（4）$\tilde{\alpha}_1^{\lambda}=[\mu_1^{\lambda}, 1-(1-\nu_1)^{\lambda}]$，$\lambda>0$。

定义 3.7 [141] 设 $\tilde{\alpha}_1=(\mu_1,\nu_1)$ 和 $\tilde{\alpha}_2=(\mu_2,\nu_2)$ 为两个直觉模糊数，则 $\tilde{\alpha}_1$ 和 $\tilde{\alpha}_2$ 之间的 Hamming 距离表示如下：

$$d(\tilde{\alpha}_1,\tilde{\alpha}_2)=\frac{1}{2}(|\mu_1-\mu_2|+|\nu_1-\nu_2|+|\pi_1-\pi_2|) \tag{3-3}$$

定义 3.8 [141] 对于任意 $\tilde{\alpha}=(\mu,\nu)$，记分函数 $S(\tilde{\alpha})$ 和精确函数 $H(\tilde{\alpha})$ 分别为：

$$S(\tilde{\alpha})=\mu-\nu \tag{3-4}$$

$$H(\tilde{\alpha})=\mu+\nu \tag{3-5}$$

其中，$S(\tilde{\alpha}) \in [-1,1]$，$H(\tilde{\alpha}) \in [0,1]$。

定义 3.9 [141] 设 $\tilde{\alpha}_1=(\mu_1,\nu_1)$ 和 $\tilde{\alpha}_2=(\mu_2,\nu_2)$ 为两个直觉模糊数，其比较方法为：

（1）若 $S(\tilde{\alpha}_1)>S(\tilde{\alpha}_2)$，则 $\tilde{\alpha}_1>\tilde{\alpha}_2$；

（2）若 $S(\tilde{\alpha}_1)=S(\tilde{\alpha}_2)$，则当 $H(\tilde{\alpha}_1)=H(\tilde{\alpha}_2)$ 时，$\tilde{\alpha}_1=\tilde{\alpha}_2$；当 $H(\tilde{\alpha}_1)>H(\tilde{\alpha}_2)$ 时，$\tilde{\alpha}_1>\tilde{\alpha}_2$；当 $H(\tilde{\alpha}_1)<H(\tilde{\alpha}_2)$ 时，$\tilde{\alpha}_1<\tilde{\alpha}_2$。

因为要求 $S(\tilde{\alpha})$ 必须不为负，所以在沿用定义 3.8 中精确函数形式和定义 3.9 中直觉模糊函数比较方法的基础上修正记分函数[142] 为：

$$S(\tilde{\alpha}) = \mu + \frac{1}{2}(1 - \mu - \nu) \tag{3-6}$$

2. **语言集**

由于人类思维和主观判断存在不确定性，在实际的绩效评价过程中，评价者往往很难用精确的数值来给出被评价对象的评价值，多数情况下，评价者更倾向于用语言变量来表达自己对评价对象的判断。语言变量指的是用语言表达决策变量，这在日常生活中表现为人们将所说的话或所用的文字作为变量。如在评价某教师讲课的水平时，教学督导组的领导用“优秀”“良好”或“及格”等语言形式来表达自己对该教师讲课水平的评价。心理学家米勒（Miler）曾经做过实验证明，在对某个评价对象进行评价时，人可以给出的语言评价值为 5 ~9 个标度。由于语言变量之间进行运算后依然是语言变量，因此，如果想通过语言变量的直接计算得到定量的结果，一般需要使用一定的转换方法，将语言变量转换成可以定量描述的数据类型。

本章中专家对绩效评价指标进行评价时，用到的语言评价值标度有 5 个标度、7 个标度和 9 个标度三种。下面首先给出语言评价值的相关概念和运算法则。

定义 3.10 [143] 设语言集 $S = \{s_0, s_1, \cdots, s_{t-1}\}$ ，t 为奇数，一般来说，$t = 3,5,7,9$。

任意的语言集满足以下条件：①逆运算：$neg(s_i) = s_j$ ，$i + j = 2t$ ；②有序性：$s_i \leqslant s_j \Leftrightarrow i \leqslant j$ ；③当 $s_i \leqslant s_j$ 时，最大算子 $\max(s_i, s_j) = s_j$ ；④当 $s_i \leqslant s_j$ 时，最小算子 $\min(s_i, s_j) = s_i$ 。

Xu[144] 将离散的语言集 S 拓展到了连续语言集 $\overline{S} = \{S_\alpha | \alpha \in R\}$ 。徐泽水[145] 详细地阐述了离散语言集和连续语言集的内容，以及两者之间的关系。一般来说，离散语言集 S 被称为原始的语言评价集，主要应用于评价者对被评价对象做出的评价，而连续的语言评价集 $\overline{S}$ 则主要应用于语言变量的相关运算和比较。

假设 $S_i, S_j \in \overline{S}$ 为两个任意的语言变量，$\lambda \in [0,1]$ ，运算法则可定义为[146, 147]：① $S_i \oplus S_j = S_{i+j}$ ；② $\lambda S_i = S_{\lambda i}$ ；③ $S_i \otimes S_j = S_{ij}$ ；④ $S_i \otimes S_j = S_{ij}$ ；⑤ $S_i / S_j = S_{i/j}$ ；⑥ $(S_i)^n = S_{i^n}$ ，$n \geqslant 0$。

根据运算法则，对于任意的语言变量 $S_i, S_j, S_k \in \overline{S}$ ，$\lambda, \lambda_1, \lambda_2 \in [0,1]$ ，语言变量还具有以下性质[146, 147]：① $S_i \oplus S_j = S_j \oplus S_i$ ；② $S_i \otimes S_j = S_j \otimes S_i$ ；③ $(S_i \oplus S_j) \oplus S_k = S_i \oplus (S_j \oplus S_k)$ ；④ $(S_i \otimes S_j) \otimes S_k = S_i \otimes (S_j \otimes S_k)$ ；⑤ $(S_i \otimes S_j)^\lambda = S_j^\lambda \otimes S_i^\lambda$ ；⑥ $S_i^{\lambda_1} \otimes S_i^{\lambda_2} = S_i^{(\lambda_1 + \lambda_2)}$ ；⑦ $\lambda_1 S_i \oplus \lambda_2 S_i = (\lambda_1 + \lambda_2) S_i$ ；⑧ $\lambda_1(\lambda_2 S_i) = \lambda_1 \lambda_2 S_i$ ；⑨ $(S_i^{\lambda_2})^{\lambda_1} = S_i^{(\lambda_1 \lambda_2)}$ ；⑩ $\lambda(S_i \oplus S_j) = \lambda S_i \oplus \lambda S_j$ 。

定义 3.11 [148] 令 $S = \{S_i | i = 1,2,\cdots,t\}$ 是一个由有限元素组成的语言评价集，为奇数，表示一个语言变量的可能值。那么 $S = [S_\alpha, S_\beta]$ 称为一个不确定语言变量。当 $\alpha = \beta$ 时，不确定语言变量退化成语言变量。

3.2.2 绩效评价指标的数据处理

水环境治理项目的治理效果是水环境治理绩效评价的重要依据，根据水环境治理 PPP 项目绩效评价模型构建的需要，对水环境治理效果调查的数据进行处理，如整理、筛选、分类、转化等。在数据处理过程中，应充分保证处理后的数据信息能客观地反映评价主体的判断，最大限度地避免评价信息失真。本节中介绍的数据处理方法主要指对水环境治理 PPP 项目绩效评价过程中调查问卷收集到的数据进行规范化的处理方法和对规范化后的数据进行直觉模糊化的处理方法，以及对水质传感器监测数据进行融合的自适应加权融合算法。

结合水环境治理 PPP 项目绩效评价的实际问题，在进行绩效评价之前，首先对通过水质传感器实时监测的数据和调查问卷得到的数据进行分类，然后将调查问卷和水质传感器监测得到的所有数据均转换成直觉模糊数进行计算。从目前的研究来看，语言值可以直接进行直觉模糊化，精确值和区间数在进行模糊化之前需要先将其进行规范化处理，然后将规范化后的数据再进行直觉模糊化。

下面给出绩效评价指标数据的规范化和直觉模糊化处理方法。另外，为了表述方便，以下小节中绩效评价指标数据仅指调查问卷收集的数据，不包括水质传感器监测的数据。

1. 绩效评价指标数据的规范化处理

关于数据规范化的处理方法在现有文献中有很多，而且不同的方法具有各自的优点和不足。常见的数据规范化的方法有极差变换法、线性变换法、向量变换法等，且通常情况下，规范化处理后的数据在区间 [0, 1] 上。数据规范化处理的一个基本准则是：不改变规范化处理前后数据之间的序关系。下面给出精确值和区间数的规范化方法。

假设被评价对象集合为 $A=\{a_1,a_2,\cdots,a_m\}$，被评价对象的指标集合为 $B=\{b_1,b_2,\cdots,b_n\}$，T_1、T_2 分别表示效益型和成本型指标的集合，且有 $T=T_1\cup T_2$，则评价值矩阵为 $X=(x_{ij})_{m\times n}$，其中，x_{ij} 为规范化前的对第 i 个被评价对象在第 j 个指标下的评价值，若用 r_{ij} 表示对应于 x_{ij} 的规范化后的评价值，则规范化后的评价值矩阵为 $\tilde{R}=(r_{ij})_{m\times n}$。

1）精确值的规范化方法

假设 x_{ij} 为精确值，王武平[149] 给出了利用评价值占该指标下最大指标值比例的方法对指标进行规范化处理的最大值规范化方法，具体公式如下：

$$r_{ij}=\begin{cases}x_{ij}/\max\limits_{i}x_{ij} & i\in A,j\in T_1\\ \min\limits_{i}x_{ij}/x_{ij} & i\in A,j\in T_2\end{cases}\tag{3-7}$$

或者为：

$$r_{ij}=\begin{cases}x_{ij}/\max\limits_{i}x_{ij} & i\in A,j\in T_1\\ 1-x_{ij}/\max\limits_{i}x_{ij} & i\in A,j\in T_2\end{cases} \tag{3-8}$$

在公式（3-7）和公式（3-8）中，通过规范化处理之后的评价值均按线性比例转化到区间［0，1］上，且能够同时保证规范化的各属性值的序关系。然而，对于单个指标而言，评价值在规范化之后得到的最好评价值和最差评价值不一定会同时出现，且对于公式（3-7）来说，其只适用于所有成本型指标的评价值都不为0的情况，公式（3-8）中由于效益型和成本型指标评价值转化的基点不同，转化后最优的评价值不同时为1。

秦寿康[150]提出极差规范化方法，具体公式如下：

$$r_{ij}=\begin{cases}\dfrac{x_{ij}-\min\limits_{i}x_{ij}}{\max\limits_{i}x_{ij}-\min\limits_{i}x_{ij}} & i\in A,j\in T_1\\ \dfrac{\max\limits_{i}x_{ij}-x_{ij}}{\max\limits_{i}x_{ij}-\min\limits_{i}x_{ij}} & i\in A,j\in T_2\end{cases} \tag{3-9}$$

利用极差规范化方法处理后的属性值分布在区间［0，1］上，并且规范化后最优的属性值为1，最差的属性值为0。

夏勇其和吴祈宗[151]给出了根据比重法对指标评价值进行规范化处理的方法，对于效益型指标，该方法主要是计算各个指标评价值占该指标下所有指标评价值的算术平均数或者几何平均数的比；对于成本型指标，首先要对各评价数据取倒数，再计算其占所有指标评价值倒数的算术平均数或几何平均数的比来对评价数据进行规范化处理。具体公式如下：

$$r_{ij}=\begin{cases}\dfrac{x_{ij}}{\sum\limits_{i=1}^{m}x_{ij}^2} & i\in A,j\in T_1\\ \dfrac{1/x_{ij}}{\sum\limits_{i=1}^{m}(1/x_{ij})^2} & i\in A,j\in T_2\end{cases} \tag{3-10}$$

或者为：

$$r_{ij}=\begin{cases}\dfrac{x_{ij}}{\sqrt{\sum\limits_{i=1}^{m}x_{ij}^2}} & i\in A,j\in T_1\\ \dfrac{1/x_{ij}}{\sqrt{\sum\limits_{i=1}^{m}(1/x_{ij})^2}} & i\in A,j\in T_2\end{cases} \tag{3-11}$$

该方法可以解决两两指标之间由于量纲不同导致无法计算或比较的问题，其不足之处为上述式子中的变换不是线性变换，并且利用了一个不确定的数对各指标评价值进行规范化处理，这样使问题变得更复杂。为了克服以上规范化方法存在的问题，在上述三种规范化方法的基础上中，现有文献给出了许多指标评价值的规范化方法。

2）区间数的规范化方法

区间数的规范化方法[152, 153] 有很多，设 $x_{ij}=[x_{ij}^{L}, x_{ij}^{R}]$ 为规范化前的区间数评价值，$r_{ij}=[r_{ij}^{L}, r_{ij}^{R}]$ 为规范化后的区间数评价值，则：

（1）最大值规范化方法

最大值规范化方法公式如下：

$$r_{ij}=\begin{cases}\left[\dfrac{x_{ij}^{L}}{\max\limits_{i} x_{ij}^{R}}, \dfrac{x_{ij}^{R}}{\max\limits_{i} x_{ij}^{R}}\right] & i \in A, j \in T_1 \\ \left[1-\dfrac{x_{ij}^{R}}{\max\limits_{i} x_{ij}^{R}}, 1-\dfrac{x_{ij}^{L}}{\max\limits_{i} x_{ij}^{R}}\right] & i \in A, j \in T_2\end{cases} \tag{3-12}$$

（2）极差规范化方法

极差规范化方法公式如下：

$$r_{ij}=\begin{cases}\left[\dfrac{x_{ij}^{L}-\min\limits_{i} x_{ij}^{L}}{\max\limits_{i} x_{ij}^{R}-\min\limits_{i} x_{ij}^{L}}, \dfrac{x_{ij}^{R}-\min\limits_{i} x_{ij}^{L}}{\max\limits_{i} x_{ij}^{R}-\min\limits_{i} x_{ij}^{L}}\right] & i \in A, j \in T_1 \\ \left[\dfrac{\max\limits_{i} x_{ij}^{R}-x_{ij}^{R}}{\max\limits_{i} x_{ij}^{R}-\min\limits_{i} x_{ij}^{L}}, \dfrac{\max\limits_{i} x_{ij}^{R}-x_{ij}^{L}}{\max\limits_{i} x_{ij}^{R}-\min\limits_{i} x_{ij}^{L}}\right] & i \in A, j \in T_2\end{cases} \tag{3-13}$$

（3）比重规范化方法

比重规范化方法公式如下：

$$r_{ij}=\begin{cases}\left[\dfrac{x_{ij}^{L}}{\sqrt{\sum\limits_{i=1}^{m}(x_{ij}^{R})^2}}, \dfrac{x_{ij}^{R}}{\sqrt{\sum\limits_{i=1}^{m}(x_{ij}^{L})^2}}\right] & i \in A, j \in T_1 \\ \dfrac{1/x_{ij}^{R}}{\sqrt{\sum\limits_{i=1}^{m}(1/x_{ij}^{L})^2}}, \dfrac{1/x_{ij}^{L}}{\sqrt{\sum\limits_{i=1}^{m}(1/x_{ij}^{R})^2}} & i \in A, j \in T_2\end{cases} \tag{3-14}$$

2. 绩效评价指标数据的直觉模糊化处理

在对水环境治理 PPP 项目进行绩效评价时，不同数据类型进行直觉模糊化处理，主要包括区间数和语言变化的直觉模糊化方法，具体如下。

1）区间数的直觉模糊化[154]

假设规范化后的区间数 $r_{ij}=[r_{ij}^{L}, r_{ij}^{U}]$，其转换成直觉模糊数为 $r_{ij}^{*}=\langle\mu_{ij}, \nu_{ij}\rangle$，其中 $\mu_{ij}=r_{ij}^{L}$，$\nu_{ij}=1-r_{ij}^{U}$，而规范化后的精确数 r_{ij} 可看作是特殊的区间数，即上、下限相等的

区间数，转换成直觉模糊数为 $r_{ij}^* = \langle r_{ij}, 1 - r_{ij} \rangle$。

2）语言变量的直觉模糊化[154, 155]

水环境治理 PPP 项目绩效评价语言型的数据信息有三类：①五级语言标度的语言变量，一般可表示为："很好""好""一般""差""很差"或"绝对重要""重要""一般""不重要""绝对不重要"；②七级语言标度的语言变量，通常可表示为："绝对差""很差""差""一般""好""很好""绝对好"或"绝对重要""很重要""重要""一般""不重要""很不重要""绝对不重要"；③九级语言标度的语言变量，一般可以表示为"绝对差""很差""差""较差""一般""较好""好""很好""绝对好"或"绝对不重要""很重要""重要""较重要""一般""较不重要""不重要""很不重要""绝对不重要"。

以上三类语言变量与直觉模糊数之间的相互转化关系如表 3-4 ~ 表 3-6 所示。

五级模糊语言标度与直觉模糊数之间的相互转化关系 表 3-4

模糊语言	直觉模糊数
很差（很低）S_0	<0.10，0.80>
差（低）S_1	<0.25，0.60>
中（一般）S_2	<0.50，0.40>
良（好、高）S_3	<0.75，0.20>
优（很好、很高）S_4	<0.90，0.05>

七级模糊语言标度与直觉模糊数之间的相互转化关系 表 3-5

模糊语言	直觉模糊数
很差（很低）S_0	<0.05，0.95>
差（低）S_1	<0.20，0.75>
较差（较低）S_2	<0.35，0.55>
中（一般）S_3	<0.50，0.40>
较好（较高）S_4	<0.65，0.30>
良（好、高）S_5	<0.80，0.15>
优（很好、很高）S_6	<0.95，0.05>

九级模糊语言标度与直觉模糊数之间的相互转化关系表　　表 3-6

模糊语言	直觉模糊数
极差（极低）S_0	<0.05，0.95>
很差（很低）S_1	<0.15，0.80>
差（低）S_2	<0.25，0.65>
较差（较低）S_3	<0.35，0.55>
中（一般）S_4	<0.50，0.40>
较好（较高）S_5	<0.75，0.15>
良（好、高）S_6	<0.65，0.25>
优（很好、很高）S_7	<0.85，0.10>
绝对好（高）S_8	<0.95，0.05>

3）不确定语言变量的直觉模糊化[156]

对于不确定语言变量 $S=[S_\alpha, S_\beta]$，其上下限均为语言变量，可分别转化为直觉模糊数，转化后的直觉模糊数分别为 $\langle\mu_\alpha,\nu_\alpha\rangle$ 和 $\langle\mu_\beta,\nu_\beta\rangle$，此时，不确定语言变量为语言区间，本身涵盖了若干标准语言短语，可基于 IFWA 算子[156] 对不确定语言变量上、下限所代表的直觉模糊数进行加权，即：

$$\mathrm{IFWA}_\lambda[\langle\mu_\alpha,\nu_\alpha\rangle,\langle\mu_\beta,\nu_\beta\rangle]=\theta\langle\mu_\alpha,\nu_\alpha\rangle\oplus(1-\theta)\langle\mu_\beta,\nu_\beta\rangle \tag{3-15}$$

在公式（3-15）中，$0\leqslant\theta\leqslant 1$，一般取 $\theta=0.5$，从而将不确定语言变量转化为直觉模糊数。

3. 基于自适应加权融合算法的监测数据处理

根据自适应加权融合算法的原理，借鉴文献[157] 中多传感器数据融合的方法，本节给出适用于水环境治理 PPP 项目绩效评价的多源、多维、多时空数据自适应加权融合算法。该算法共分为三个步骤。

第一步：数据一致性检验。在多传感器监测系统中，为了保证数据融合的准确性，在数据融合前需要对多个水质传感器采集的数据进行一致性检验，因为当传感器组中某个水质传感器发生故障时，若将没有进行检验的数据进行融合，其结果的准确性就会降低[158, 159]。一致性检验的方法为：假设有 n 个水质传感器对同一河流治理区域的不同位置进行同时测量，可以得到 n 个监测数据，由于被监测河段的水质传感器位于不同的位置，故这 n 个数据存在一定的差异。检验的原则是相邻两个水质传感器监测的数据的差值小于等于预先设定的阈值，则通过一致性检验，若差值大于阈值，则认为该监测数据为异常数据，不能参与数据融合过程[159, 160]，为了保障监测的水质数据的连贯性，对于异常数据，本节用该时段内的平均值代替。

第二步：多传感器分批估计。分批估计理论源于递推估计，是通过在某治理区域放置多个水质传感器，对同一监测参数的多个监测结果进行融合处理，获得更加精确的结果的一种方法[161, 162]。该方法可以有限避免由多个传感器测量误差所引起的融合结果的偏差。为了提高水环境治理中数据融合结果的精确度，对多个传感器在某时刻采集的数据先进行分批估计，然后再进行自适应加权数据融合[157]。由于同类型多个传感器分批估计得到的融合结果与单个传感器融合的结果是一致的，都具有高效的实时性[157]，故在单个传感器数据分批估计的基础上，多个传感器的数据同样适用。

假设在水环境治理的某治理区域内放置了 n 个水质传感器，按照空间不相邻的规则将其分成 m 批，每个批次中水质传感器的数量可以相同也可以不相同[163]。某时刻每个批次传感器的水质监测值分别为：$y_{12},\cdots,y_{1k_1}$；$y_{21},\cdots,y_{2k_2}$；$\cdots$；$y_{m1},\cdots,y_{mk_m}$，其中 k_m 为第 m 批水质监测值的个数，$k_1+k_2+\cdots+k_m=n$，则每批次水质监测值数据的平均值计算公式为：

$$\overline{K}_i=\frac{1}{k_i}\sum_{r=1}^{k_i}y_{ir} \tag{3-16}$$

其对应的标准差为：

$$\sigma_i=\sqrt{\frac{1}{k_i}\sum_{r=1}^{k_i}(y_{ir}-\overline{K}_i)^2} \tag{3-17}$$

其中，$i=1,2,\cdots,m$。

由分批估计理论可得出，分批估计的水质融合值为：

$$K=\sigma^2\sum_{i=1}^{m}\frac{\overline{K}_i}{\sigma_i^2} \tag{3-18}$$

式中：

$$\sigma^2=\left[\sum_{i=1}^{m}\frac{1}{\sigma_i^2}\right]^{-1} \tag{3-19}$$

公式（3-19）的σ^2为某时刻的水质监测数据经过分批估计后的融合方差[157, 161]。由公式（3-18）可知，分批估计的水质融合结果 K 是各批水质监测数据平均值的加权和。

第三步：多传感器自适应加权数据融合。多传感器的水质监测数据经过分批估计后，已得到融合的水质融合值，且由分批估计的水质融合值可知，融合结果 K 是各批监测数据平均值 $\overline{K}_m$ 的加权和。因此，根据权重与方差反比，在权重 γ_i 中加入修正因子 ω_i [157]，利用分批估计水质融合的结果，将某时刻各批次水质监测值与分批估计得到的融合值的方差（此方差可记为修正样本方差）反馈到各个批次的融合结果中，最终通过修正因子自适应地调节某时刻各个批次融合值的权重，弱化误差对传感器最终融合值的影响。

因为 γ_i 为分批估计水质融合值的权重，则有：$\sum_{i=1}^{m}\gamma_i\omega_i=1$。根据权重与方差成反比的原则，不妨假设：$\gamma_i\omega_i=b\frac{1}{\varphi^2}$；其中，$\varphi^2$ 为各批次监测值与分批估计得到的融合值的修正样本方差（按顺序逐个计算），那么此方差为：

$$\varphi^2 = \frac{1}{k_i}\sum_{r=1}^{k_i}(y_{ik} - K)^2 \tag{3-20}$$

由分批估计可得，当每批次的方差相等时，则有：$\gamma_i = \frac{1}{\sigma_i^2}\left[\sum_{i=1}^{m}\frac{1}{\sigma_i^2}\right]^{-1}$，从而得到最终的水质融合值：$M = \sum_{i=1}^{m}\gamma_i\omega_i\overline{K}_i$。

3.3 水环境治理 PPP 项目绩效评价模型构建

目前，水环境治理 PPP 项目运维期绩效评价存在以下一些问题：①水环境治理效果受多种因素的影响，必须尽可能地考虑到各个相关因素，然后进行综合评价；②水环境治理项目绩效评价涉及多个因素，仅依靠评价主体做出定性分析和逻辑判断，随意性太强，容易产生偏差，需要有定量分析作为依据；③水环境治理项目绩效影响因素产生的影响大小存在模糊性，需要运用一定的数量方法描绘模糊概念，才能做出精确的判断；④水环境治理项目绩效指标的评价描述受人类思维模糊性和客观事物复杂性的影响，有必要用更直观有效的方法来描述指标的情况。基于此，本章将借助语言值、模糊集理论和 MULTIMOORA 评价方法对水环境治理效果进行评价，以得到较为准确的绩效评价结果。

3.3.1 问题描述

假设水环境治理 PPP 项目绩效评价问题中，$G = \{G_1, G_2, \cdots, G_m\}$ 为水环境治理 PPP 项目绩效评价一级指标集合；$C = \{C_1, C_2, \cdots, C_n\}$ 为水环境治理 PPP 项目绩效评价二级指标集合；$E = \{E_1, E_2, \cdots, E_p\}$ 为水环境治理相关领域的评价者集合，这里指来自水环境治理相关领域的专家集合；假设第 k 个评价者 E_k（$k = 1, 2, \cdots, p$）对于第 i 个一级指标 G_i（$i = 1, 2, \cdots, m$）中的第 j 个二级指标 C_j（$j = 1, 2, \cdots, n$）的评价值为 a_{ij}^k，则第 k（$k = 1, 2, \cdots, p$）个评价者对所有绩效评价指标的评价值矩阵为：

$$A^k = \begin{pmatrix} a_{11}^k & a_{12}^k & \cdots & a_{1n}^k \\ a_{21}^k & a_{22}^k & \cdots & a_{2n}^k \\ \vdots & \vdots & \ddots & \vdots \\ a_{m1}^k & a_{m2}^k & \cdots & a_{mn}^k \end{pmatrix}_{m\times n} \tag{3-21}$$

其中，a_{ij}^k（$k=1, 2, \cdots, p$；$i=1, 2, \cdots, m$；$j=1, 2, \cdots, n$）为直觉模糊数。评价矩阵 A^k 指的是第 k 个评价者对水环境治理效果的绩效评价结果，将所有评价者的评价结果进行集结，即可得到最终水环境治理效果的绩效评价结果。

本节综合运用直觉模糊集理论和MULTIMOORA评价方法的优势，构建了改进的MULTIMOORA绩效评价方法，对水环境治理PPP项目的治理效果进行绩效评价。

3.3.2 权重的确定

在绩效评价过程中，权重的确定在整个评价过程中至关重要，某指标权重的大小不仅代表了该指标对前一级指标影响程度的强弱，而且还体现出其在同一级指标中的重要程度，指标权重的确定直接关系到评价结果的可靠性。在对水环境治理效果进行评价时，由于反映水环境治理效果的指标比较多，以及对治理效果进行评价的有专家和公众等不同群体，且各个指标反映水环境治理效果的重要程度不一样，各个专家在知识结构、能力和评价视角方面也存在一定差异，因此，在进行评价之前，需要根据各指标的重要性和专家对水环境治理效果的把握程度进行赋值，即对各指标和各专家赋权。目前，赋权方法主要有主观赋权法[164, 165]、客观赋权法[165~167]和主客观组合赋权法[168~171]，具体用什么方法对指标和专家赋权要视具体问题和情况而定。

1. 指标权重的确定

直觉模糊集的模糊程度可以由直觉模糊熵来表示，在水环境治理PPP项目的绩效评价过程中，绩效评价指标评价值的模糊熵越大，则说明评价者对该绩效评价指标的评判信息的模糊程度也越大，自然需要赋予较小的权重；反之，说明评价者对该绩效评价指标的评判信息的模糊程度越小，故应赋予较大的权重。在直觉模糊评价信息中，隶属度和非隶属度的偏差反映了评价信息的不确定程度，犹豫度反映了评价信息的未知程度，评价信息的不确定程度和未知程度共同反映直觉模糊熵所表示的模糊程度。然而，若只考虑直觉模糊数中隶属度和非隶属度两个方面评价信息的直觉模糊熵，那么一旦二者出现偏差相等的情况便无法有效地进行区分。因此，为避免出现上述问题，这里采用的直觉模糊熵[174, 175]包括三个方面的信息：隶属度、非隶属度和犹豫度。

首先用E_k表示对水环境治理PPP项目进行评价的第k个评价专家，G_i表示水环境治理PPP项目绩效评价指标体系中的第i个一级指标，继而假设第k个评价专家E_k对第i个一级指标G_i的第j个二级评价指标C_j的评价值为a_{ij}^k，且评价值的直觉模糊数形式为$a_{ij}^k=(\mu_{ij}^k, \nu_{ij}^k)$，则第$k$个评价专家$E_k$所给评价值的直觉模糊熵[172, 173]为：

$$M_j^k=\frac{1}{m}\sum_{i=1}^{m}\cos\frac{(\mu_{ij}^k-\nu_{ij}^k)(1-\pi_{ij}^k)\pi}{2} \tag{3-22}$$

则第k个评价专家E_k所给评价值a_{ij}^k所确定的第i个一级指标G_i中的第j个二级评价指标C_j的权重可以表示为：

$$w_j^k=\frac{1-M_j^k}{n-\sum_{j=1}^{n}M_j^k} \tag{3-23}$$

若用 $\overline{w}_j$ 表示得到的所有权重中最大值和最小值的平均值，即 $\overline{w}_j = (\min_{k=1,2,\cdots,p} w_j^k + \max_{k=1,2,\cdots,p} w_j^k)/2$，用 $S(w^k, \overline{w})$ 表示指标权重和 $\overline{w}_j$ 的相似度，且 $S(w^k, \overline{w}) = 1 - \max_{j=1,2,\cdots,n} |w_j^k - \overline{w}_j|$，则指标权重的权重协调系数为：

$$\alpha_k = \frac{S(w^k, \overline{w})}{\sum_{k=1}^{p} S(w^k, \overline{w})} \tag{3-24}$$

其中，$\sum_{k=1}^{p} \alpha_k = 1, 0 < \alpha_k < 1$。

利用指标权重协调系数对所有权重 w_j^k $(j = 1, 2, \cdots, n)$ 进行集结，确定最终的绩效评价指标权重：

$$w_j^* = \sum_{k=1}^{p} \alpha_k w_j^k \tag{3-25}$$

式中，$\sum_{j=1}^{n} w_j^* = 1, 0 < w_j^* < 1$。

2. **专家权重的确定**

专家判断信息的可靠性和确定性程度决定了专家的权重。专家所给的评价信息越模糊越不确定，则说明了专家对被评价对象了解的程度相对越低，专家的权重也要相对较小；反之，专家所给的评价信息的模糊程度越低；说明该专家对被评价对象了解的程度相对也越高，专家的权重应该相对较大些。因此，可以利用评价矩阵的直觉模糊熵来表示专家对评价信息的不确定性和模糊性。在给出水环境治理 PPP 项目的绩效评价时，专家所给的评价信息越模糊，则表明专家对水环境治理效果的了解程度越低，本节运用参考文献[173]中的方法来确定专家权重，具体方法如下：

根据熵权法基本原理，若用加权直觉模糊熵 $H^k = \sum_{j=1}^{n} w_j^k M_j^k$ 表示专家 E_k 给出的决策信息的模糊程度，则由评价矩阵直觉模糊熵确定的第 k $(k = 1, 2, \cdots, p)$ 个评价者权重 λ_1^k 为：

$$\lambda_1^k = \frac{1 - H^k}{p - \sum_{k=1}^{p} H^k} \tag{3-26}$$

若用 $E^k = \frac{1}{mnp} \sum_{l=1}^{p} \sum_{i=1}^{m} \sum_{j=1}^{n} e(\overline{r}_{ij}^k, \overline{r}_{ij}^l)$ 为评价矩阵 A^k 和 A^l 之间的距离测度，其中 $e(\overline{r}_{ij}^k, \overline{r}_{ij}^l)$ 表示直觉模糊数 $\overline{r}_{ij}^k$ 和 $\overline{r}_{ij}^l$ 的 Euclidean 距离，则由评价矩阵之间的距离测度确定的第 k $(k = 1, 2, \cdots, p)$ 个评价者权重 λ_2^k 为：

$$\lambda_2^k = \frac{1 - E^k}{p - \sum_{k=1}^{p} E^k} \tag{3-27}$$

利用专家权重协调系数对 λ_1^k 和 λ_2^k 进行集结，确定最终的评价者权重为：

$$\lambda_k^* = \alpha\lambda_1^k + \beta\lambda_2^k \tag{3-28}$$

式中α、β为专家权重协调系数，$0 < \alpha < 1$，$0 < \beta < 1$，具体取值视具体问题而定，且$\alpha + \beta = 1$，λ_k^*为评价者综合权重。

3.3.3 改进的 MULTIMOORA 绩效评价模型构建

水环境治理 PPP 项目的绩效评价问题涉及的绩效评价指标甚多，而且问题背景复杂，评价数据类型繁多，这属于典型的混合数据信息评价问题，关于此类问题的评价方法有很多[174~178]。在实际评价问题中，选择的评价方法要具有很好的鲁棒性才能保证评价结果的稳定性。从鲁棒性的研究角度来看，两种不同的评价方式的评价方法优于单一评价方式的评价方法，三种不同评价方式的评价方法优于两种不同评价方式的评价方法，以此类推[179]。MOORA 方法（Multi-Objective Optimization on the Basis of Ratio Analysis Method）[180]是一种多准则决策方法，该方法包括比率系统和参考点两个子方法，同现有相关方法相比，该方法重要的特征是简单，计算量小，结果稳定，解的过程时间少，能够从多个角度对方案进行比较与选择[181]。MULTIMOORA（Multi-Objective Optimization by Ration Analysis plus the Full Multiplicative Form）是 Brauers 和 Zavadskas[182] 在 MOORA 方法的基础上又增加了全乘模型（full multiplicative form）而提出来的，该方法被广泛用于解决各种复杂的多准则决策问题[183~187]。与 MOORA 评价方法相比，MULTIMOORA 评价方法运算更简便、鲁棒性更强[188] 等，目前已经被广泛运用于天气、电子和经济等决策的研究领域[189]。

1. 传统的 MULTIMOORA 评价方法

设$G = \{g_1, g_2, \cdots, g_m\}$为被评价对象集，$C = \{C_1, C_2, \cdots, C_n\}$为指标集，$A = (a_{ij})_{m\times n}$为原始评价矩阵，即第$i$个评价对象$g_i$在第$j$个评价指标$C_j$下的评价矩阵，其中，$a_{ij}$为评价值，$i = 1, 2, \cdots, m$；$j = 1, 2, \cdots, n$。为便于比较，需对$A$进行标准化，得到标准化评价矩阵$A^* = (a_{ij}^*)_{m\times n}$。

1）比率系统法[181, 190]

在比率系统法下，最优被评价对象为$g_{\mathrm{RS}}^* = \{g_i \mid \max\limits_i y_i\}$，其中，$y_i = \sum\limits_{j=1}^{g} a_{ij}^* - \sum\limits_{j=g+1}^{n} a_{ij}^*$，$\bar{n}$表示效益型指标的个数，$n - \bar{n}$表示成本型指标的个数。

2）参考点法[181, 190]

若用下式表示每个指标的最优参考点：$r_j = \begin{cases} \max\limits_i a_{ij}^*, & j \leqslant \bar{n} \\ \max\limits_i a_{ij}^*, & j > \bar{n} \end{cases}$，且$|r_j - a_{ij}^*|$为指标$C_j$与最优参考点的偏离度，则参考点法下得到的最优被评价对象为：$g_{\mathrm{RP}}^* = \{g_i \mid \min\limits_i z_i\}$，式中，$z_i = \max\limits_i |r_j - a_{ij}^*|$。

3）完全相乘法[181, 190]

若用下式表示在完全相乘法下，被评价对象 a_i 的评价值：$u_i=\frac{\prod_{j=1}^{\bar{n}}a_{ij}^*}{\prod_{j=\bar{n}+1}^{n}a_{ij}^*}$，其中，$\prod_{j=1}^{\bar{n}}a_{ij}^*$ 为方案中收益型属性值的乘积；$\prod_{j=\bar{n}+1}^{n}a_{ij}^*$ 为方案中成本型属性值的乘积，则完全相乘法下的最优评价对象为：$g_{\mathrm{MF}}^*=\{g_i \mid \max_i u_i\}$。

4）基于占优理论的 MULTIMOORA 评价方法排序

根据占优理论，将由上述步骤 1 的比率系统法、步骤 2 的参考点法和步骤 3 的完全相乘法得到的关于被评价对象的排序结果整合为最终的排序结果的方法，称为 MULTIMOORA 评价方法。

2. 改进的 MULTIMOORA 绩效评价方法

在水环境治理 PPP 项目绩效评价过程中，所有的绩效评价数据类型均转换成了直觉模糊型，由于直觉模糊数的运算法则尚不完善，传统的 MULTIMOORA 评价方法不能直接应用到该项目的绩效评价中。因此，传统 MULTIMOORA 评价方法的相关步骤需要做一定的改进才能对水环境治理 PPP 项目进行绩效评价。

在传统 MULTIMOORA 评价方法的基础上，改进的 MULTIMOORA 绩效评价方法的具体评价步骤如下。

步骤 1：根据搜集的评价数据，构建第 k 个评价者的评价矩阵 $A^k=(a_{ij}^k)_{m\times n}$，其中，评价值 a_{ij}^k 的类型为精确值、区间数、语言值等不同的类型，表示第 k 个评价者对第 i 个一级指标对应的第 j 个二级指标的评价值（$i=1, 2, \cdots, m$；$j=1, 2, \cdots, n$）。对于评价矩阵 $A^k=(a_{ij}^k)_{m\times n}$ 中的专家（公众）评价数据，首先利用本书第 3.2 节中的规范化处理方法对数据进行规范化处理，然后再将规范化后的数据均转化为直觉模糊数，转化后的评价矩阵记为 $\tilde{A}^k=(\tilde{a}_{ij}^k)_{m\times n}$，其中 $\tilde{a}_{ij}^k$ 为直觉模糊数。

步骤 2：比率系统。因为直觉模糊数的取值范围为［0，1］，所以无须对评价信息进行标准化处理。根据定义 3.4，利用各一级指标的直觉模糊综合评价矩阵和其对应的二级指标的权重向量，计算得到第 i 个一级指标 G_i 的综合评价值为：

$$\bar{U}_i^*=\mathrm{IFWA}_W(\bar{\alpha}_{i1}, \bar{\alpha}_{i2}, \cdots, \bar{\alpha}_{in})=\bigoplus_{j=1}^{n}w_j\bar{\alpha}_{ij}=\left[1-\prod_{j=1}^{n}(1-\mu_{ij})^{w_j}, \prod_{j=1}^{n}\nu_{ij}^{w_j}\right] \quad (3\text{-}29)$$

式中，$\bar{U}_i^*$ 表示第 i 个一级指标 G_i 的综合评价值。$\bar{U}_i^*$ 的值越大，第 i 个一级指标的综合评价值越大，也就是该指标的绩效评价得分越高。

步骤 3：参照点法。通常有两种选择参照点的方法：①在各一级指标下的二级指标中选择评价信息的最大值或最小值作为参照点；②正负理想参照点。本书选择第一种方法确定参照点，即在每个一级指标对应的二级指标中选择评价信息的最大值和最小值分别作为正参照点和负参照点，然后计算第 i 个一级指标与正参照点之间的相对贴近度。若用 q_i^+ 和 q_i^- 分别表示第 i 个一级指标与正、负参照点之间的距离之和，其中本书选择 Hamming 距离[141] 作为直觉模糊数之间的距离公式，则第 i 个一级指标的贴近度公式[191] 为：

$$q_i = \frac{q_i^-}{q_i^+ + q_i^-} \tag{3-30}$$

式中，q_i 表示第 i 个一级指标的贴近度，该值越大，意味着该指标与正参照点的贴近程度越大，也就是该指标的绩效考核得分越高。

步骤4：全乘模型。利用定义3.5，以及第 i 个一级指标下的各个二级指标的权重，计算第 i 个一级指标的乘法综合评价值为：

$$\widetilde{U}_i^* = \mathrm{IFWG_W}(\alpha_1, \alpha_2, \cdots, \alpha_n) = \left\langle \prod_{j=1}^{n} \mu_j^{w_j},\ 1 - \prod_{j=1}^{n}(1-\nu_j)^{w_j} \right\rangle \tag{3-31}$$

类似于步骤2，$\widetilde{U}_i^*$ 表示第 i 个一级指标的综合评价值。$\widetilde{U}_i^*$ 的值越大，第 i 个一级指标的综合评价值越大，也就是该指标的绩效评价得分越高。

步骤5：集结评价结果。利用IFWA算子将步骤2～步骤4得到的评价结果进行信息集结，得到所有一级指标的综合评价结果，其中假设各个步骤的评价结果的权重均等。

步骤6：去模糊化，得到各一级指标评价得分。用下面的公式将步骤5得到的直觉模糊数形式的综合评价结果转化为绩效考核得分：

$$def(C_j) = \frac{\tau_j}{2} \times G^{L} + (G^{R} - G^{L}) \tag{3-32}$$

其中，τ_j 为第 j 个一级指标所对应的模糊趋势逼近因子[192]，$\tau_j = [\mu_j + (1 - \pi_j)]/2$，$G = [G^L, G^R]$ 为绩效评价等级优所在的区间。

3.4 案例分析

3.4.1 基本概况

本节以某县水环境治理和生态修复工程为例，运用本书第3.3.3节中构建的绩效评价模型进行分析，确定项目的绩效考核结果，从而验证模型的实用性和有效性。该县水环境治理和生态修复工程，属于新建项目，拟定合作期限为20年（其中建设期为2年，运营期为18年），工程估算总投资为216262.05万元，包含水系连通工程、配套桥梁工程、河道湖泊水体生态修复工程、滨水环境改善工程、污水处理厂提标改造及配套工程、分布式生态型污水处理站工程、淤泥及建筑垃圾再生利用工程、草河污水管道工程、智慧水生态监管系统工程九个子工程，其中：水系连通工程主要包括河道和人工湖调蓄工程；配套桥梁工程，主要包括桥涵建设及其配套工程；河道湖泊水体生态修复工程，主要是新建2个湖体、1个中央生态休闲绿谷的水质保持和3个已有湖体的水质提升；滨水环境改善工程，主要是建设各种栈道、游步道、自行车道及休闲、公厕等配套设施；污水处理厂提标改造及配套工程，主要是对第一、二污水处理厂通过增加工序，使出厂水达到地表水准Ⅳ类水质标准后作为水体的生态补水，满足水环境、水动力及水景观的要求；分布式生态型污水处理站工程，工程位于未实施市政污水管网的片区，通过工艺处理避免污水排入水系、污染水体环境；淤泥及建筑垃圾再生利用工程，主要处理污水处理厂污泥、河湖黑臭底泥和建筑垃圾；草河污水管道工程，其截污范围西起清河大道西侧，东至入小清河口处；智慧水生态监管系统工程，工程建成后为水系智能监控、调度提供技术支撑，满足相关部门的工作需求。

该PPP项目绩效评价以年为单位进行考核，年度考核工作组由水利、园林绿化、市政、法律及财务行业专家和公众组成，其中专家和公众的评价均采用调查问卷的形式，且对公众进行的问卷调查不少于30份。年度绩效考核分为内业资料考核和外业现场考核两部分，针对SPV公司治理，主要是考核内业资料；河道堤防、水工建筑物、河道水体、园林设施、园林植物、桥梁等考核内容，则是内业资料考核加外业现场考核并重。最终的绩效评价结果分为优秀、良好、中等、及格、差，其对应的分数区间分别为：［90，100］［80，90）［70，80）［60，70）和［0，60）。

3.4.2 数据来源

根据本书第3.1.3节中构建的水环境治理PPP项目绩效评价指标体系可知，指标数据大致分为三类：①公众调研数据。公众满意度指标的评价数据需要邀请公众填写调查问卷来得到。本书作者在项目沿岸附近随机寻找了50位公众填写了公众满意度的调查问卷，调查问卷的形式见附录三。②专家评判数据。SPV公司治理、河道堤防的部分指标、水工建筑物、河道水体、园林设施、园林植物和桥梁这7个一级指标的绩效评价值需要邀请专家进行打分，本书作者邀请了来自水利、市政园林、财务法律等相关行业的5位专家填写调查问卷以获得评价数据，调查问卷的形式见附录四。③实时监测数据。河道水体中的水质指标的数据，主要包括COD、NH3-N和TP，通过水质传感器监测得到。具体来讲，在河道水体的治理区域范围选择具有代表性的3个不同地点放置3个水质传感器采集数据，每个传感器每周监测7次，时间间隔为1d。

3.4.3 数据处理

根据调查问卷得到的指标评价数据可知，数据类型大致包括不确定语言值、区间值和精确值三类，其中语言值又包括五标度、七标度、九标度语言值。在进行绩效评价之前，一方面，运用本书第3.2.2节中将语言值、区间值和精确值三种类型的数据转换成直觉模糊数的办法，将不同类型的评价数据均转换成直觉模糊数；另一方面，监测数据为周检数据的用平均值法得到年检的数据。例如水质（COD、NH3-N 和 TP），其监测数据是通过不同的水质传感器按周监测所获得的，需要将按周监测的数据转化为按年监测的数据。办法是：首先利用本书第 3.2.2 节中水环境治理 PPP 项目自适应加权融合算法将不同传感器监测的数据融合得到每周的监测数据，然后再运用平均值法将每周的数据求平均值，作为按年监测的数据。

3.4.4 权重的计算

1. 专家权重的计算

根据本书第 3.3.2 节中专家权重的确定方法，取 $\alpha=\beta=0.5$，得到 5 位专家在评价各二级指标时的权重，如表 3-7 所示。

5 位专家在评价各二级指标时的权重 表 3-7

指标	专家 1	专家 2	专家 3	专家 4	专家 5
SPV 公司治理	0.1856	0.2094	0.1983	0.2123	0.1944
河道堤防	0.1937	0.2068	0.2286	0.1506	0.2203
水工建筑物	0.1915	0.2253	0.2057	0.1874	0.1901
河道水体	0.2108	0.1724	0.2108	0.2310	0.1750
园林设施	0.2139	0.2082	0.1878	0.1711	0.2190
园林植物	0.1918	0.1833	0.2345	0.2081	0.1823
桥梁	0.1599	0.1983	0.2275	0.2218	0.1925

2. 指标权重的计算

根据本书第 3.3.2 节中指标权重的确定方法得到各一级指标和二级指标的权重，如表 3-8 所示。

各一级指标和二级指标的权重 表 3-8

一级指标	指标权重	二级指标	指标权重
SPV 公司治理	0.1193	组织机构	0.2762
		制度机制	0.2597
		安全管理	0.2165
		财务管理	0.2476
河道堤防	0.1147	堤顶及防汛道路	0.2010
		堤坡戗台	0.3170
		堤身	0.3238
		堤肩	0.1582

续表

一级指标	指标权重	二级指标	指标权重
水工建筑物	0.1490	混凝土、橡胶坝结构	0.2370
		伸缩缝、排水设施	0.1529
		闸门表面及止水装置	0.1917
		附属设施及标识	0.1897
		机电设备运行状况	0.1344
		日常维护记录	0.0943
河道水体	0.1068	水面保洁程度	0.2391
		水体透明度	0.2183
		无异味	0.1927
		水质	0.0627
		岸线周围污染源控制	0.2872
园林设施	0.1144	树（花）池界石	0.0417
		景观栈道及亲水平台	0.0789
		景观廊架、景观亭、景观雕塑	0.0778
		路面状况	0.1948
		无障碍设施	0.1222
		照明	0.1269
		园林灌溉设施	0.0872
		休息、娱乐、服务设施	0.1060
		卫生设施	0.0610
		护栏	0.1036
园林植物	0.0924	长势	0.1187
		修剪	0.3116
		病虫害防治	0.1055
		除草	0.4388
		补植	0.0254
桥梁	0.1565	桥面	0.2422
		伸缩装置	0.2188
		桥梁支座	0.2729
		排水设施	0.2661

续表

一级指标	指标权重	二级指标	指标权重
公众满意度	0.1469	水体透明度	0.0500
		水体有无异味	0.0467
		水面清洁程度	0.0624
		植物种类多样性	0.0342
		植物生长态势	0.0367
		植物修剪状况	0.0752
		四季变化丰富程度	0.0530
		绿植覆盖率	0.0051
		建筑设施配套完备程度	0.0718
		休息娱乐设施舒适度	0.0242
		安全设施完善度	0.0500
		安全标识完善度	0.0685
		路灯位置、亮度合理性	0.0281
		卫生情况	0.0535
		各类设施与整体环境协调程度	0.0619
		监督或投诉渠道多样性、畅通性	0.0372
		服务人员综合素质	0.0471
		发现的问题的落实	0.0587
		满足生活休闲需要	0.0443
		周边活动时给您带来愉悦感	0.0443
		周围环境给您带来舒适感	0.0471

3.4.5 绩效评价

运用本书第3.3.3节构建的绩效评价模型对该县水环境治理和生态修复项目进行绩效评价。具体步骤如下：

步骤1：将调查问卷搜集到的数据以及水质传感器监测的数据，利用本书第3.2.2节中的数据处理方法进行处理，最后将所有的数据均转化为直觉模糊数。

步骤2：比率系统。按照本书第3.3.3节中改进的MULTIMOORA绩效评价方法的步骤2中的公式计算所有一级指标的综合评价值，一级指标的综合评价值越大，意味着该指标的绩效评价得分越高。计算的结果分别为：

（1）SPV 公司治理的综合评价值为：〈0. 802，0. 131〉；

（2）河道堤防的综合评价值为：〈0. 784，0. 148〉；

（3）水工建筑物的综合评价值为：〈0. 839，0. 138〉；

（4）河道水体的综合评价值为：〈0. 755，0. 180〉；

（5）园林设施的综合评价值为：〈0. 808，0. 142〉；

（6）园林植物的综合评价值为：〈0. 775，0. 172〉；

（7）桥梁的综合评价值为：〈0. 829，0. 121〉；

（8）公众满意度的综合评价值为：〈0. 793，0. 137〉。

步骤 3：按照本书第 3. 3. 3 节中步骤 3 的过程，利用公式（3–30），计算的相对贴近度分别为：

（1）SPV 公司治理与正参照点的贴近度为：0. 5395；

（2）河道堤防与正参照点的贴近度为：0. 5961；

（3）水工建筑物与正参照点的贴近度为：0. 5965；

（4）河道水体与正参照点的贴近度为：0. 6619；

（5）园林设施与正参照点的贴近度为：0. 5367；

（6）园林植物与正参照点的贴近度为：0. 5553；

（7）桥梁与正参照点的贴近度为：0. 6510；

（8）公众满意度与正参照点的贴近度为：0. 7252。

步骤 4：按照本书第 3. 3. 3 节中步骤 4 的过程，利用公式（3–31）计算各一级指标的乘法综合评价值为：

（1）SPV 公司治理的乘法综合评价值为：〈0. 801，0. 133〉；

（2）河道堤防的乘法综合评价值为：〈0. 781，0. 152〉；

（3）水工建筑物的乘法综合评价值为：〈0. 833，0. 142〉；

（4）河道水体的乘法综合评价值为：〈0. 750，0. 188〉；

（5）园林设施的乘法综合评价值为：〈0. 789，0. 152〉；

（6）园林植物的乘法综合评价值为：〈0. 748，0. 187〉；

（7）桥梁的乘法综合评价值为：〈0. 827，0. 122〉；

（8）公众满意度的乘法综合评价值为：〈0. 786，0. 144〉。

步骤 5：集结评价结果。利用 $IFWA_W$ 按将步骤 2 ~ 步骤 4 的评价结果进行集结，得到各一级指标的最终评价结果为：

（1）SPV 公司治理的最终评价结果为：〈0. 7373，0. 2002〉；

（2）河道堤防的最终评价结果为：〈0. 7326，0. 2085〉；

（3）水工建筑物的最终评价结果为：〈0. 7787，0. 1993〉；

（4）河道水体的最终评价结果为:〈0. 7252，0. 2254〉；

（5）园林设施的最终评价结果为:〈0. 7341，0. 2154〉；

（6）园林植物的最终评价结果为:〈0. 7067，0. 2430〉；

（7）桥梁的最终评价结果为:〈0. 7821，0. 1725〉；

（8）公众满意度的最终评价结果为:〈0. 7702，0. 1761〉。

步骤6：去模糊化。利用公式（3−32）将步骤5中的直觉模糊数形式的评价结果转化为绩效考核得分，转化后的各一级指标的绩效考核得分分别为：

（1）SPV公司治理的绩效考核得分为：85. 37；

（2）河道堤防的绩效考核得分为：85. 32；

（3）水工建筑物的绩效考核得分为：89. 09；

（4）河道水体的绩效考核得分为：85. 42；

（5）园林设施的绩效考核得分为：85. 76；

（6）园林植物的绩效考核得分为：84. 54；

（7）桥梁的绩效考核得分为：88. 15；

（8）公众满意度的绩效考核得分为：87. 24。

综上绩效评价的过程可得，各一级绩效指标的绩效考核得分和等级见表3−9。从表中可以看出，该项目的8个二级指标绩效评价结果均为良好。根据表3−9中各一级指标的绩效考核得分及表3−8中其对应的权重，可得到该县水环境治理和生态修复工程项目的最终绩效考核得分为：86. 60，评价等级为：良好。这说明该项目运营工作中的各项考核均顺利通过，SPV公司治理在组织机制、制度机制、财务管理和安全管理方面均正常运作，且河道堤防、水工建筑物、河道水体、园林设施、园林植物、桥梁方面的运营维护良好，公众满意度较高。

各一级指标的绩效考核得分和等级　　表3−9

一级指标	SPV公司治理	河道堤防	水工建筑物	河道水体	园林设施	园林植物	桥梁	公众满意度
得分	85. 37	85. 32	89. 09	85. 42	85. 76	84. 54	88. 15	87. 24
等级	良好	良好	良好	良好	良好	良好	良好	良好

3. 5 本章小结

本章针对水环境治理PPP项目在运维阶段缺乏统一的绩效评价指标体系，导致政府付费缺乏相应依据的问题进行了研究。根据水环境治理PPP项目的特殊需求，以及该类项目的特征，构建了适用于水环境治理PPP项目绩效评价的绩效评价指标体系和评价模型，主要成果包括：①根据水环境治理PPP项目绩效评价指标选择的原则，结合文献综述、调查问卷等方法，通过对绩效评价指标的初步筛选和二次筛选，构建了水环境治理PPP项目绩效评价指标体系。②利用自适应加权融合算法、语言值转换为直觉模糊数的法则，实现了多源、多维、多时空、多主体数据信息的处理。③运用直觉模糊熵计算得到指标权重，用熵权法和距离测度组合赋权法计算得到专家权重。④结合水环境治理PPP项目绩效评价问题的实际特征，综合运用传统MULTIMOORA评价方法和直觉模糊集理论的优势，构建了改进的MULTIMOORA评价方法，该方法包含比率系统、参照点法、全乘模型、集结评价结果和去模糊化五个步骤。⑤在上述四部分研究内容的基础上，以某县水环境治理和生态修复工程项目为例，验证了本章所研究内容的有效性和合理性。

水环境治理PPP项目绩效评价是后续章节建模的基础：第4章设计水环境治理PPP项目依效付费机制，政府根据项目绩效评价的结果对社会资本方进行付费，在第4章的基础上，第5章继续考虑在较长的项目特许期内，声誉效应、声誉和棘轮耦合效应作用下政府如何付费，才可以有效地激励社会资本方积极做出努力以提高社会效益。

| 4 |

水环境治理PPP项目依效付费机制设计

运用第3章构建的绩效评价指标体系和评价模型，对水环境治理PPP项目进行绩效评价，政府根据绩效评价结果对社会资本运维进行付费，这就是水环境治理PPP项目依效付费。政府通过设置科学合理的依效付费机制实现对社会资本的有效激励，以提高水环境治理效果，保障公共服务的优质供给。本研究将水环境治理PPP项目依效付费机制的设计分为两个阶段，第一个阶段为依效付费结构的设计，其中包括政府付费与运维期绩效挂钩率的设计、绩效水平的设置以及不同绩效水平下单位付费额的确定；第二个阶段为政府阶段付费额优化的设计。

4.1 水环境治理PPP项目付费机制设计原则

对水环境治理PPP项目而言，政府方设计付费机制的关键在于使社会资本方在能够收回建设和运维成本，获得期望利润的基础上，不断提高自身的工作绩效，以实现水环境治理效果的不断改善[193]。水环境治理PPP项目付费机制设计应遵循的原则有吸引社会资本方原则、政府与社会资本方共赢原则、物有所值原则、风险合理分担原则。

4.1.1 吸引社会资本方原则

水环境治理项目引入PPP模式的目的是吸引社会资本方积极参与到项目的建设和运维过程中，而能够满足自身的利益是社会资本方积极投入到项目中的直接动因。合理的付费机制不仅可以吸引社会资本方参与项目，而且还能保障项目的顺利实施。从项目的实践来看，在水环境治理PPP项目中，社会资本方参与项目建设、运营维护的主要动力在于通过与政府方建立长期的合作关系以获得相对稳定的投资收益。因此，设计合理付费机制的首要原则是吸引社会资本方以积极的状态参与项目的建设和运营维护。

4.1.2 政府与社会资本方共赢原则

水环境治理PPP项目属于非经营性项目，同时涉及社会资本方和社会公众的利益，因此，在项目的合作过程中，社会资本方不能一味地降低项目绩效去追求暴利，政府在设计水环境治理PPP项目的付费机制时，也应避免“固定支付”、各种非理性担保或承诺以及过度让利。在付费机制的设计上嵌入激励机制，以推动社会资本方不断提高绩效，从而达到政府和社会资本方合作双赢的目的。

4.1.3 物有所值原则

物有所值强调的是综合效益达到理想状态，是水环境治理项目采用PPP模式的首要前提，即水环境治理项目中引入PPP模式，其在项目的全生命周期社会效益要优于传统的水环境治理模式，资金价值要得到提升，能实现项目在其全生命周期内社会资本方和社会公众的利益的最佳组合。

4.1.4 风险合理分担原则

PPP 模式的本质是通过政府和社会资本方的合作，引入社会资本先进的管理方式和治理理念，为公众提供优质的产品或高效的服务，以实现社会效益最大化。风险的合理分担可以促进双方更有效地合作[194, 195]，对政府而言，可以将原本由其承担项目的全部风险转变为政府和社会资本方合理共担风险，充分发挥双方的优势，降低双方的风险管理成本，进而降低项目的整体风险，实现双方的良性合作。

4.2 水环境治理 PPP 项目依效付费机制设计问题描述

在水环境治理 PPP 项目的运维过程中，政府通过向社会资本方付费购买公共服务，获得社会效益；社会资本方则通过向社会提供优质的服务供给以提高自身的经济利益。在依效付费机制中，政府是实施绩效考核的主体，占主导地位，政府方遵循实事求是的原则，按照合同签订的产出绩效标准，对项目的实际产出绩效、实际实施效果、收益状况以及运营可持续等方面开展绩效评价工作。水环境治理 PPP 项目依效付费的实现过程为：①基于水环境治理 PPP 项目绩效考核的影响因素构建绩效评价指标体系；②通过专家访谈、实地调查、水质监测等方式获得能够反映水环境治理 PPP 项目实施及运营维护效果评价的数据；③选择合适的绩效评价方法，结合绩效考核指标权重得到绩效考核得分；④政府财政部门根据绩效考核得分支付给社会资本方运营维护费用。

水环境治理 PPP 项目依效付费机制设计就是设计政府如何根据项目中社会资本方的绩效考核得分支付其费用，大致分为以下几个方面：①政府付费与项目绩效挂钩率的设计。财政部于 2019 年 3 月 7 日发布了《财政部关于推进政府和社会资本合作规范发展的实施意见》（财金〔2019〕10 号）（以下简称“10 号文”），明确规定“建立完全与项目产出绩效相挂钩的付费机制”，这里称政府付费与绩效挂钩率为项目产出绩效挂钩部分的费用占政府总付费的百分比，是政府需求目标和社会资本投资风险之间利益均衡的结果，是依效付费结构设计的基础。政府方需要设计一个适当的分割比例，以保障绩效考核的合理性。挂钩比例设置过大，会增加社会资本方的风险，增加融资难度，设置过低，又无法达到激励社会资本方提升绩效水平的目的，造成 PPP 项目达不到其产出目标，从而导致社会效益的损失。②绩效水平的设置及各绩效水平下单位付费额的确定。绩效水平是政府对社会资本方进行绩效考核的标准，在项目的全生命周期中，政府对社会资本方的绩效考核要设置不同的绩效水平，且在不同的绩效水平下给予不同的激励付费。③政府阶段付费额的优化设计。在水环境治理 PPP 项目的整个运维期，政府付费最优指的是在以满足社会资本方最低内部收益率的前提下，政府在整个运维期以较少的付费实现社会效益最大化。由于政府对社会资本方的绩效考核是动态的、多阶段的，因此，政府阶段付费额的优化设计是通过优化政府在每个阶段的付费额，从而实现整个运维期付费最优的目标。

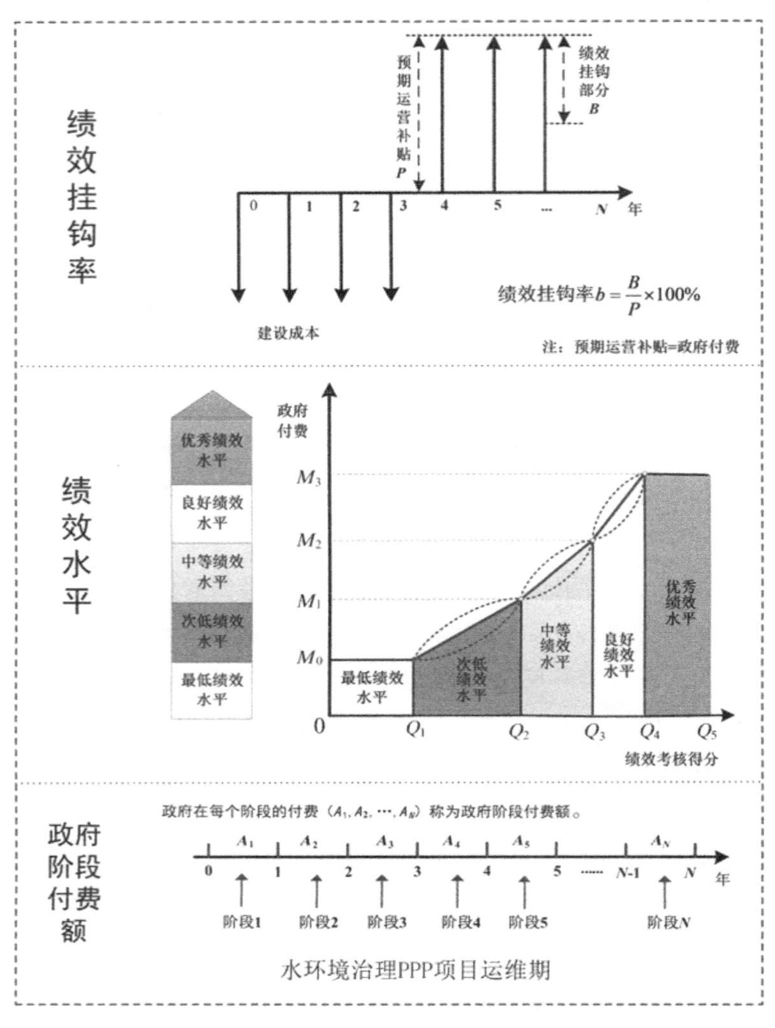

图 4-1 水环境治理 PPP 项目依效付费机制设计框架

水环境治理 PPP 项目依效付费机制设计框架如图 4-1 所示。其中，P 表示政府付费，B 表示绩效挂钩部分的费用，政府付费和绩效考核的绩效挂钩率 $b=\frac{B}{P}\times100\%$；M_i（$i=0, 1, 2, 3$）表示政府支付的费用（政府付费），且 $M_0=P-B$；Q_j（$j=1, 2, 3, 4, 5$）表示社会资本方的绩效考核得分。当社会资本方的绩效考核得分在区间 $(0, Q_1]$ 时，为最低绩效水平；当社会资本方的绩效考核得分在区间 $(Q_1, Q_2]$ 时，为次低绩效水平；当社会资本方的绩效考核得分在区间 $(Q_2, Q_3]$ 时，为中等绩效水平；当社会资本方的绩效考核得分在区间

$(Q_3, Q_4]$ 时，为良好绩效水平；当社会资本方的绩效考核得分在区间 $(Q_4, Q_5]$ 时，为优秀绩效水平。A_1，A_2，…，A_N 为水环境治理 PPP 项目运维期内每个绩效考核阶段政府支付的费用，称为政府阶段付费额，在满足社会资本方最低内部收益率的前提下得到的 A_1，A_2，…，A_N 的最优值称为最优政府阶段付费额。

4.3 水环境治理 PPP 项目依效付费结构设计

目前，PPP 项目常见的依效付费方式大致有两种：一种是对建设期和运营期分别进行绩效考核，建设期绩效考核侧重于项目的施工管理、竣工质量的考核，对考核达不到要求的，直接罚款或在可用性付费计算基数中扣除，此种方式有助于督促项目公司在建设期严格把控项目建设质量，提供可用性较高的产品服务；另一种方法是对项目进行整体考虑，对建设期不再进行绩效考核，在运营期内对项目的运营维护情况进行绩效考核，将项目建设成本的一部分及运营维护费用与运营绩效考核系数挂钩。本节采用第二种付费方式，根据水环境治理 PPP 项目的实际特征，从以下三方面设计水环境治理 PPP 项目的依效付费结构：政府付费与运维期绩效挂钩率的设计，水环境治理 PPP 项目绩效水平的设置及水环境治理 PPP 项目各绩效水平下单位付费额的确定。

4.3.1 政府付费与运维期绩效挂钩率的设计

1. 模型构建

设计水环境治理 PPP 项目中政府付费与运维期绩效挂钩率，需要先做一些基本假设。对于水环境治理类 PPP 项目的整个运维期，假设社会资本方在每个绩效考核周期的平均最大收入为 W_1，基本运维成本及平均成本系数分别为 C_0 和 k_1，基本运维成本 C_0 是指社会资本方达到政府方设置的绩效标准时所付出的成本，此时社会资本方可以得到的政府付费为 $W_0=(1-b)\times W_1$，其中 b 为政府付费与运维期绩效考核挂钩率。社会资本方如果想提高收益就要提高绩效水平，因此，需要付出更多成本，比如说，社会资本方在付出成本为 C_0 时的绩效考核得分为 x_0，当绩效考核得分提高到 x_1 时，其付出的成本也会增加，假设成本增加到 $C_1(C_1 \geqslant C_0)$，则称 C_1-C_0 为社会资本方为提高绩效水平而付出的额外成本，这时，社会资本方的边际成本为 $\alpha=\dfrac{C_1-C_0}{x_1-x_0}$。若用 η、W_2 和 W_3 分别表示社会资本方在项目运维过程中的平均运维能力、绩效考核的最大扣除额和实际扣除额，则有 $W_2=b\times W_1$，$W_3=W_2/(1+\eta\alpha)$。

根据上述假设可知，项目的社会效益为：

$$U_{\text{public}}=W_2-W_3=b\times W_1-\frac{b\times W_1}{1+\eta\alpha} \tag{4-1}$$

社会资本方的总成本为：

$$C_{private} = C_0(1+\alpha) + W_3 = C_0(1+\alpha) + \frac{b \times W_1}{1+\eta\alpha} = W_1 \times \left\{k_1 \times (1+\alpha) + \frac{b}{1+\eta\alpha}\right\} \tag{4-2}$$

从上述分析可知，绩效挂钩率的大小直接影响着政府方的目标实现以及社会资本方投资风险的大小，因此，政府方要考虑的是如何选择一个恰当的绩效挂钩率。一方面，激发社会资本方提升绩效水平的积极性，最终达到社会效益提高的目标；另一方面，降低项目的风险，使项目顺利实施。

在运维过程中，政府方希望社会资本方尽最大努力提高绩效水平，从而使社会效益尽可能大，而社会资本方的目标是实现自身利益的最大化，总希望在完成基本绩效的情况下付出的成本越少越好。如果社会资本方努力提高绩效则需要付出更多的成本，反过来，如果一味地追求自身收益就可能使社会效益降低，从而其经济利益也会受到损失。显然，确定合适的边际成本就显得尤为重要。于是，为了求解方便，这里首先将选择最优绩效挂钩率的问题转换成另一个等价优化问题，即寻找最优边际成本的问题，然后根据边际成本、绩效挂钩率和目标函数之间的关系，来确定最佳绩效挂钩率。

综上所述，根据政府和社会资本方两者之间不同的诉求，以社会效益最大和社会资本方的总成本最小为目标，得到的最优目标函数为：

$$\begin{aligned}\min_{\alpha} F &= \min_{\alpha}\{C_{private} - U_{public}\} = W_1 \times \left\{k_1 \times (1+\alpha) + \frac{b}{1+\eta\alpha}\right\} - W_2 + W_3 \\ &= W_1 \times \left\{k_1 \times (1+\alpha) + \frac{b}{1+\eta\alpha}\right\} - b \times W_1 + \frac{b \times W_1}{1+\eta\alpha}\end{aligned} \tag{4-3}$$

其中，$0 \leqslant b \leqslant 1$，$0 \leqslant \eta \leqslant 1$，$0 < k_1 \leqslant 1$，$0 \leqslant \alpha \leqslant 1$。

2. 模型求解与结果分析

对公式（4-3）求解，即选择合适的边际成本 α 使得目标函数 F 达到最优。此时对公式中的边际成本 α 求一阶导数，并令 α 的一阶导数为零。在公式（4-3）中对 α 求一阶导数：

$$\frac{\partial F}{\partial \alpha} = W_1 k_1 - \frac{2bW_1\eta}{(1+\eta\alpha)^2} = 0 \tag{4-4}$$

从而得到最优边际成本的取值为：$\alpha_{optimal} = \sqrt{(2b)/(\eta k_1)} - 1/\eta$。

假设在项目的运维过程中社会资本方付出的平均最大成本等于其平均最大收入，即 $C_0(1+\alpha) = W_1$ 时，可得社会资本方的最大边际成本为 $\alpha_{max} = \frac{1}{k_1} - 1$，从而可知目标函数的最优边际成本的取值范围为：$0 \leqslant \alpha_{optimal} \leqslant \frac{1}{k_1} - 1$。

最优边际成本 $\alpha_{optimal}$、绩效挂钩率 b 和目标函数 F 的关系如图 4-2 所示，分析可知：

（1）当 $\alpha_{optimal} \geqslant \alpha_{max}$ 时，最优边际成本 $\alpha_{optimal}=\frac{1}{k_1}-1$，即 $\sqrt{\frac{2b}{\eta k_1}}-\frac{1}{\eta}=\frac{1}{k_1}-1$，此时目标函数 F 在 $b=\frac{1}{2}\eta k_1\left(\frac{1}{\eta}+\frac{1}{k_1}-1\right)^2$ 处取最小值；

（2）当 $\alpha_{optimal} \leqslant 0$ 时，最优边际成本 $\alpha_{optimal}=0$，即 $\sqrt{\frac{2b}{\eta k_1}}-\frac{1}{\eta}=0$，此时目标函数 F 在 $b=\frac{k_1}{2\eta}$ 处取最小值；

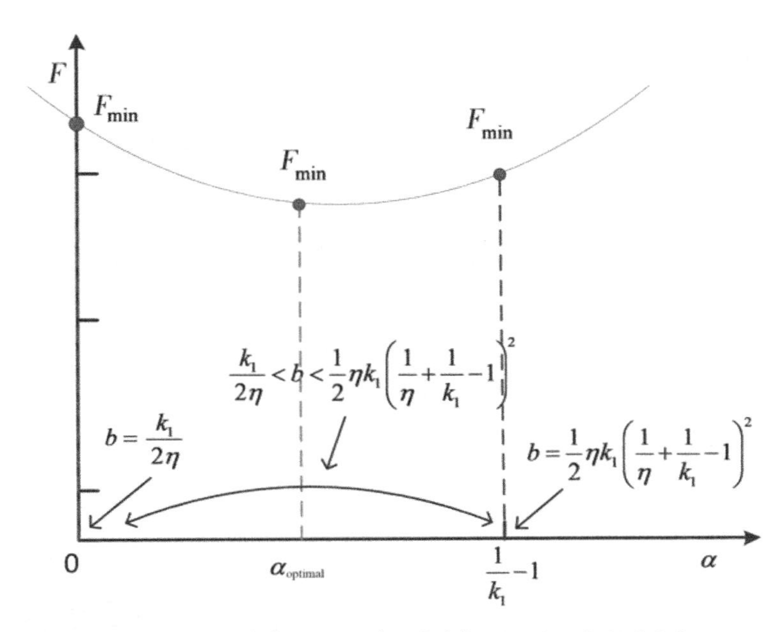

图 4-2　边际成本 $\alpha_{optimal}$、绩效挂钩率 b 和目标函数 F 的关系

（3）当 $0<\alpha_{optimal}<\frac{1}{k_1}-1$ 时，在 $\left(0,\frac{1}{k_1}-1\right)$ 中某一个点处取最优边际成本 $\alpha_{optimal}$，即 $0<\sqrt{\frac{2b}{\eta k_1}}-\frac{1}{\eta}<\frac{1}{k_1}-1$，此时目标函数 F 在 $\frac{k_1}{2\eta}<b<\frac{1}{2}\eta k_1\left(\frac{1}{\eta}+\frac{1}{k_1}-1\right)^2$ 存在最小值。

综上所述，当 $b=\frac{1}{2}\eta k_1\left(\frac{1}{\eta}+\frac{1}{k_1}-1\right)^2$ 时，为提高绩效社会资本方将产生过大的边际成本，其可能会选择放弃努力；当 $b<\frac{k_1}{2\eta}$ 时，社会资本方在运维过程中边际成本为零，也就是没有为提高绩效而付出努力，此时不能满足政府方希望社会效益尽可能大的目标。因此，绩效挂钩率的最优区间范围为：

$$\frac{k_1}{2\eta} \leqslant b \leqslant \frac{1}{2}\eta k_1\left(\frac{1}{\eta}+\frac{1}{k_1}-1\right)^2 \tag{4-5}$$

由于社会资本方在运维过程中的平均成本系数 k_1 和平均运维能力 η 均满足：$k_1 \in (0,1]$ ，$\eta \in [0,1]$ ，故一定有 $0<\frac{k_1}{2\eta}\leqslant 1$，即 $0<k_1\leqslant 2\eta$。根据政府付费与运维期绩效挂钩率的取值范围 $b \in [0,1]$ ，对于 b 的上界有两种情况：

①若 $\frac{1}{2}\eta k_1\left(\frac{1}{\eta}+\frac{1}{k_1}-1\right)^2 \geqslant 1$，绩效挂钩率 b 的取值范围为：$\frac{k_1}{2\eta}\leqslant b\leqslant 1$（图4-3），且 k_1 和 η 满足的条件为：$0<k_1\leqslant 0.6$，$0.3\leqslant\eta\leqslant 0.55$ 或 $0<k_1\leqslant 0.5$，$0.25\leqslant\eta\leqslant 1$。

②若 $\frac{1}{2}\eta k_1\left(\frac{1}{\eta}+\frac{1}{k_1}-1\right)^2 \leqslant 1$，绩效挂钩率 b 的取值范围为：$\frac{k_1}{2\eta}\leqslant b\leqslant \frac{1}{2}\eta k_1\left(\frac{1}{\eta}+\frac{1}{k_1}-1\right)^2$（图4-4），又因为 $\eta \in [0,1]$ ，故 k_1 和 η 满足的条件为：$0.573\leqslant k_1\leqslant 1$，$0.6\leqslant\eta\leqslant 1$ 或 $0.6\leqslant k_1\leqslant 1$，$0.573\leqslant\eta\leqslant 1$。

从图4-3和图4-4可以看出，绩效挂钩率 b 与社会平均运维能力 η 呈负相关关系，与社会平均运维成本系数 k_1 呈正相关关系。这说明当社会平均运维能力较弱时，社会成本系数也较高，政府方可以设置较大的绩效挂钩率，以激励社会资本方努力改进运维技术和管理水平，降低其运营收益风险；当社会平均运维能力较强时，社会平均运维成本系数相对降低，政府方可以设置相对较低的绩效挂钩率，降低社会资本方的收益风险，从而实现公平的风险分担。

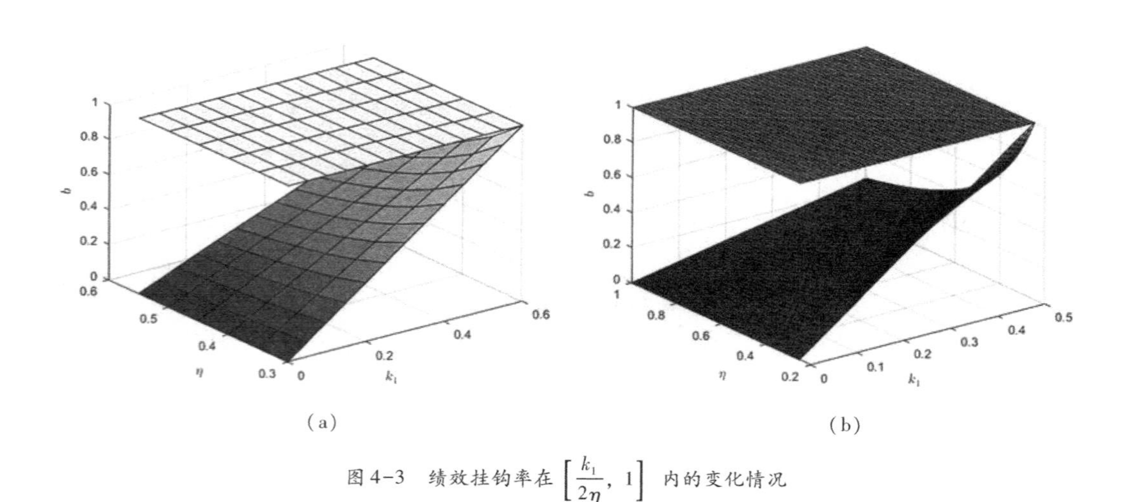

图4-3 绩效挂钩率在 $\left[\frac{k_1}{2\eta},\ 1\right]$ 内的变化情况

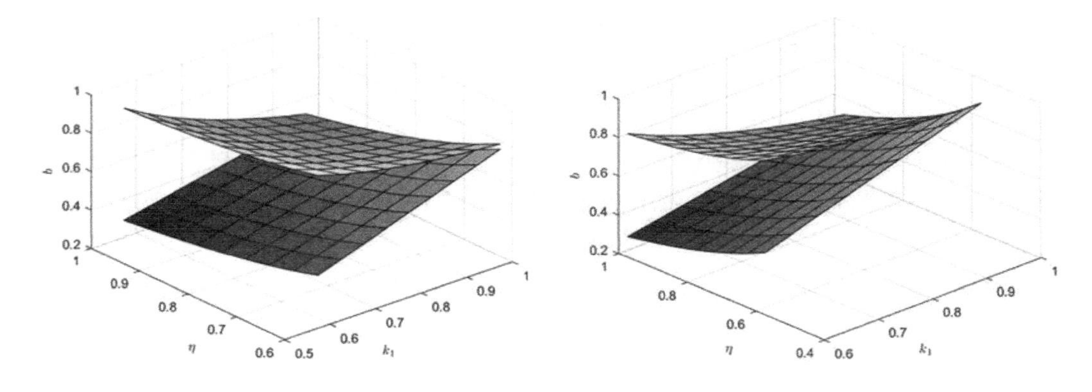

(a) 绩效挂钩率 b 在 $b \geqslant \frac{k_1}{2\eta}$ 围成空间内取值　(b) 绩效挂钩率 b 在 $b \leqslant \frac{1}{2}\eta k_1\left(\frac{1}{\eta}+\frac{1}{k_1}-1\right)^2$ 围成空间内取值

图 4-4　绩效挂钩率在 $\left[\frac{k_1}{2\eta}, \frac{1}{2}\eta k_1\left(\frac{1}{\eta}+\frac{1}{k_1}-1\right)^2\right]$ 内的变化情况

于是，绩效挂钩率 b 的最优区间范围及 k_1 和 η 满足的条件为：

$$\begin{cases} \frac{k_1}{2\eta} \leqslant b \leqslant 1 & \begin{pmatrix} 0 \leqslant k_1 \leqslant 0.6,\ 0.3 \leqslant \eta \leqslant 0.55 \\ \text{或} 0 \leqslant k_1 \leqslant 0.5,\ 0.25 \leqslant \eta \leqslant 1 \end{pmatrix} \\ \frac{k_1}{2\eta} \leqslant b \leqslant \frac{1}{2}\eta k_1\left(\frac{1}{\eta}+\frac{1}{k_1}-1\right)^2 & \begin{pmatrix} 0.573 \leqslant k_1 \leqslant 1,\ 0.6 \leqslant \eta \leqslant 1 \\ \text{或} 0.6 \leqslant k_1 \leqslant 1,\ 0.573 \leqslant \eta \leqslant 1 \end{pmatrix} \end{cases} \tag{4-6}$$

从公式（4-6）知，绩效挂钩率 b 的最优取值范围与社会资本方的平均运维能力 η 和社会平均成本系数 k_1 有关，一旦社会平均运维能力和社会平均成本系数确定，绩效挂钩率的范围也就可以确定了。

4.3.2 水环境治理 PPP 项目绩效水平的设置

从政府方角度来看，水环境治理 PPP 项目绩效水平是指对社会资本方的绩效要求和依据绩效进行激励的标准。在既定付费额度下，如果政府对绩效要求过高，社会资本方为了达到政府方的绩效标准就需要付出更多成本，不利于激励其努力工作；如果绩效要求过低，又无法达到激励的效果。因此，设置合理的绩效水平对于依效付费机制的设计具有至关重要的作用。

通常依效付费合同有四种绩效水平[196]：①最小绩效水平（Minimum Performance Level）：社会资本方在该绩效水平下几乎没有提供公共产品或服务，政府方对其进行绩效考核结果相当低，这个最低点不一定是“0”，此时，政府方不向社会资本方支付任何的费用。②期望绩效水平（Required Performance Level）：政府方希望社会资本方达到的绩效水平，社会资本方为了达到这一绩效水平需要投入大量的设备资源和进行人员配备等。③拐点绩效水平（Inflection/Elbow Performance Level）：该绩效水平介于期望绩效水平和最小绩效水平之间，其“形状”从最小绩效水平到期望绩效水平可以是一条直线（例如线性），位于最小绩效水平和期望绩效水平的中间位置。④激励绩效水平（Incentive Performance Level）：这一绩效水平高于期望绩效水平，政府方根据该绩效水平向社会资本方支付超过100%的绩效费用。

根据澳大利亚国防部使用的澳大利亚国防合同标准（ASDEFCON）系列合同模板的通用支付曲线[196]，依效付费的曲线形式也有不同类型，可以将其分为三大类：

（1）一次性付费曲线（All or None Payment Curves）：在此类付费情况下，如果社会资本方达到合同要求的绩效水平就可以得到100%的绩效付费，相反，一旦没有达到，政府就不会支付任何的绩效费用，如图4-5所示。该类型的付费将会给PPP项目合作双方带来更多不同程度的风险，社会资本方只要达到合同要求的绩效水平就可以获得全部的绩效付费，而一旦达不到合同要求，连基本的成本也收不回来，这会使社会资本方不惜牺牲项目的长远效益去实现眼前的绩效。

（2）线性付费曲线（Linear Payment Curves）：政府方对社会资本方的绩效付费采用线性递增或递减的形式，政府方在各个绩效水平根据实际绩效和合同规定的绩效之间的偏差调整付费，且采用同一标准进行付费或扣费。如图4-6所示，若将实际绩效水平划分为四个等级，政府在每个绩效水平给予社会资本方的付费采用同一支付标准。该付费曲线的不足之处在于没有考虑到社会资本方在不同绩效水平下为了提高绩效付出的成本不同，不利于更好地激励社会资本方为了实现更高绩效而积极地做出更多努力。

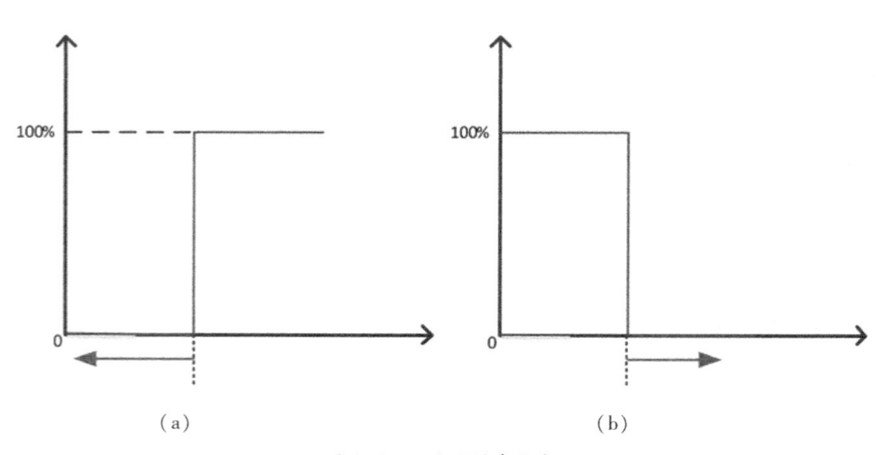

图4-5　一次性付费曲线

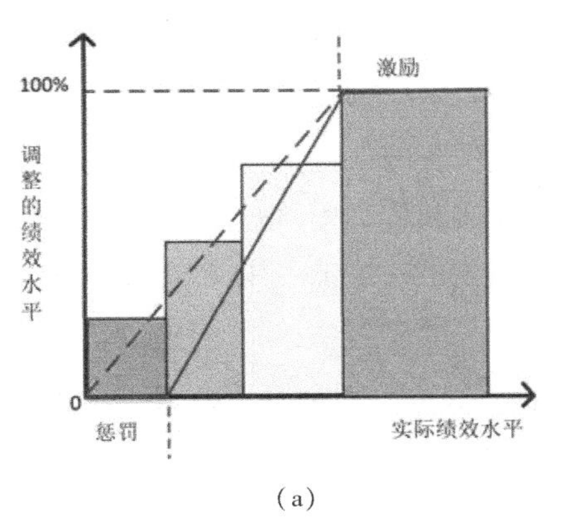

(a)

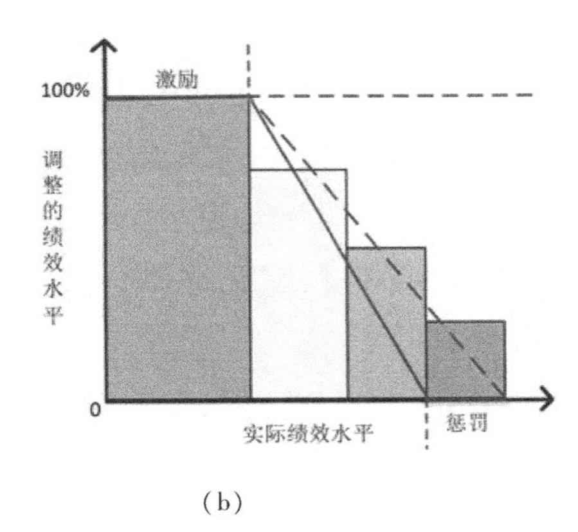

(b)

图 4-6 线性付费曲线

(3) 非线性付费曲线（Non-linear Payment Curves）：类似于线性付费曲线，非线性付费曲线也是根据社会资本方的实际绩效和合同规定的绩效水平之间的偏差来调整付费，不同的是付费或扣费采用多个阶段，如图 4-7 所示。不同的绩效水平下采用不同的支付标准，比如，绩效水平等级越高，社会资本方在该绩效水平下为提高绩效付出的成本也越多，政府方也会支付较高的费用，反之，绩效水平等级越低，社会资本方在该绩效水平下为提高绩效付出的成本也相对较少，政府方支付的费用也会相对较低些。该类付费曲线可以有效地激励社会资本方为积极提高绩效而努力，以实现更好的社会效益。

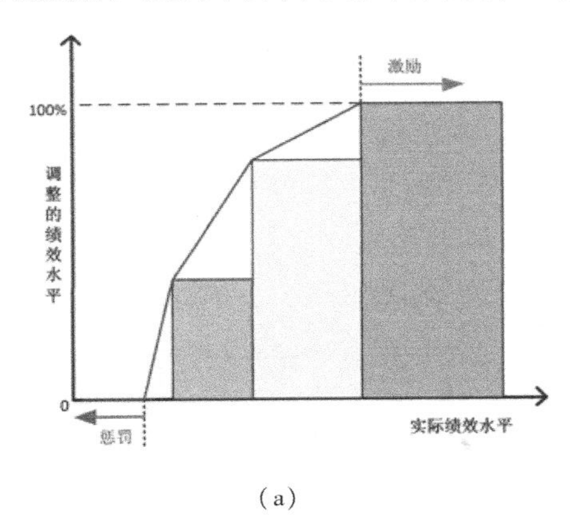

(a)

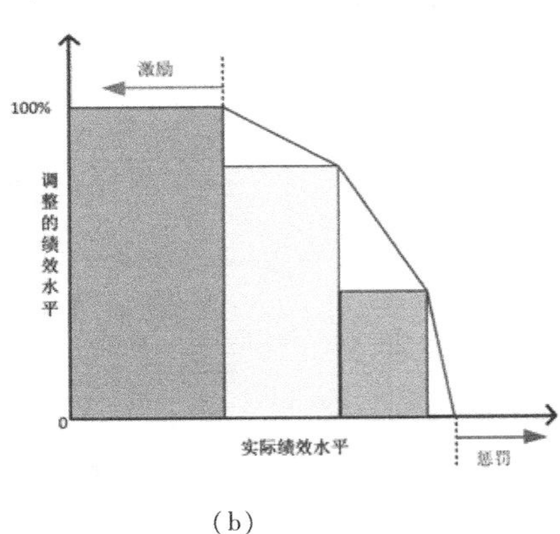

(b)

图 4-7 非线性付费曲线

在上述分析的基础上，给出水环境治理 PPP 项目依效付费曲线，如图 4-8 所示，横轴代表社会资本方的绩效考核得分，纵轴代表政府付费情况。当社会资本方的绩效考核得分达到 Q_1 时，政府支付其基本的运维费用；当社会资本方的绩效考核得分在区间 $(Q_1, Q_2]$ 内时，政府付费的曲线为直线或曲线，依此类推，当社会资本方的绩效考核得分在其他区间时，政府付费的曲线也不相同，即社会资本方的绩效考核得分不同，政府方付费的标准也不同，这就涉及社会资本方绩效等级（绩效水平）的划分及在不同绩效水平下单位付费额确定的问题。结合水环境治理 PPP 项目依效付费机制设计框架图中绩效水平的划分，本书关于水环境治理 PPP 项目绩效水平的划分思路为，社会资本方绩效考核的满分为 100 分，将其分为五个不同的绩效等级：

（1）最低绩效水平：社会资本方绩效考核得分达到分值 Q_1 时（比如 60 分），政府方支付给社会资本方的基本运维费用为 M_0，即政府付费的 $1-b$，其中 b 为政府付费与运维期绩效考核的挂钩率。

（2）次低绩效水平 $(Q_1,Q_2]$：社会资本方的绩效考核得分在 $(Q_1,Q_2]$ 内时，政府按照该绩效水平的付费标准支付给社会资本方的运维费用为 M_1。

（3）中等绩效水平 $(Q_2,Q_3]$：社会资本方的绩效考核得分在 $(Q_2,Q_3]$ 内时，政府按照该绩效水平的付费标准支付给社会资本方的运维费用为 M_2。

（4）良好绩效水平 $(Q_3,Q_4]$：社会资本方的绩效考核得分在 $(Q_3,Q_4]$ 内时，政府按照该绩效水平的付费标准支付给社会资本方的运维费用为 M_3。

（5）优秀绩效水平 $(Q_4,Q_5]$：社会资本方的绩效考核得分在 $(Q_4,Q_5]$ 内时，政府按照该绩效水平的付费标准支付给社会资本方的运维费用为 M_4。

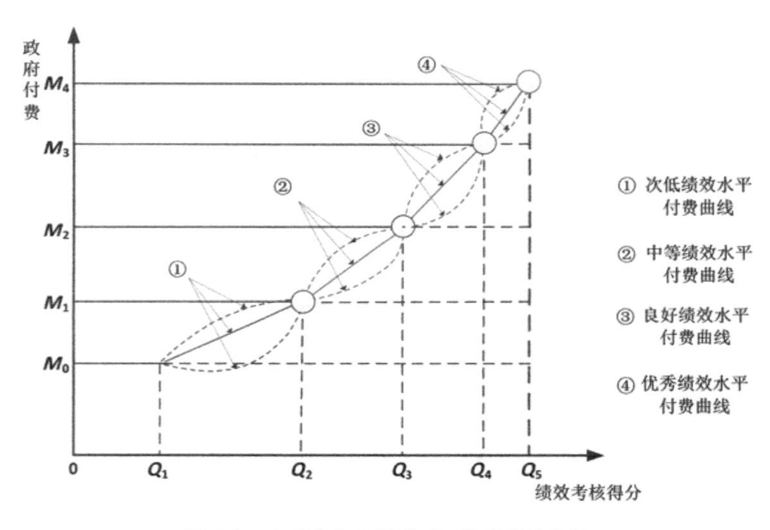

图 4-8　水环境治理 PPP 项目依效付费曲线

综上所述，本书中政府付费采用非线性多阶段的付费曲线，政府方在不同绩效水平下采用不同的付费标准，后续章节要解决的问题是确定在不同绩效水平下，社会资本绩效考核得分每提高一分，政府方要支付多少合理费用。

4.3.3 水环境治理PPP项目各绩效水平下单位付费额的确定

1. **模型构建**

在绩效水平和付费曲线确定后，政府方需要考虑在不同绩效水平下付费标准如何，即在不同绩效水平下，社会资本方的绩效考核得分每提高一分政府支付的费用是多少，这里将单位绩效考核得分的费用称作单位付费额。政府设置的单位付费额过高或过低均不利于项目的顺利实施，单位付费额过高，意味着政府付费额过高，会加重政府的经济负担；反之，单位付费额过低，对社会资本方的激励不足，不利于激励社会资本方努力工作提高绩效。因此，不同绩效水平下单位付费额的确定要同时兼顾政府方的财政支出和社会资本方的合理收益。

假设社会资本方的绩效考核得分 $x \in [x_j, x_{j+1}]$，该绩效考核得分在绩效水平 $[x_j, x_{j+1}]$ 中的概率密度函数为 $f(x)$，以及绩效考核得分 x 对应的成本曲线用 $C(x)$ 表示，政府方确定的该绩效水平下的单位付费额为 q，则政府方的期望效用函数可表示为：

$$U = \int_{x_j}^{x} f(x) q \mathrm{d}x \tag{4-7}$$

社会资本方的收益函数为：

$$\Phi = (x - x_j) q - \int_{x_j}^{x} C(x) \mathrm{d}x \tag{4-8}$$

对于PPP项目合作的双方来说，政府方希望社会资本方尽最大努力提高项目的绩效，即绩效考核得分尽可能大，而社会资本方希望付出较少的成本以获得较多的经济利益。因此，政府方考虑的是如何设置单位付费额能够使社会效益尽可能大，社会资本方考虑的是付出多少努力提高绩效考核得分，可以得到尽可能多的自身收益。项目合作双方的目标达到均衡是项目顺利进行的前提，这可以看作是一个多目标的优化问题。若将公式（4-7）和公式（4-8）分别看作政府和社会资本方的目标，且假设两者目标的权重分别为 w_1 和 w_2，其中 $w_1 \in [0,1]$，$w_2 \in [0,1]$，$w_1 + w_2 = 1$，则该优化问题的目标函数为：

$$\max_{(x,q)} \left\{ w_1 \int_{x_j}^{x} f(x) q \mathrm{d}x + w_2 \left[(x - x_j) q - \int_{x_j}^{x} C(x) \mathrm{d}x \right] \right\} \tag{4-9}$$

其中，$q \geqslant 0$，$x_j \in (0,100]$。

2. **模型求解与结果分析**

在公式（4-9）中，假设社会资本方的绩效考核得分在绩效水平区间 $[x_j, x_{j+1}]$ 内均匀分布，且概率为 p，$p \in [0,1]$。假设社会资本方在该绩效水平下的成本曲线为指数函数和抛物线两种形式求得目标函数的解。这里令成本曲线为 $C(x) = \tilde{u}x^2$ 和 $C(x) = \bar{u}e^{\varpi x}$，其中 $\tilde{u}$、$\bar{u}$ 和 ϖ 均为相应曲线中的系数。

（1）当成本曲线为抛物线，即 $C(x) = \tilde{u}x^2$ 时，将其代入公式（4-9）中可得目标函数为：

$$\max_{(x,q_1)} F_1 = \max_{(x,q_1)} \left\{ w_1 \left(\int_{x_j}^{x} p x q_1 \mathrm{d}x \right) + w_2 \left[(x - x_j) q_1 - \int_{x_j}^{x} \tilde{u} x^2 \mathrm{d}x \right] \right\} \tag{4-10}$$

分别对上式中的 q_1 和 x 求一阶导数，并令一阶导数为0：

$$\frac{\partial F_1}{\partial x}=q_1w_2-w_2\tilde{u}x^2+w_1pq_1x=0 \tag{4-11}$$

$$\frac{\partial F_1}{\partial q_1}=(x-x_j)w_2+\frac{1}{2}w_1px^2-\frac{1}{2}w_1px_j^2=0 \tag{4-12}$$

得到：

$$x=\frac{-w_2+\sqrt{w_2^2+w_1p(2w_2x_j+w_1px_j^2)}}{w_1p} \tag{4-13}$$

$$q_1=\frac{2w_2^3\tilde{u}+2w_1w_2^2x_jp\tilde{u}+w_1^2w_2p^2x_j^2\tilde{u}-2w_2^2\tilde{u}\sqrt{w_2^2+w_1p(2w_2x_j+w_1px_j^2)}}{\sqrt{w_2^2+w_1p(2w_2x_j+w_1px_j^2)}} \tag{4-14}$$

根据公式（4-14）可知，单位付费额主要受社会资本方的成本曲线、绩效考核得分和绩效考核得分所在的绩效水平有关，且得到以下结论：

①从 $\partial q_1/\partial p>0$ 可知，单位付费额 q_1 与绩效考核得分 x 出现在绩效区间 $[x_j,x_{j+1}]$ 中的概率 p 呈正相关关系，也就是绩效考核得分 x 在绩效水平区间 $[x_j,x_{j+1}]$ 中出现的概率 p 越大，单位付费额 q_1 也越大。p 值越大，说明绩效考核得分在 $[x_j,x_{j+1}]$ 中存在的可能性越大，政府和社会资本方承担的风险也越小，政府可以设置较大的单位付费额，反之，绩效考核得分为 x 的概率越小，绩效考核得分的不确定性越大，政府和社会资本方承担的风险也越大，政府设置的单位付费额也要相对小些。

②从 $\partial q_1/\partial x_j>0$ 可知，单位付费额 q_1 与绩效考核得分 x 所在绩效水平区间 $[x_j,x_{j+1}]$ 的下界 x_j 呈正相关关系，单位付费额 q_1 随着绩效考核得分 x 所在的绩效水平区间的下界 x_j 的增加而增加。这说明 x_j 越高，在以 x_j 为下界的绩效水平区间上，社会资本方为了提高绩效考核得分需要付出的成本就越多，政府方需要设置较大的单位付费额，才能更有效地激励社会资本方积极努力地提高绩效水平，相反，x_j 越低，社会资本方在以 x_j 为下界的绩效水平区间上为了提高绩效得分需要付出的成本相对较少，政府方可以设置相对较低的单位付费额。

③从 $\partial q_1/\partial\tilde{u}>0$ 可知，单位付费额 q_1 与成本曲线的系数 $\tilde{u}$ 呈正相关关系，即成本曲线的斜率 $\tilde{u}$ 越大，单位付费额 q_1 也越大。成本曲线 $C(x)=\tilde{u}x^2$ 的系数 $\tilde{u}$ 越大，说明曲线越陡峭，即社会资本方为了提高绩效付出的边际成本也越大，政府设置相对高些的单位付费额，可以保证在提高社会效益的同时，社会资本方取得合理的收益；反之，若成本曲线 $C(x)=\tilde{u}x^2$ 的系数 $\tilde{u}$ 越小，说明曲线越平缓，意味着社会资本方付出的成本相对较小，因此，政府可以设置相对较低的单位付费额。

（2）当成本曲线为指数函数，即 $C(x)=\bar{u}e^{\varpi x}$ 时，将其代入公式（4-9）中可得目标函数为：

$$\max_{(x,q_2)} F_2 = \max_{(x,q_2)} \left\{ w_1 \left(\int_{x_j}^{x} p x q_2 \mathrm{d}x \right) + w_2 \left[(x - x_j) q_2 - \int_{x_j}^{x} \bar{u} e^{\varpi x} \mathrm{d}x \right] \right\} \tag{4-15}$$

分别对上式中的 x 和 q_2 求一阶导数，并令一阶导数为0，可得：

$$\frac{\partial F_2}{\partial x} = w_1 p q_2 x + w_2 q_2 - w_2 \bar{u} e^{\varpi x} = 0 \tag{4-16}$$

$$\frac{\partial F_2}{\partial q_2} = \frac{1}{2} p x^2 w_1 - \frac{1}{2} p x_j^2 w_1 + x w_2 - w_2 x_j = 0 \tag{4-17}$$

解之，得：

$$x = \frac{-w_2 + \sqrt{w_2^2 + p w_1 (2 w_2 x_j + p x_j^2 w_1)}}{p w_1} \tag{4-18}$$

$$q_2 = \frac{w_2 \bar{u}}{\sqrt{w_2^2 + p w_1 (2 w_2 x_j + p x_j^2 w_1)}} e^{\frac{-w_2 \varpi + \varpi \sqrt{w_2^2 + p w_1 (2 w_2 x_j + p x_j^2 w_1)}}{p w_1}} \tag{4-19}$$

根据公式（4-19）可知，单位付费额主要与社会资本方的成本曲线、绩效考核得分、绩效考核得分所在的绩效水平区间有关，且得到以下结论：

①从 $\partial q_2 / \partial p > 0$ 可知，单位付费额 q_2 与绩效考核得分 x 出现在绩效区间 $[x_j, x_{j+1}]$ 中的概率 p 呈正相关关系，也就是绩效考核得分 x 出现在绩效区间 $[x_j, x_{j+1}]$ 中的概率 p 越大，单位付费额 q_2 越大。绩效考核得分 x 出现在绩效区间 $[x_j, x_{j+1}]$ 中的概率 p 越大，意味着社会资本方的绩效评价结果的不确定性越小，政府和社会资本方此时承担的风险也越小，故政府方设置相对较大的单位付费额，相反，若绩效考核得分 x 出现在绩效区间 $[x_j, x_{j+1}]$ 中的概率 p 越小，则意味着社会资本方绩效评价结果的不确定性越大，政府和社会资本方承担的风险越大，政府自然要设置相对较小的单位付费额。

②从 $\partial q_2 / \partial x_j > 0$ 可知，单位付费额 q_2 与绩效考核得分 x 所在的绩效水平区间 $[x_j, x_{j+1}]$ 的下界 x_j 呈正相关关系，单位付费额 q_2 随着绩效考核得分 x 所在绩效水平区间 $[x_j, x_{j+1}]$ 的下界 x_j 的增加而增加。这说明 x_j 的值越大，在以 x_j 为下界的绩效水平区间上，社会资本方为了提高绩效得分需要付出的努力就越大，政府方设置的单位付费额也应该越大，才能更有效地激励社会资本方积极努力地去提高项目的运维效果。相反，x_j 越低，社会资本方在以 x_j 为下界的绩效水平区间上付出的成本相对较少，政府方可以设置相对较低的单位付费额。

③从 $\partial q_2 / \partial \bar{u} > 0$ 和 $\partial q_2 / \partial \varpi > 0$ 可知，单位付费额 q_2 与成本曲线的系数 $\bar{u}$ 和 ϖ 均呈正相关关系，即成本曲线的系数 $\bar{u}$ 和 ϖ 越大，单位付费额 q_2 也越大。成本曲线的系数越大，意味着社会资本方为了提高绩效付出的边际成本也越大，政府需要设置相对较高的单位付费额，以保证在提高社会效益的同时，也使社会资本方取得合理的利润。

下面进一步通过数值模拟分析政府设置的单位付费额与绩效考核得分 x 所在绩效水平区间 $[x_j, x_{j+1}]$ 的下界 x_j 及绩效考核得分 x 出现在绩效水平区间 $[x_j, x_{j+1}]$ 的概率 p 之间的关系。为方便分析，这里仅对政府和社会资本方的目标权重相同的情况做分析，当两者的目标权重不相同时，也有类似的分析。

在公式（4-14）中假设 $w_1=w_2=0.5$，系数 $\tilde{u}$ 分别取 $\tilde{u}=0.1$，$\tilde{u}=0.3$，$\tilde{u}=0.5$，$\tilde{u}=0.7$ 和 $\tilde{u}=0.9$，可得到单位付费额 q_1 与绩效得分 x 所在绩效水平区间 $[x_j,x_{j+1}]$ 的下界 x_j 及绩效考核得分 x 出现在绩效水平区间 $[x_j,x_{j+1}]$ 的概率 p 之间的关系，如图 4-9 所示。从图中可以看出，对于成本曲线 $C(x)=\tilde{u}x^2$，在绩效考核得分 x 出现在绩效水平区间 $[x_j,x_{j+1}]$ 的概率 p 相同的情况下，政府设置的单位付费额 q_1 随着绩效考核得分 x 所在绩效水平区间 $[x_j,x_{j+1}]$ 的下界 x_j 的增加而增加，且 x_j 相同时，成本曲线的系数 $\tilde{u}$ 越大，单位付费额 q_1 也越大；同理，在绩效考核得分 x 所在绩效水平区间 $[x_j,x_{j+1}]$ 的下界 x_j 相同的情况下，单位付费额 q_1 随着绩效考核得分 x 出现在绩效水平区间 $[x_j,x_{j+1}]$ 的概率 p 的增加而增加，且绩效考核得分 x 出现在绩效水平区间 $[x_j,x_{j+1}]$ 的概率 p 相同时，系数 $\tilde{u}$ 越大，单位付费额 q_1 也越大。同样，在公式（4-19）中假设 $w_1=w_2=0.5$：系数 $\bar{u}$ 分别取 $\bar{u}=0.1$，$\bar{u}=0.3$，$\bar{u}=0.5$，$\bar{u}=0.7$ 和 $\bar{u}=0.9$，$\varpi=0.5$；系数 ϖ 分别取 $\varpi=0.1$，$\varpi=0.3$，$\varpi=0.5$，$\varpi=0.7$ 和 $\varpi=0.9$，$\bar{u}=0.5$。两种情况下得到单位付费额与绩效得分 x 所在绩效水平区间的下界 x_j 及绩效考核得分 x 出现在绩效水平区间 $[x_j,x_{j+1}]$ 的概率 p 之间的关系，如图 4-10（a）和（b）所示。从图中可以看出，对于成本曲线 $C(x)=\bar{u}e^{\varpi x}$，当绩效考核得分 x 出现在绩效水平区间 $[x_j,x_{j+1}]$ 的概率 p 相同时，绩效考核得分 x 所在绩效水平区间 $[x_j,x_{j+1}]$ 的下界 x_j 越大，政府需要设置相对较大的单位付费额 q_2；当绩效考核得分 x 所在绩效水平区间 $[x_j,x_{j+1}]$ 的下界 x_j 相同时，成本曲线中的系数 $\bar{u}$ 和 ϖ 越大，政府设置的单位付费额 q_2 也要相对较大。

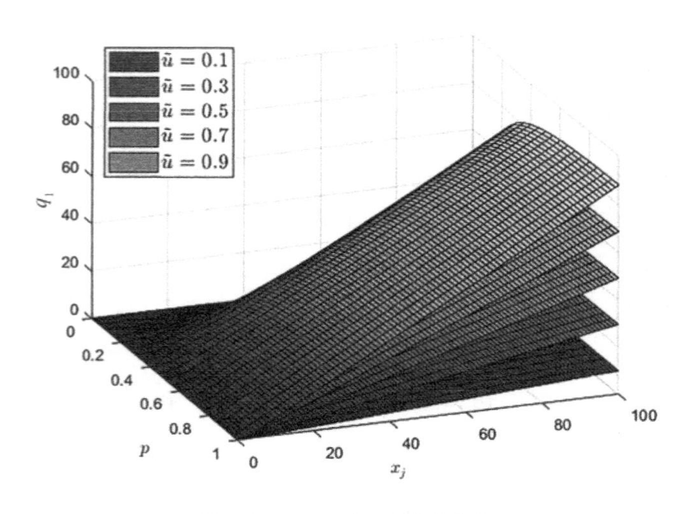

图 4-9　q_1、x_j 和 p 之间的关系

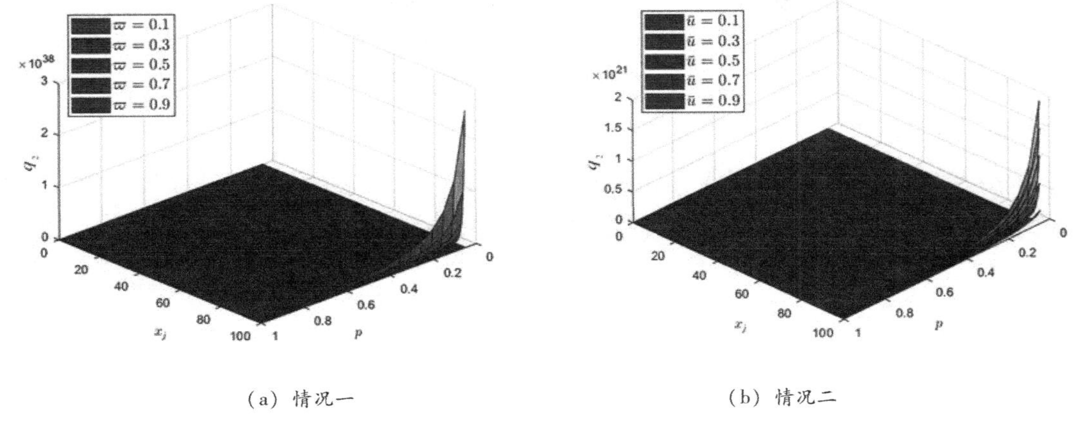

（a）情况一　　（b）情况二

图 4-10　q_2、x_j 和 p 之间的关系

综上可知，在不同绩效水平下，政府方设置单位付费额主要考虑三个主要因素：社会资本方的绩效考核得分、绩效考核得分所在的绩效水平区间及社会资本方取得该绩效考核得分的成本曲线。政府方设置单位付费额时，要充分考虑各因素对单位付费额的影响，分析它们之间的关系，以确保依效付费机制设计的有效性和科学性。

4.4 基于绩效评价结果的政府阶段付费额优化设计

在水环境治理 PPP 项目运维过程中，政府根据对实际项目考核的需要设置绩效考核周期，且在每次绩效考核结束后按照绩效考核结果对社会资本方进行付费。每个周期的付费一部分为社会资本投资成本的回收（可用性付费），另一部分是运维绩效付费，通常把这两部分付费合二为一，形成单一付费模式。政府根据项目的绩效考核结果给予社会资本方费用，绩效挂钩率将费用分为固定付费和绩效付费两部分。每个周期的固定付费满足社会资本方能够接受的最低内部收益率；每个周期固定付费和全部绩效付费之和满足社会资本方的最高收益率（通常作为招标标的）。为了确保社会资本“盈利而不暴利”，政府每个绩效考核周期支付给社会资本方的费用在某个范围内变化，最低付费须满足社会资本方的最低内部收益率，最大付费为社会资本方获得的全部绩效费用，即政府方付费的取值在长度为绩效付费大小的区间范围内。如果将项目的运维期按绩效考核周期划分为若干个有联系的阶段，政府在每个阶段都需要选择付费额，且各个阶段可供选择的付费额不止一个，这可以看作是多阶段决策问题[197]，由于各阶段存在相关性，且各阶段受时间影响，存在“动态”性，多阶段随机数学规划[198,199] 能够很好地解决多阶段动态规划的问题。本节将利用多阶段动态规划的思路确定政府在每个阶段的最优付费额，政府在每个阶段的最优付费额为最优阶段付费额。

4.4.1 建模思路

根据动态规划的基本思想，将水环境治理PPP项目的运维期(t_0,t)划分为N个阶段，社会资本方的财务状态集合用$X=\{x_1,x_2,\cdots,x_m\}$表示，可供政府方选择的付费额为$U=\{u_1,u_2,\cdots,u_n\}$。这里以第$N-1$阶段为例，利用图4-11对建模思路作简单说明。

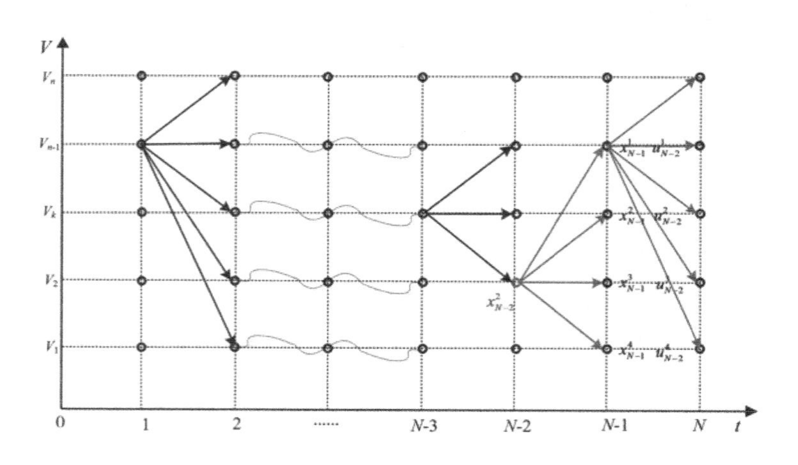

图4-11　水环境治理PPP项目运维期阶段划分示意图

假设社会资本方在第$N-2$阶段结束时的财务状态值为x^2_{N-2}，若政府选择的付费额（决策变量）为$\max\limits_{j}\{u^j_{N-2}\}$，其中$j$为可供政府方在该阶段选择的付费额的个数，如果该阶段社会资本方的绩效考核结果达到了政府方设置的绩效标准，则社会资本方在第$N-1$阶段的实际财务状态值为x^3_{N-1}，也就是说，社会资本方在第$N-1$阶段的财务状态值受两个因素的影响，一是社会资本方的绩效考核结果，二是政府方选择的付费额。具体地讲，社会资本方在第$N-1$阶段的实际财务状态值为x^3_{N-1}需要满足两个条件：①社会资本方在该阶段的绩效考核结果达到了政府方的绩效标准；②政府方在该阶段选择了最大付费额。以上两个条件中任一条件不满足，社会资本方在该阶段的实际财务状态值均低于x^3_{N-1}。这里称社会资本方因绩效考核不达标被扣除的费用为绩效扣除额，简称扣除额，对于社会资本方来说，政府方在每个阶段选择的付费额越大越好，而扣除额则是越小越好。显然，当政府方选择的付费额与政府方的最大可能付费额之间的差值越大，社会资本方实际可能得到的收益就会越小，且对社会资本方的扣除额越大，其收益也会越小。因此，政府方选择的付费额与其最大付费额的差值以及扣除额是影响社会资本方在该阶段的实际财务状态值的主要因素。

总之，根据多阶段随机动态规划理论，本节在阶段付费额的设计中，将整个运维期按绩效考核周期划分为若干个阶段，每个阶段可供政府选择的付费额为决策变量，该阶段对社会资本方的扣除额为随机变量，目标为政府在每个阶段选择的付费额不仅保证社会效益最大化，同时使社会资本方的经济利益尽可能大。在每个阶段，需要考虑的状态和决策的组合数是非常庞大的，动态规划方法可以从中找出一个最优的决策组合，即最优决策。确定最优阶段付费额，即确定在每个阶段内状态和决策变量的最优组合，是随机动态规划模型的基本构想。

4.4.2 模型构建

本节利用多阶段随机动态规划理论构建水环境治理 PPP 项目阶段付费额的优化模型。

1. 阶段付费问题变量的确定

将水环境治理 PPP 项目特许期分为个 N 阶段，若用 n（$n = 1,2,\cdots,N$）表示第 n 阶段，x_n 表示社会资本方在第 n 阶段的某一财务状态，其取值由社会资本方在该阶段有扣除和无扣除情况下财务状况之间的离散值确定，所有离散值称为财务状态 x_n 的状态值，且离散值的集合称为状态值集合。在该问题中，当社会资本方在第 n 阶段处于某一财务状态 x_n，政府选择的付费额 $u_n(x_n)$ 为决策变量，所有可供选择的付费额的集合 $U_n(x_n)$ 为第 n 阶段社会资本方的财务状态为 x_n 时的允许决策集合，显然，$u_n(x_n) \in U_n(x_n)$。

对于给定的第 n 阶段社会资本方的财务状态 x_n 的值 x_n^r，如果政府付费额（决策变量）$u_n(x_n)$ 已经确定，则第 $n+1$ 阶段社会资本方的财务状态 x_{n+1} 的值也就完全确定。由此可见，一般来说，社会资本方在第 $n+1$ 阶段的财务状态 x_{n+1}，随其在第 n 阶段的财务状态 x_n 和政府在第 n 阶段选择的付费额（决策变量）$u_n(x_n)$ 的变化而变化，这种变化关系可用函数表示为：$x_{n+1} = T_n(x_n, u_n)$。该式表示了由第 n 阶段到第 $n+1$ 阶段的状态转移规律，称为状态转移方程。

因而，在水环境治理 PPP 项目的运维期中，从第 1 阶段开始到第 N 阶段终点为止，政府在整个过程中选择的付费额 $u_n(x_n)$ 组成的序列，称为全过程策略，简称策略，记为 p_{1N}，即 $p_{1N}(x_1) = \{u_1(x_1), u_2(x_2), \cdots, u_N(x_N)\}$，由第 n 阶段开始到全过程的终点为止的过程，称为原过程的后部子过程（或 n 子过程），其决策函数序列称为 n 子过程策略，简称 n 子策略，记为 $p_{nN}(x_n) = \{u_n(x_n), u_{n+1}(x_{n+1}), \cdots, u_N(x_N)\}$。

在该问题中，可供政府选择的付费额均有一定的范围，所有可供选择的付费额所组成的集合，称为允许策略集合，用 P 表示，即 $p_{1N}(x_1) \in P_{1N}(x_1)$ 或 $p_{nN}(x_n) \in P_{nN}(x_n)$，从允许策略集中找出使问题达到最优效果的付费额称为最佳付费额，记为 $p_{1N}^*(x_1)$。

2. 目标函数

假设社会资本方在第 n 阶段状态为 x_n 时的实际财务状态值为 x_n^r，政府部门选择的付费额为 $u_n(x_n)$，社会资本方在第 n 阶段经绩效考核后的扣除额为 $D_n = \sum_{i=1}^{m} D_i^n$，其中 m 为

在第 n 阶段对社会资本方进行绩效考核的项数，第 i 项的扣除额为 D_i^n，则政府部门在第 n 阶段的实际付费额可表示为 $f_n^{pu}=u_n(x_n)-D_n$。在 PPP 项目的付费问题中，政府方在满足基本绩效的基础上，希望实际的付费额越少越好。一般地，为了保证社会资本方在项目的运维过程中“盈利但不暴利”，政府方会在阶段初期根据上一阶段社会资本方的实际收益设置当前阶段对社会资本方的期望收益，这里将该期望收益称为收益标准，第 n 个阶段的期望收益用 PRN_n 表示。显然，政府部门希望社会资本方在第 n 阶段的财务状态值和收益标准之间的绝对偏差 $f_n^{de}=x_n^r-\mathrm{PRN}_n$ 越小越好。

通过上述分析，设置政府阶段付费额的目标是使政府在各个阶段选择的付费额，能够同时使政府的实际付费额 f_n^{pu} 和社会资本方的收益偏差 f_n^{de} 达到最小，即满足社会资本方合理收益的同时，政府在整个运维阶段的付费额最小，阶段付费额的目标函数为：

$$\begin{aligned}\arg\min_{u_n} f &= \arg\min_{u_n}\sum_{n=1}^{N}(f_n^{pu}+f_n^{de})\\ &= \arg\min_{u_n}\sum_{n=1}^{N}(|u_n(x_n)-D_n|+|x_n^r-\mathrm{PRN}_n|)\end{aligned} \quad (4\text{-}20)$$

式中，$x_n^r=x_{n-1}^r-u_n^*(x_n)+\mathrm{FA}_n-\sum_{i=1}^{m}D_n^i$，其中 $u_n^*(x_n)$ 表示在第 n 个阶段可供政府方选择的最大付费额，$\mathrm{FA}_n=u_n(x_n)-u_n^*(x_n)$ 为最大付费额与政府在该阶段选择的付费额之间的差值。

显然，上式中的各个变量都是确定的。然而，在水环境治理 PPP 项目中，社会资本方在每阶段的扣除额是不确定的，具有随机性，只能用某个已知的概率分布来描述。于是，在公式（4-20）中，用期望值代替确定值可得下式：

$$\arg\min_{u_n} E\left[\sum_{n=1}^{N}(w_1 f_n^{pu}+w_2 f_n^{de})\right] \quad (4\text{-}21)$$

3. **约束条件**

公式（4-20）中目标函数的约束条件为社会资本方的收益取值范围，即社会资本方财务状态值的上限和下限。其中上限为社会资本方完成了合同规定的绩效目标，得到政府方的全部付费，用 f_{max} 表示社会资本方的财务状态值的上限，f_{max} 可由社会资本方在每个阶段无扣除时的现金流相加得到；下限为社会资本方在绩效考核过程中得到的收益仅满足其最小内部收益率时的财务状态值，用 f_{min} 表示，可由社会资本方在每年扣除额最大且满足最小内部收益率时的现金流相加得到。

4. **迭代公式**

根据 Winston[200] 中描述的迭代公式的过程，若用 $f(x_n)$ 表示第 n 阶段社会资本方的财务状态为 x_n 时政府和社会资本方的目标函数的最小值，当社会资本方在第 n 阶段财务状态为 x_n 时，其第 $n+1$ 阶段的财务状况的概率为 $p[x_{n+1}^r|x_n^r,u_n(x_n),n]$，政府选择的付费额为

$u_n(x_n)$，Ω 表示所有的可能值的集合。则有：

$$f(x_n)=\min_{u_n}\{E[\mathrm{MOF}|x_n^r,u_n(x_n)]+\sum_{x_{n+1}^r\in\Omega}p[x_{n+1}^r|x_n^r,u_n(x_n)]f_{n+1}(x_{n+1}^r)\}$$

$$=\min_{u_n}\{E[\mathrm{MOF}|x_n^r,u_n(x_n)]+\sum_{x_{n+1}^r\in\Omega}p\{\sum_{t=n+1}^{N}w_1[u_t(x_t)-\sum_{i=1}^{m}D_t^i]+w_2|x_t^r-\mathrm{PRN}_t|\}\} \tag{4-22}$$

其中，$E[\mathrm{MOF}|x_n^r,u_n(x_n)]$ 为社会资本方在状态为 x_n、政府选择的付费额为 $u_n(x_n)$ 时的条件期望。

于是，公式（4-20）中目标函数的迭代公式为：

$$f(x_l)=\underset{u_l}{\mathrm{argmin}}\{E(f_l^{pu}+f_l^{de})+f(x_{l+1})\} \tag{4-23}$$

其中，$f(x_{l+1})=\sum_{x_{l+1}^r\in\Omega}\sum_{t=l+1}^{N}p_t(f_t^{pu}+f_t^{de})$，$p_t$ 表示第 $t+1$ 阶段社会资本方的财务状态值为 x_{l+1}^r 时的概率。

假设公式（4-21）的目标函数中，政府的实际付费额 f_n^{pu} 和社会资本方的收益偏差 f_n^{de} 的权重分别为 w_1 和 w_2，且 $w_1+w_2=1$，则公式（4-21）可以写成：

$$\underset{u_n}{\mathrm{argmin}}\,E[\sum_{n=1}^{N}(w_1f_n^{pu}+w_2f_n^{de})] \tag{4-24}$$

综上所述，水环境治理 PPP 项目政府阶段付费额的确定可表示为以下优化问题：

$$\begin{cases}\underset{u_n}{\mathrm{argmin}}\,E[\sum_{n=1}^{N}(w_1f_n^{pu}+w_2f_n^{de})]\\ \text{s. t.}\quad f_{\min}\leqslant f_n\leqslant f_{\max}\\ f(x_l)=\underset{u_l}{\mathrm{argmin}}\{E(f_l^{pu}+f_l^{de})+f(x_{l+1})\}\end{cases} \tag{4-25}$$

其中，$f(x_{l+1})=\sum_{x_{l+1}^r\in\Omega}\sum_{t=l+1}^{N}p_t(f_t^{pu}+f_t^{de})$，$f_n$ 为社会资本方在第 n 阶段的实际累计现金流量。

4.4.3 模型计算

根据公式（4-25）可知，模型的计算需要确定社会资本方在各个阶段的扣除额、社会资本方在各个阶段的财务状态、政府在各个阶段可供选择的付费额集合以及各个阶段的收益标准等。

1. 阶段扣除额的确定

政府部门在各个阶段对社会资本方的运营维护状况进行绩效考核，根据绩效考核得分，依照合同绩效考核标准规定，对社会资本方的付费做相应的扣除。由于社会资本方在各阶段的运营维护状况的绩效考核结果是不确定的，所以政府部门对该阶段的扣除额也是不确定的，扣除额在模型中是随机变量。因此，在模型计算时，扣除额 D_n 的大小需要事先假设其服从某个概率分布来确定。

2. 各阶段可供政府选择的付费额集合（决策集合）的确定

假设社会资本方在第 n 阶段的绩效考核没有任何扣除，可以得到政府方全部付费，政府方全部付费用 $\tilde{u}_n$ 表示，那么 $\tilde{u}_n$ 为政府方在该阶段付费的最大值；当社会资本方在绩效考核中各项均未达到合同标准时，政府方将扣除全部的绩效付费，若扣除的费用用 $\tilde{D}_n$ 表示，那么社会资本方进行最大扣除 $\tilde{D}_n$ 时，政府支付的费用 $\bar{u}_n$ 为 $\tilde{u}_n - \tilde{D}_n$ ，即 $\bar{u}_n$ 为政府方在该阶段付费的最小值。因此，可供政府选择的付费额集合为：$\bar{u}_n \leqslant u_n \leqslant \tilde{u}_n$ 。

3. 收益标准的确定

政府部门在各个阶段初期，会根据社会资本方在当前阶段的实际财务状态来确定该阶段的收益标准。若用 x_{n-1} 和 $\tilde{x}_{n-1}$ 分别表示社会资本方在第 $n-1$ 阶段的实际财务状态值和无扣除时的财务状态值，则第 n 阶段的收益标准为 $\mathrm{PRN}_n = x_{n-1} + (\tilde{x}_n - \tilde{x}_{n-1})$ 。收益标准的确定是为了保证社会资本方“盈利但不暴利”，社会资本方在各阶段的实际收益与收益标准相比，不能过高和过低，过低则社会资本方的合理回报得不到满足，不利于项目的顺利实施，过高则有违市场经济原则，同时公共服务价格过高也会损害公众的利益。

4. 财务状态值的确定

社会资本方在各个阶段的财务状态值与该阶段的扣除额呈负相关关系，与政府部门选择的付费额呈正相关关系。假设在第 n 阶段社会资本方的财务状态为 x_n ，政府在第 n 阶段可供选择的最大付费额为 $u_n^*(x_n)$ ，政府选择的付费额为 $u_n(x_n)$ ，则该阶段社会资本方的财务状态值为：

$$x_n^r = x_n + (\tilde{x}_n - \tilde{x}_{n-1}) - E(D_n) + [u_n^*(x_n) - u_n(x_n)] \tag{4-26}$$

根据动态规划的求解方法，该模型的求解按照求解顺序有两种基本的方法，即逆序解法（后向动态规划）和顺序解法（前向动态规划）。逆序解法就是寻优的方向与多阶段决策过程的实际行动相反，从最后一段开始计算并逐段前推，求得全过程的最优策略；与之相反，顺序解法的寻优方向与多阶段决策过程的实际行动相同，计算时从第一段开始逐段向后递推，计算后一阶段要用到前一阶段的求优结果，最后一段计算的结果就是全过程的最优结果。该模型运用逆向递推的方法，先计算第 N 阶段，利用公式（4-25），分别算出政府的最优阶段付费额以及目标函数的最优值，进而再计算第 $N-1$ 阶段，依此类推，直到计算到第一阶段为止。

4.5 案例分析

本节以某县水环境治理和生态修复工程项目为案例，验证本书第 4.4 节中构建的模型的有效性和可行性，项目的基本信息见第3章案例分析。该项目采用PPP模式，总投资约216262.05万元，合作期限为20年（其中建设期2年，运营期18年），采用政府付费的方式收回社会资本方的成本。该县水环境治理和生态修复工程项目的运维期为18年，政府每一年对项目运维效果进行一次绩效考核。利用该项目的数据验证4.2、4.3和4.4中构建的模型的有效性和可行性。将项目运维期按绩效考核周期划分，可分为18个阶段。

4.5.1 参数设定

（1）假设社会平均运维成本系数 $k_1=0.6$，社会资本方的平均运维能力 $\eta=0.8$，根据公式（4-6），可得绩效挂钩率的区间范围为：$0.375 \leqslant b \leqslant 0.46$。

（2）假设社会资本方的绩效考核得分在每个绩效考核周期出现的概率均等，该项目中政府确定的绩效挂钩率 b 为0.43，则社会资本方各个阶段的最大扣除额为6440万元。社会资本方在运维期的现金流入和现金支出情况如表4-1所示，计算得出社会资本方能接受的最低内部收益率为4.03%。

社会资本方在运维期的现金流入和现金支出情况（万元）　　表4-1

年份	累计现金流（无扣除）	累计现金流（有扣除）	年份	累计现金流（无扣除）	累计现金流（有扣除）
2017	−112025.74	−118465.74	2027	−48544.48	−119384.48
2018	−216862.05	−229742.04	2028	−21917.53	−99197.53
2019	−203214.19	−222534.19	2029	6767.90	−76952.11
2020	−188517.08	−214277.08	2030	37671.98	−52488.03
2021	−172689.20	−204889.20	2031	69454.44	−27145.57
2022	−155642.68	−194282.68	2032	103374.07	334.06
2023	−137282.79	−182362.80	2033	139906.78	30426.77
2024	−117507.44	−169027.45	2034	179253.43	63333.42
2025	−96206.57	−154166.58	2035	221632.76	99272.75
2026	−73261.54	−137661.55	2036	267880.56	139080.56

根据多阶段规划思想，社会资本方在各个阶段不同的财务状况的集合称为多阶段规划的状态变量集合，每个财务状况即为一个状态，多阶段规划的决策变量为政府在每个阶段可供选择的付费额，项目的总投资为216262.05万元，折现率为7.5%，可得政府每年最小付费额为22281.25万元。由假设可知最大扣除额为6440万元。

（3）依据上述内容，假设可供政府选择的付费额有5个，分别为22281.25万元、23891.25万元、25501.25万元、27311.25万元和28921.25万元。

4.5.2 案例计算

依据合同，运营期为2019～2036年，共计18年，即18个阶段。根据本书第4.4节中构建的模型和表4-1，假设模型中政府和社会资本方目标的权重分别为：$w_1=0.9$，$w_2=0.1$。运用逆序解法，首先从第18个阶段开始，该阶段初期社会资本方的财务状态值共128（即267-140+1）个，社会资本方在该阶段的财务状态用x_{18}表示，则社会资本方在第18个阶段的128个状态对应的状态值由下式得到：

$$x_{18}^{r}=x_{18}+(\tilde{x}_{18}-\tilde{x}_{17})-E(D_{18})+[u_{18}^{*}(x_{18})-u_{18}^{l}(x_{18})] \tag{4-27}$$

其中，$r=1,2,\cdots,128$；$l=1,2,\cdots,5$。

另外，在该阶段政府部门希望社会资本方达到的收益标准为：

$$\text{PRN}_{18}=x_{17}+(\tilde{x}_{18}-\tilde{x}_{17})=99.27+(267.88-221.63)=145.52 \tag{4-28}$$

在公式（4-27）中，扣除额是不确定的，具有随机性。假设每个阶段的扣除额服从［0，6.44］上的均匀分布，且各阶段扣除额的分布不变，从而得到扣除额的期望值为：

$E(D)=(0/645)+(0.01/645)+(0.02/645)+...\ \ +(6.44/645)=3.22$（千万元）

由公式（4-27）可以计算得到第18阶段社会资本方的财务状态值，如表4-2所示。

第18阶段社会资本方的财务状态值（千万元） 表4-2

x_{18}	$u_{18}(x_{18})$	$E(D_{18})$	$\tilde{x}_{18}-\tilde{x}_{17}$	$u_{18}^{*}-u_{18}^{l}(x_{18})$	x_{18}^{r}
140	22.28125	3.22	46.25	6.64	176.3878
	23.89125	3.22	46.25	5.03	177.9978
	25.50125	3.22	46.25	3.42	179.6078
	27.31125	3.22	46.25	1.61	181.4178
	28.92125	3.22	46.25	0	183.0278
141	22.28125	3.22	46.25	6.64	177.3878
	23.89125	3.22	46.25	5.03	178.9978
	25.50125	3.22	46.25	3.42	180.6078
	27.31125	3.22	46.25	1.61	182.4178
	28.92125	3.22	46.25	0	184.0278
⋮	⋮	⋮	⋮	⋮	⋮
266	22.28125	3.22	46.25	6.64	302.3878
	23.89125	3.22	46.25	5.03	303.9978
	25.50125	3.22	46.25	3.42	305.6078
	27.31125	3.22	46.25	1.61	307.4178
	28.92125	3.22	46.25	0	309.0278

续表

x_{18}	$u_{18}(x_{18})$	$E(D_{18})$	$\tilde{x}_{18}-\tilde{x}_{17}$	$u_{18}^{*}-u_{18}^{l}(x_{18})$	x_{18}^{r}
267	22.28125	3.22	46.25	6.64	303.3878
	23.89125	3.22	46.25	5.03	304.9978
	25.50125	3.22	46.25	3.42	306.6078
	27.31125	3.22	46.25	1.61	308.4178
	28.92125	3.22	46.25	0	310.0278

第18阶段的计算结果如下：

$f_{18}(140)=0.9\times(22.28125-3.22)+0.1\times|145.52-176.3878|=20.2419$；

$f_{18}(140)=0.9\times(23.89125-3.22)+0.1\times|145.52-177.9978|=21.8519$；

$f_{18}(140)=0.9\times(25.50125-3.22)+0.1\times|145.52-179.6078|=23.4619$；

$f_{18}(140)=0.9\times(27.31125-3.22)+0.1\times|145.52-181.4178|=25.2719$；

$f_{18}(140)=0.9\times(28.92125-3.22)+0.1\times|145.52-183.0278|=26.8819$；

$f_{18}(141)=0.9\times(22.28125-3.22)+0.1\times|145.52-177.3878|=20.3419$；

$f_{18}(141)=0.9\times(23.89125-3.22)+0.1\times|145.52-178.9978|=21.9519$；

$f_{18}(141)=0.9\times(25.50125-3.22)+0.1\times|145.52-180.6078|=23.5619$；

$f_{18}(141)=0.9\times(27.31125-3.22)+0.1\times|145.52-182.4178|=25.3719$；

$f_{18}(141)=0.9\times(28.92125-3.22)+0.1\times|145.52-184.0278|=26.9819$；

……

$f_{18}(267)=0.9\times(22.28125-3.22)+0.1\times|145.52-303.3878|=32.9419$；

$f_{18}(267)=0.9\times(23.89125-3.22)+0.1\times|145.52-304.9978|=34.5519$；

$f_{18}(267)=0.9\times(25.50125-3.22)+0.1\times|145.52-306.6078|=36.1619$；

$f_{18}(267)=0.9\times(27.31125-3.22)+0.1\times|145.52-308.4178|=37.9719$；

$f_{18}(267)=0.9\times(28.92125-3.22)+0.1\times|145.52-310.0278|=39.5819$。

综上所述，第18阶段目标函数的计算结果及政府部门的最佳付费额情况如表4-3所示。

第 18 阶段目标函数的计算结果及政府部门的最佳付费额情况（千万元） 表 4-3

x_{18}	$u^l_{18}(x_{18})$	x^r_{18}	组合目标函数	最小目标函数值	最佳付费额
140	22. 28125	176. 3878	20. 2419	20. 2419	22. 28125
	23. 89125	177. 9978	21. 8519		
	25. 50125	179. 6078	23. 4619		
	27. 31125	181. 4178	25. 2719		
	28. 92125	183. 0278	26. 8819		
141	22. 28125	177. 3878	20. 3419	20. 3419	22. 28125
	23. 89125	178. 9978	21. 9519		
	25. 50125	180. 6078	23. 5619		
	27. 31125	182. 4178	25. 3719		
	28. 92125	184. 0278	26. 9819		
⋮	⋮	⋮	⋮	⋮	⋮
267	22. 28125	303. 3878	32. 9419	32. 9419	22. 28125
	23. 89125	304. 9978	34. 5519		
	25. 50125	306. 6078	36. 1619		
	27. 31125	308. 4178	37. 9719		
	28. 92125	310. 0278	39. 5819		

同理，在第 17 阶段，社会资本方的财务状态有 122 个（即 221−100+1），不同财务状态下目标函数的值分别为：

$f_{17}(100) = 0.9 \times (22.28125 - 3.22) + 0.1 \times |105.71 - 132.5193| = 19.8361$；

$f_{17}(100) = 0.9 \times (23.89125 - 3.22) + 0.1 \times |105.71 - 134.1293| = 21.4461$；

$f_{17}(100) = 0.9 \times (25.50125 - 3.22) + 0.1 \times |105.71 - 135.7393| = 23.0561$；

$f_{17}(100) = 0.9 \times (27.31125 - 3.22) + 0.1 \times |105.71 - 137.5493| = 24.8661$；

$f_{17}(100) = 0.9 \times (28.92125 - 3.22) + 0.1 \times |105.71 - 139.1593| = 26.4761$；

$f_{17}(101) = 0.9 \times (22.28125 - 3.22) + 0.1 \times |105.71 - 133.5193| = 19.9361$；

$f_{17}(101) = 0.9 \times (23.89125 - 3.22) + 0.1 \times |105.71 - 135.1293| = 21.5461$；

$f_{17}(101) = 0.9 \times (25.50125 - 3.22) + 0.1 \times |105.71 - 136.7393| = 23.1561$；

$f_{17}(101) = 0.9 \times (27.31125 - 3.22) + 0.1 \times |105.71 - 138.5493| = 24.9661$；

$f_{17}(101) = 0.9 \times (28.92125 - 3.22) + 0.1 \times |105.71 - 140.1593| = 26.5761$；

……

$f_{17}(221) = 0.9 \times (22.28125 - 3.22) + 0.1 \times |105.71 - 253.5193| = 31.9361$；

$$f_{17}(221) = 0.9 \times (23.89125 - 3.22) + 0.1 \times |105.71 - 255.1293| = 33.5461;$$

$$f_{17}(221) = 0.9 \times (25.50125 - 3.22) + 0.1 \times |105.71 - 256.7393| = 35.1561;$$

$$f_{17}(221) = 0.9 \times (27.31125 - 3.22) + 0.1 \times |105.71 - 25.5493| = 36.9661;$$

$$f_{17}(221) = 0.9 \times (28.92125 - 3.22) + 0.1 \times |105.71 - 260.1593| = 38.5761。$$

第 17 阶段目标函数的计算结果及政府部门的最佳付费额情况如表 4–4 所示。

第 17 阶段目标函数的计算结果及政府部门的最佳付费额情况（千万元）　　表 4–4

x_{17}	$u^l_{17}(x_{17})$	x^r_{17}	组合目标函数	最小目标函数值	最佳付费额
100	22. 28125	132. 51933	19. 8361	19. 8361	22. 28125
	23. 89125	134. 12933	21. 4461		
	25. 50125	135. 73933	23. 0561		
	27. 31125	137. 54933	24. 8661		
	28. 92125	139. 15933	26. 4761		
101	22. 28125	133. 51933	19. 9361	19. 9361	22. 28125
	23. 89125	135. 12933	21. 5461		
	25. 50125	136. 73933	23. 1561		
	27. 31125	138. 54933	24. 9661		
	28. 92125	140. 15933	26. 5761		
102	22. 28125	132. 51933	19. 8361	19. 8361	22. 28125
	23. 89125	134. 12933	21. 4461		
	25. 50125	135. 73933	23. 0561		
	27. 31125	137. 54933	24. 8661		
	28. 92125	139. 15933	26. 4761		
⋮	⋮	⋮	⋮	⋮	⋮
221	22. 28125	253. 51933	31. 9361	31. 9361	22. 28125
	23. 89125	255. 12933	33. 5461		
	25. 50125	256. 73933	35. 1561		
	27. 31125	258. 54933	36. 9661		
	28. 92125	260. 15933	38. 5761		

为了得到第 17、18 两个阶段的最佳付费额情况，利用迭代公式，估计第 17 阶段的社会资本方的财务状态。假设第 17 阶段社会资本方的财务状态为 115，则第 18 阶段的财务状态为：

$$f_{17\to18}(115) = 115 + (42.3793 - 6.64) - 3.22 = 147.5193 \sim 148;$$

$f_{17\to18}(115) = 115 + (42.3793 - 5.03) - 3.22 = 149.1293 \sim 149$;

$f_{17\to18}(115) = 115 + (42.3793 - 3.42) - 3.22 = 150.7393 \sim 151$;

$f_{17\to18}(115) = 115 + (42.3793 - 1.61) - 3.22 = 152.5493 \sim 153$;

$f_{17\to18}(115) = 115 + (42.3793 - 0) - 3.22 = 154.1593 \sim 154$ 。

根据第 18 阶段计算的结果，可得，当社会资本的财务状态为 148 时，结果如下：

$f_{18}(148) = 0.9 \times (22.28125 - 3.22) + 0.1 \times |145.52 - 184.3878| = 21.0419$;

$f_{18}(148) = 0.9 \times (23.89125 - 3.22) + 0.1 \times |145.52 - 185.9978| = 22.5519$;

$f_{18}(148) = 0.9 \times (25.50125 - 3.22) + 0.1 \times |145.52 - 187.6078| = 24.2619$;

$f_{18}(148) = 0.9 \times (27.31125 - 3.22) + 0.1 \times |145.52 - 189.4178| = 26.0719$;

$f_{18}(148) = 0.9 \times (28.92125 - 3.22) + 0.1 \times |145.52 - 191.0278| = 27.6819$ 。

当社会资本的财务状态为 149 时，结果如下：

$f_{18}(149) = 0.9 \times (22.28125 - 3.22) + 0.1 \times |145.52 - 185.3878| = 21.1419$;

$f_{18}(149) = 0.9 \times (23.89125 - 3.22) + 0.1 \times |145.52 - 186.9978| = 22.7519$;

$f_{18}(149) = 0.9 \times (25.50125 - 3.22) + 0.1 \times |145.52 - 188.6078| = 24.3619$;

$f_{18}(149) = 0.9 \times (27.31125 - 3.22) + 0.1 \times |145.52 - 190.4178| = 26.1719$;

$f_{18}(149) = 0.9 \times (28.92125 - 3.22) + 0.1 \times |145.52 - 192.0278| = 27.7819$ 。

当社会资本的财务状态为 151 时，结果如下：

$f_{18}(151) = 0.9 \times (22.28125 - 3.22) + 0.1 \times |145.52 - 187.3878| = 21.3419$;

$f_{18}(151) = 0.9 \times (23.89125 - 3.22) + 0.1 \times |145.52 - 188.9978| = 22.9519$;

$f_{18}(151) = 0.9 \times (25.50125 - 3.22) + 0.1 \times |145.52 - 190.6078| = 24.5619$;

$f_{18}(151) = 0.9 \times (27.31125 - 3.22) + 0.1 \times |145.52 - 192.4178| = 26.3719$;

$f_{18}(151) = 0.9 \times (28.92125 - 3.22) + 0.1 \times |145.52 - 194.0278| = 27.9819$ 。

当社会资本的财务状态为 153 时，结果如下：

$f_{18}(153) = 0.9 \times (22.28125 - 3.22) + 0.1 \times |145.52 - 189.3878| = 21.5419$;

$f_{18}(153) = 0.9 \times (23.89125 - 3.22) + 0.1 \times |145.52 - 190.9978| = 23.1519$;

$f_{18}(153) = 0.9 \times (25.50125 - 3.22) + 0.1 \times |145.52 - 192.6078| = 24.7619$;

$f_{18}(153) = 0.9 \times (27.31125 - 3.22) + 0.1 \times |145.52 - 194.4178| = 26.5719$;

$f_{18}(153) = 0.9 \times (28.92125 - 3.22) + 0.1 \times |145.52 - 196.0278| = 28.1819$ 。

当社会资本的财务状态为 154 时，结果如下：

$f_{18}(154) = 0.9 \times (22.28125 - 3.22) + 0.1 \times |145.52 - 190.3878| = 21.6419$;

$f_{18}(154) = 0.9 \times (23.89125 - 3.22) + 0.1 \times |145.52 - 191.9978| = 23.2519$;

$f_{18}(154) = 0.9 \times (25.50125 - 3.22) + 0.1 \times |145.52 - 193.6078| = 24.8619$;

$f_{18}(154) = 0.9 \times (27.31125 - 3.22) + 0.1 \times |145.52 - 195.4178| = 26.6719$;

$f_{18}(154) = 0.9 \times (28.92125 - 3.22) + 0.1 \times |145.52 - 197.0278| = 28.2819$ 。

结合第 17 阶段的计算结果，可得以下结果：

$f_{17}(115) = 0.9 \times (22.28125 - 3.22) + 0.1 \times |105.71 - 147.5193| = 21.3361$；

$f_{17}(115) = 0.9 \times (23.89125 - 3.22) + 0.1 \times |105.71 - 149.1293| = 22.9461$；

$f_{17}(115) = 0.9 \times (25.50125 - 3.22) + 0.1 \times |105.71 - 150.7393| = 24.5561$；

$f_{17}(115) = 0.9 \times (27.31125 - 3.22) + 0.1 \times |105.71 - 152.5493| = 26.3361$；

$f_{17}(115) = 0.9 \times (28.92125 - 3.22) + 0.1 \times |105.71 - 154.1593| = 27.9761$。

于是，两个阶段的目标函数值为：

$$f_{17}(115) + \min\{f_{18}(148)\} = 21.3361 + 21.0419 = 42.3780;$$

$$f_{17}(115) + \min\{f_{18}(149)\} = 22.9461 + 21.1419 = 44.0880;$$

$$f_{17}(115) + \min\{f_{18}(151)\} = 24.5561 + 21.3419 = 45.8980;$$

$$f_{17}(115) + \min\{f_{18}(153)\} = 26.3361 + 21.5419 = 47.8780;$$

$$f_{17}(115) + \min\{f_{18}(154)\} = 27.9761 + 21.6419 = 49.6180。$$

从上述计算结果可知，如果第 17 阶段的财务状态为 115，两个阶段目标函数的最小值为 42.3780 千万元，政府选择的最佳付费额为 22.28125 千万元。第 17 阶段的其他财务状态的情况也可按上述计算过程得到。重复同样的步骤，可得到第 16、15、…、1 阶段的目标函数的计算结果及政府部门的最佳付费额情况。

综合以上计算，当政府和社会资本方的目标权重 w_1、w_2 分别为 0.9 和 0.1，且扣除额为期望值时，政府方在各阶段的最佳付费额如表 4-5 所示。

政府方在各阶段的最佳付费额（千万元） 表 4-5

最佳付费额	阶段 1 22.28125	阶段 2 22.28125	阶段 3 23.89125	阶段 4 23.89125	阶段 5 27.31125	阶段 6 23.89125
	阶段 7 25.50125	阶段 8 28.92125	阶段 9 27.31125	阶段 10 27.31125	阶段 11 27.31125	阶段 12 27.31125
	阶段 13 28.92125	阶段 14 28.92125	阶段 15 27.31125	阶段 16 27.31125	阶段 17 27.31125	阶段 18 22.28125

上述结果为假设政府和社会资本方的目标权重分别是 0.9 和 0.1，政府方在水环境治理 PPP 项目运维期各个阶段的最佳付费额，当政府和社会资本方的目标权重取其他不同值时，经过类似的计算，得到不同目标权重的政府方各阶段的最佳付费额，具体如表 4-6 所示。

不同目标权重的政府方各阶段的最佳付费额（千万元） **表4-6**

阶段	$w_1=0.1$ $w_2=0.9$	$w_1=0.2$ $w_2=0.8$	$w_1=0.3$ $w_2=0.7$	$w_1=0.4$ $w_2=0.6$	$w_1=0.5$ $w_2=0.5$	$w_1=0.6$ $w_2=0.4$	$w_1=0.7$ $w_2=0.3$	$w_1=0.8$ $w_2=0.2$
1	22. 28125	22. 28125	22. 28125	22. 28125	22. 28125	22. 28125	22. 28125	22. 28125
2	27. 31125	27. 31125	27. 31125	27. 31125	22. 28125	22. 28125	22. 28125	22. 28125
3	27. 31125	27. 31125	27. 31125	27. 31125	27. 31125	27. 31125	23. 89125	22. 28125
4	27. 31125	27. 31125	27. 31125	27. 31125	27. 31125	27. 31125	27. 31125	23. 89125
5	25. 50125	25. 50125	25. 50125	25. 50125	25. 50125	25. 50125	25. 50125	25. 50125
6	28. 92125	28. 92125	28. 92125	28. 92125	28. 92125	28. 92125	28. 92125	28. 92125
7	25. 50125	25. 50125	25. 50125	25. 50125	25. 50125	25. 50125	25. 50125	25. 50125
8	27. 31125	27. 31125	27. 31125	27. 31125	27. 31125	27. 31125	27. 31125	27. 31125
9	27. 31125	27. 31125	27. 31125	27. 31125	27. 31125	27. 31125	27. 31125	27. 31125
10	28. 92125	28. 92125	28. 92125	28. 92125	28. 92125	28. 92125	28. 92125	28. 92125
11	27. 31125	27. 31125	27. 31125	27. 31125	27. 31125	27. 31125	28. 92125	27. 31125
12	27. 31125	27. 31125	27. 31125	27. 31125	27. 31125	27. 31125	25. 50125	27. 31125
13	27. 31125	27. 31125	27. 31125	27. 31125	27. 31125	27. 31125	28. 92125	28. 92125
14	28. 92125	28. 92125	28. 92125	28. 92125	28. 92125	28. 92125	28. 92125	28. 92125
15	28. 92125	28. 92125	28. 92125	28. 92125	28. 92125	28. 92125	27. 31125	27. 31125
16	28. 92125	28. 92125	28. 92125	28. 92125	28. 92125	28. 92125	28. 92125	27. 31125
17	28. 92125	28. 92125	28. 92125	28. 92125	28. 92125	28. 92125	28. 92125	28. 92125
18	22. 28125	22. 28125	22. 28125	22. 28125	22. 28125	22. 28125	22. 28125	22. 28125

4.6 本章小结

本章以水环境治理 PPP 项目依效付费机制设计为研究对象，从政府付费与运维期绩效挂钩率的设计、各绩效水平下单位付费额的设置、政府阶段付费额优化设计三个方面进行了研究，主要的研究内容包括：

（1）计算绩效挂钩率。依据政府和社会资本方在水环境治理 PPP 项目中目标不一致的事实，构建协调政府和社会资本双方利益诉求为目标的优化函数，利用极值理论，得到了绩效挂钩率的取值范围。结果分析表明，绩效挂钩率的取值与社会资本方的平均运维能力和社会平均成本系数有关，也就是说绩效挂钩率和某一行业的社会平均生产水平有关系，因此，政府可以根据不同行业的生产力发展水平确定绩效挂钩率。一旦社会资本方的平均运维能力和社会平均成本系数确定，绩效挂钩率的取值范围就确定了。

（2）设计不同绩效水平下的单位付费额。单位付费额由社会资本方的成本曲线、绩效水平区间的下界、绩效考核得分的概率分布三个参数决定。对于某一绩效水平区间，绩效考核得分在此区间内的概率越大，单位付费额也就越大，反之，政府应设置较小的单位付费额；绩效考核得分所在绩效水平区间的下界越高，设置的单位付费额也应越大；成本曲线的系数越大，单位付费额也越大。

（3）构建水环境治理PPP项目政府阶段付费额优化的模型。结合水环境治理PPP项目特征，运用多阶段随机动态规划理论，将整个运维期按绩效考核周期划分为若干个阶段，每个阶段可供政府选择的付费额为决策变量，该阶段社会资本方的扣除额为随机变量，目标为政府在每个阶段选择的付费额不仅保证社会效益最大化，同时使社会资本方的经济利益尽可能大。在此基础上构建水环境治理PPP项目政府阶段付费额的优化模型。通过某水环境治理PPP项目的案例分析，阐述了模型的求解过程，并验证了模型的可行性。

根据绩效挂钩率，政府对社会资本的付费可分为固定付费和绩效付费两部分，其中绩效付费就是政府根据项目的绩效考核结果对社会资本方付费，第5章继续考虑在水环境治理PPP项目较长的特许期内，在声誉效应、声誉和棘轮耦合效应作用的影响下，政府如何调整固定付费和绩效付费，才能有效地激励社会资本方积极努力地提高项目的绩效水平，进而提高社会效益。

| 5 |

水环境治理PPP项目多周期动态激励机制模型构建

根据第4章依效付费机制的研究可知，政府通过对项目进行绩效考核，并根据绩效考核结果向社会资本方支付费用，且政府支付给社会资本方的费用包括固定付费和绩效付费两部分，其中绩效付费是政府根据项目绩效考核的结果支付给社会资本方的费用。在水环境治理PPP项目较长的特许期内，存在政府和社会资本方多次博弈的情况，本章试图在委托代理理论的框架下，构建声誉效应下的项目绩效多周期动态激励机制模型，同时，由于基于绩效的声誉激励总会存在“鞭打快牛”的棘轮效应，因此，本章构建了基于声誉和棘轮耦合效应下多周期动态激励机制模型，探究政府如何根据多周期动态博弈的结果调整固定付费和绩效付费，以有效地激励社会资本方提高项目绩效，从而提升水环境治理PPP项目的社会效益。

5.1 基于绩效的水环境治理PPP项目激励机制问题描述

根据前面章节中对水环境治理PPP项目绩效评价的描述可知，水环境治理效果通过项目运维期的绩效考核得分来衡量。社会资本方的绩效考核得分与社会资本方在运维过程中的投入、努力程度等紧密相关。一般而言，在项目投入一定的情况下，社会资本方的努力水平和绩效考核得分呈正相关关系，即社会资本方的努力水平越大，其得到的绩效考核得分也越高。

假设在水环境治理PPP项目的第n个绩效考核周期，社会资本方对某绩效评价指标所选择的努力水平为e_{ij}^{n}，投入为θ_{ij}^{n}，根据Holmstrom模型[201]，社会资本方在第n个绩效考核周期的绩效考核得分$x_{ij}^{n}=\theta_{ij}^{n}+e_{ij}^{n}$。从该模型可知，社会资本方只需要对项目有所投入或付出努力就可以得到绩效激励。然而，在项目的实际绩效考核中，社会资本方只增加对项目的投入，或者只付出努力，均不利于提高项目的社会效益，进而很难实现政府希望社会效益最大化的目标。因此，在这种情况下，绩效考核的结果接近于0才更符合实际项目，也就是说，对项目的绩效考核得分与社会资本方的投入和努力水平之间不能只是简单相加的关系。于是，假设在水环境治理PPP项目的第n个绩效考核周期，社会资本方的绩效考核得分$x_{ij}^{n}=\theta_{ij}^{n}\cdot e_{ij}^{n}$[202]，在该模型中，变量$\theta_{ij}^{n}$和$e_{ij}^{n}$中任意一个为0时，项目的绩效考核得分都会为0。

根据上述分析，可得项目在第n个绩效考核周期的绩效考核总得分为：$x^{n}=\sum_{j}\sum_{i}x_{ij}^{n}w_{ij}^{n}W_{j}^{n}=\sum_{j}\sum_{i}\theta_{ij}^{n}e_{ij}^{n}w_{ij}^{n}W_{j}^{n}$。其中，$x_{ij}^{n}$是二级绩效评价指标的绩效评价得分，$w_{ij}^{n}$和$W_{j}^{n}$分别是二级绩效评价指标和一级绩效评价指标对应的权重。由于w_{ij}^{n}和W_{j}^{n}均大于零，显然，x^{n}与θ_{ij}^{n}、e_{ij}^{n}呈正相关关系。因此，社会资本方可以选择权重较大的绩效评价指标加大投入θ_{ij}^{n}及提高努力水平e_{ij}^{n}，从而提高绩效考核得分。

为方便研究，社会资本方在第 n 个绩效考核周期对项目的投入和努力水平分别记为 θ_n 和 e_n ，则其在该绩效周期的绩效考核得分记为 x_n，且 $x_n = \theta_n e_n$ ，政府方在第 n 个绩效考核周期设置的标准绩效得分记为 x_n^0，且 $x_n^0 = \theta_n e_n^0$ ，其中 e_n^0 为第 n 个绩效周期社会资本方的基本努力水平。根据第 4 章中政府依效付费结构的分析可知，政府设置的付费为“固定付费+绩效付费”，也就是说，社会资本方在项目运维期的收益分两部分，即“固定收益+绩效收益”。假设 A_n 为政府方在第 n 个绩效周期支付给社会资本方的费用，且政府方的激励合同为线性支付方式[203]，则：

$$A_n = A(\pi_n) = a_n + \beta_n(\pi_n - \pi_0) \tag{5-1}$$

式中，a_n 为政府给社会资本方的固定付费，$\beta_n(\pi_n - \pi_0)$ 为政府给社会资本方的绩效付费，$\beta_n \in [0,1]$ 为政府根据项目的绩效产出设置的激励系数，π_n 和 π_0 分别表示社会资本方的绩效产出和政府方设置的绩效产出标准，这里的绩效产出 π_n 为项目的环境效益产出。若用 k 表示环境效益产出系数，即项目在运维过程中单位绩效考核得分产生的环境效益，μ_n 为外生的随机变量，则绩效产出 π_n 可表示为：

$$\pi_n = kx_n + \mu_n \tag{5-2}$$

式中，x_n 为在第 n 个绩效周期项目运维过程中的绩效考核得分。

显然，绩效产出 π_n 主要通过项目运维过程中的绩效考核得分大小来衡量。当 $x_n \geq x_n^0$ ，说明项目在运维期的效果超过政府方的预期效果，此时，政府方应给予社会资本方奖励，反之，若 $x_n < x_n^0$ ，说明项目运营期的效果没有达到政府方的预期效果，社会资本方应受到惩罚。根据公式（5-1）可知，社会资本方在第 n 个绩效周期得到的奖惩大小为 $\beta_n k(x_n - x_0)$ ，激励系数 β_n 越大，社会资本方在第 n 个绩效周期可能得到的政府的奖励或惩罚越大。

激励系数的取值过大或过小均不利于项目的顺利实施，激励系数过大，虽然一定程度上可以激励社会资本方尽全力提高绩效，但也增加了其因绩效不达标带来的收益风险，相反，激励系数取值过小，无法起到激励社会资本方为增加绩效努力的积极性。因此，激励机制的设计要兼顾政府和社会资本方两者的目标，设置合适的激励系数，一方面激励社会资本方积极提高绩效水平以更好地实现社会效益，另一方面社会资本方也可以实现自身收益的最大化。

5.2 基于绩效的水环境治理 PPP 项目激励机制基本模型

在水环境治理 PPP 项目中，政府方（委托人）委托社会资本方（代理人）对项目进行运营维护，希望其社会效益最大化。在这个过程中，政府方根据社会资本方对项目的运维效果给予其财政补贴，补贴的多少由双方通过合同提前约定。然而，在整个委托代理过程中，政府方无法直接观测到社会资本方选择的行动，同时，社会资本方的选择也不受政府方的控制，政府方只能通过某些可观测变量（绩效考核得分）来衡量社会资本方在项目运维中付出的努力程度以及项目的产出，从而作为奖惩社会资本方的依据。因此，在委托代理基本模型中，目标函数体现了政府方的期望效用最大化，约束条件包括参与约束和激励相容约束，前者是社会资本方接受合同得到的期望效用要大于不接受合同时能得到的最大期望效用，后者指社会资本方选择的行动所能得到的期望效用要大于其选择其他任何行动所能得到的期望效用。

若社会资本方在项目中选择的努力水平为 e ，保留效用为 Φ_0，社会资本方接受该项目得到的期望收益为 $\Phi(e)$ ，政府方得到的期望效用为 $\psi(e)$ ，社会资本方选择其他努力水平得到的期望收益为 $\Phi(e_0)$ ，则该委托代理的基本模型为：

$$\begin{cases} \max\psi(e)\ , \\ \text{参与约束（IR）}: \Phi(e) \geqslant \Phi_0 \\ \text{激励相容约束（IC）}: \Phi(e) \geqslant \Phi(e_0) \end{cases} \tag{5-3}$$

上述的委托代理关系中，委托人和代理人的关系是一次性的，由于水环境治理 PPP 项目持续的时间长，政府方需要考虑在委托代理关系重复多次情况下，如何设计社会资本方的激励机制。本节假设政府方对社会资本方的绩效激励付费仅与其努力水平有关，构建水环境治理 PPP 项目的多周期动态激励机制基本模型。在构建模型前，先做如下基本假设。

假设 1：社会资本方在水环境治理 PPP 项目的第 n 个绩效考核周期的绩效产出为：

$$\pi_n = kx_n + \mu_n \tag{5-4}$$

式中，$x_n = \theta_n e_n$ ，表示社会资本方在第 n 个绩效考核周期的绩效考核得分，其中 θ_n 和 e_n 分别为社会资本方在该绩效周期的投入和努力水平；k 为环境效益产出系数；μ_n 为外生随机因素，且 $\mu_n \sim N(0,\sigma^2)$ ，其中 σ^2 越大，信息不对称程度越高，外生因素对社会资本方绩效产出的影响也就越大。

假设 2：在水环境治理 PPP 项目中政府方（委托人）是风险中性的，社会资本方（代理人）是风险规避的，社会资本方的效用函数具有绝对风险规避特征，ρ（$\rho > 0$）为其绝对风险规避系数。

假设 3：假设在水环境治理 PPP 项目的第 n 个绩效考核周期政府方和社会资本方的激励契约合同 $A(\pi_n)$ 为：

$$A_n = A(\pi_n) = a_n + \beta_n(\pi_n - \underline{\pi}_0) \tag{5-5}$$

式中，a_n 为政府方在第 n 个绩效考核周期给社会资本方的固定付费，即只要社会资本方在项目的运维期进行基本的维护，就可以得到一部分固定收益；$\beta_n \in [0,1]$ 为政府方在该绩效周期根据项目的环境效益产出情况设置的激励系数；$\underline{\pi}_0$ 为政府方设置的绩效产出标准。

假设 4：假设 e_n 和 θ_n 分别为社会资本方在水环境治理 PPP 项目的第 n 个绩效考核周期

的努力水平和投入，则其在该绩效考核周期的成本函数[204~206]为：

$$C(e_n,\theta_n)=c(e_n^2+\theta_n^2)/2 \tag{5-6}$$

式中，c 为成本系数。

假设5：假设社会资本方在水环境治理PPP项目的运维过程中是风险规避型，且其在第 n 个绩效考核周期的风险成本为：

$$\mathrm{RC}=\rho\sigma_n^2/2 \tag{5-7}$$

在项目的第 n 个绩效考核周期，社会资本方的收入主要来源于其在该绩效考核周期的绩效收入与成本之间的差值，政府方追求的是环境效益和社会效益，其可以由社会资本方在该绩效考核周期的绩效产出和政府给予社会资本方的费用之间的差值来表示。于是，根据假设1~假设5，若用 φ_n、$E(\varphi_n)$ 和 $D(\varphi_n)$ 分别表示社会资本方在项目第 n 个绩效考核周期的实际收入、期望收入和风险收入，则有：

$$\varphi_n=A(\pi_n)-C(e_n,\ \theta_n)-\mathrm{RC}=a_n+\beta_n(\pi_n-\underline{\pi}_0)-c(e_n^2+\theta_n^2)/2-\rho\sigma_n^2/2 \tag{5-8}$$

从而社会资本方的确定性等价收入为：

$$X_n=E(\varphi_n)=a_n+\beta_n k\theta_n(e_n-\underline{e}_0)-c(e_n^2+\theta_n^2)/2-\rho\sigma_n^2/2 \tag{5-9}$$

政府方的期望效用为：

$$\psi_{\mathrm{G}}=E[\pi_n-A(\pi_n)]=E\{\pi_n-[a_n+\beta_n(\pi_n-\underline{\pi}_0)]\} \tag{5-10}$$

将公式（5-4）和公式（5-5）代入上式可得：

$$\psi_{\mathrm{G}}=k\theta_n e_n-a_n-k\theta_n e_n\beta_n=(1-\beta_n)k\theta_n e_n-a_n+k\theta_n\underline{e}_0\beta_n \tag{5-11}$$

假设在该绩效考核周期社会资本方的保留效用为 Φ_0，对于政府方来说，在满足社会资本方的参与约束（IR）和激励相容约束（IC）的前提下，要追求环境效益和社会效益最大化。政府方在项目第 n 个绩效考核周期的激励机制基本模型如下：

$$\max_{\beta_n}\psi_{\mathrm{G}}=\max_{\beta_n}\{(1-\beta_n)k\theta_n e_n-a_n+k\theta_n\underline{e}_0\beta_n\} \tag{5-12}$$

$$\text{s. t.}\begin{cases}(\mathrm{IR})\ a_n+\beta_n k\theta_n(e_n-\underline{e}_0)-c(e_n^2+\theta_n^2)/2-\rho\sigma_n^2/2\geqslant\Phi_0\\(\mathrm{IC})\ \max\limits_{e_n}\{a_n+\beta_n k\theta_n(e_n-e_n^0)-c(e_n^2+\theta_n^2)/2-\rho\sigma_n^2/2\}\end{cases} \tag{5-13}$$

该模型中第一个约束条件（IR）为参与约束，是指社会资本方接受项目合同时得到的期望效用须不小于不接受合同时能得到的最大期望效用，即保留效用 Φ_0；第二个是社会资本方的激励相容约束（IC），是指在任何情况下，社会资本方总会选择使自己的期望效用最大的努力水平，因此，政府方所期望的努力水平要通过社会资本方的收益最大化来实现。

根据公式（5-13）中的激励相容约束条件（IC），对努力水平 e_n 求一阶导数，并令其值为零，得到最优努力水平为：

$$e_n^*=\frac{k\theta_n\beta_n}{c} \tag{5-14}$$

5.3 基于绩效的声誉效应下多周期动态激励机制模型

根据多阶段博弈动态理论，本节在本书第5.2节中已构建的水环境治理PPP项目基本模型的基础上，同时考虑社会资本方的声誉在水环境治理PPP项目较长运维期内对激励的影响，构建基于声誉效应的水环境治理PPP项目多周期动态激励机制模型。

水环境治理PPP项目的全生命周期按绩效考核周期分为不同的阶段，政府根据项目运维过程中社会资本的绩效考核得分支付运维费用，社会资本方通过项目的运营维护获得经济收益。在水环境治理PPP项目的整个运维期内，政府和社会资本方的博弈顺序为：①政府方在绩效考核初期确定激励合同；②社会资本方根据合同选择努力水平，并得到第一个绩效考核周期的绩效产出；③政府方根据第一个绩效考核周期中社会资本方的绩效产出调整第二个绩效考核周期的激励合同；④社会资本方根据政府在第二个绩效考核周期制定的合同选择努力水平，并得到第二个绩效考核周期的绩效产出，依次类推，直到项目运维期结束。具体如图5-1所示。

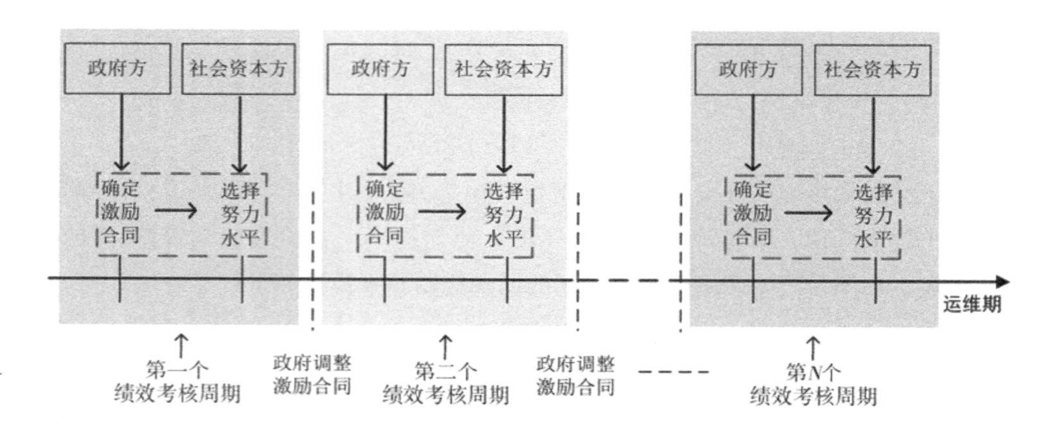

图5-1 政府和社会资本方博弈过程

5.3.1 模型构建

在实际的水环境治理PPP项目中，项目的绩效产出除了与社会资本方的努力水平和投入有关，还和社会资本方的运维能力有关。因此，本节在绩效产出函数［公式（5-2）］的基础上，进一步引入社会资本方的运维能力，以达到提高社会效益的目的。

假设6：假设社会资本方在水环境治理PPP项目的第n个绩效考核周期的绩效产出为：

$$\pi_n = kx_n + \eta + \mu_n \tag{5-15}$$

式中，x_n为社会资本方在第n个绩效考核周期的绩效考核得分，k为环境效益产出系数，$\eta \sim N(0,\tau\sigma^2)$为社会资本方在项目中的运维能力（假定和时间无关），$\mu_n \sim N[0,(1-$

$\tau)\sigma^2$] 为外生的随机变量，并假定随机变量 μ_n（$n = 1,2,\cdots,N$）两两之间相互独立，即 $\mathrm{cov}(\mu_n,\mu_m) = 0$，$m \neq n$，$\tau = \dfrac{\mathrm{var}(\eta)}{\mathrm{var}(\eta) + \mathrm{var}(\mu_n)}$，从而得到 $\mathrm{var}(\pi_n) = \sigma^2$，这里的 τ（$\tau \in [0,1]$）为运维能力 η 的方差与产出函数 π_n 的方差的比率（以下简称"比率"），$\mathrm{var}(\eta)$ 越大，τ 越大。

根据理性预期公式，得到：

$$E(\eta|\pi_n) = (1 - \tau)E(\eta) + \tau[\pi_n - E(\pi_n)] = \tau[\pi_n - E(\pi_n)] \tag{5-16}$$

就是说，在给定绩效产出 π_n 的情况下，政府方所预期的社会资本方的运维能力 η 是其先验期望值 $E(\eta)$ 和观测值 $\pi_n - E(\pi_n)$ 的加权平均，政府根据观测到的信息修正对社会资本方能力的判断，事前有关能力的不确定性越大，修正越多。这一点是很自然的，因为 τ 反映了 π_n 包含的有关 η 的信息：τ 越大，π_n 包含的信息量越多。特别地，一方面，如果没有事前的不确定性[$\mathrm{var}(\eta) = 0$]，$\tau = 0$，市场不修正；另一方面，如果事前的不确定性非常大[$\mathrm{var}(\eta) \to \infty$]，或者如果没有外生的不确定性[$\mathrm{var}(\mu_n)=0$]，$\tau = 1$，市场将完全根据观测到的 π_n 修正对 η 的判断。在激励契约合同［公式（5-5）］中，政府方通过社会资本方的声誉效应来调节固定付费，也即：

$$a_{n+1} = a_n + sE(\eta|\pi_n) \tag{5-17}$$

式中，s（$s \geqslant 0$）是社会资本方的讨价还价能力，社会资本方的讨价还价能力越强，意味着其"声誉越好"。

根据以上分析，政府方在第 $n + 1$ 个绩效考核周期的激励契约合同为：

$$\bar{A}_{n+1}(\pi_{n+1}) = a_{n+1} + \bar{\beta}_{n+1}(\pi_{n+1} - \pi_0) \tag{5-18}$$

为了不失一般性，本书考虑两个绩效考核周期的激励机制模型的设计问题。因为当只有两个绩效考核周期时，第二个绩效考核周期是最后一个绩效考核周期，社会资本方在该绩效考核周期以最大化自身收益为目的，不需要再考虑声誉对其未来收益的影响。综上所述，政府方的效用函数和社会资本方的收益函数分别表示为：

$$\bar{\psi}_{\mathrm{G}i} = E[\pi_i - \bar{A}_i(\pi_i)] \tag{5-19}$$

和

$$\overline{\Phi}_{\mathrm{P}i} = E\left[\bar{A}_i(\pi_i) - \frac{c}{2}(\bar{e}_i^2 + \theta_i^2) - \frac{\rho}{2}\sigma_i^2\right] \tag{5-20}$$

其中，$i = 1，2$。于是，声誉效应影响下的水环境治理 PPP 项目激励机制模型为：

$$\max_{\bar{\beta}_1,\bar{\beta}_2}\{\bar{\psi}_{\mathrm{G}1} + \delta\bar{\psi}_{\mathrm{G}2}\} \tag{5-21}$$

式中，$0 < \delta < 1$ 为计算跨绩效考核周期收益时的贴现率。

该模型意味着政府方设置的激励系数 $\bar{\beta}_1$ 和 $\bar{\beta}_2$ 要使两个绩效考核周期的期望效用达到最大，同时，该模型需要满足两个条件：①满足社会资本方的参与约束（IR）。社会资本方接受合同时的期望效用要大于其他市场机会下能获得的最大期望收益（保留效用）Φ_0；

②满足社会资本方的激励相容约束(IC_1)和(IC_2)。社会资本方在第二个绩效考核周期选择的努力水平要使其在第二个绩效考核周期的收益达到最大，在第一个绩效考核周期选择的努力水平要使两个绩效考核周期的收益达到最大。

用数学语言分别表示参与约束条件和激励相容条件:

$$(IR)\ \overline{\Phi}_{P1} + \delta\overline{\Phi}_{P2} \geqslant \Phi_0 \tag{5-22}$$

$$(IC_1)\ \bar{e}_2^* = \arg\max\overline{\Phi}_{P2} \tag{5-23}$$

$$(IC_2)\ \bar{e}_1^* = \arg\max\{\overline{\Phi}_{P1} + \delta\overline{\Phi}_{P2}\} \tag{5-24}$$

5.3.2 社会资本方的最优努力水平分析

1. 社会资本方在第二个绩效考核周期的最优努力水平

根据公式（5-20)，社会资本方在第二个绩效考核周期选择的最优努力水平，应使该绩效考核周期的项目收益达到最大，可以通过对收益函数 $\overline{\Phi}_{P_2}$ 中的努力水平 $\bar{e}_2$ 求一阶导数，并令其等于零得到。因为:

$$\begin{aligned}
\overline{\Phi}_{P2} &= E\left[\bar{A}_2(\pi_2) - \frac{c}{2}\bar{e}_2^2 - \frac{\rho}{2}\sigma_2^2\right] \\
&= E\left[a_2 + \bar{\beta}_2(\pi_2 - \pi_0) - \frac{c}{2}\bar{e}_2^2 - \frac{\rho}{2}\sigma_2^2\right] \\
&= E\left[a_1 + s\tau(\pi_1 - k\theta_1\hat{e}_1) + \bar{\beta}_2(k\theta_2\bar{e}_2 + \eta + \mu_2 - \pi_0) - \frac{c}{2}\bar{e}_2^2 - \frac{\rho}{2}\sigma_2^2\right] \\
&= a_1 + s\tau(k\theta_1\bar{e}_1 - k\theta_1\hat{e}_1) + \bar{\beta}_2(k\theta_2\bar{e}_2 - \pi_0) - \frac{c}{2}\bar{e}_2^2 - \frac{\rho}{2}\sigma_2^2
\end{aligned} \tag{5-25}$$

对上式中 $\bar{e}_2$ 求一阶导数，并令其为0，则有:

$$\frac{\partial\overline{\Phi}_{P2}}{\partial\bar{e}_2} = \bar{\beta}_2 k\theta_2 - c\bar{e}_2 = 0 \tag{5-26}$$

从而得到，社会资本方在第二个绩效考核周期的最优努力水平为:

$$\bar{e}_2^* = \frac{\bar{\beta}_2 k\theta_2}{c} \tag{5-27}$$

显然，声誉效应对于社会资本方在第二个绩效考核周期的最优努力水平没有影响，这是因为第二个绩效考核周期为项目的最后一个绩效考核周期，社会资本方不需要考虑“声誉好坏”对其未来收益的影响。

由公式（5-27）可知，$\bar{e}_2^*$ 与 $\bar{\beta}_2$、k 、θ_2 和 c 相关，并且得到以下结论:

(1）社会资本方在第二个绩效考核周期的最优努力水平 $\bar{e}_2^*$ 与政府方在第二个绩效考核周期对社会资本方的激励系数 $\bar{\beta}_2$ 呈正相关关系，激励系数越大，政府的奖惩程度越高。在该绩效考核周期，若项目绩效评价结果超出了政府的绩效目标，则社会资本方所获得的奖励多，反之，则受到惩罚。因此，社会资本方为了得到更多的绩效激励收入，会积极地提高自身的努力程度。

（2）社会资本方在项目运维过程中的环境效益产出系数 k 与其最优努力水平 $\bar{e}_2^*$ 呈正相关关系。在水环境治理 PPP 项目的运维期，环境效益产出系数越大，说明环境治理效果越好，意味着社会资本付出的努力也越多。

（3）社会资本方在项目的第二个绩效考核周期的投入 θ_2 与其选择的努力水平呈正相关关系。假设社会资本方可以自主选择 θ_2 的大小，θ_2 与 $\bar{e}_2^*$ 共同组成了第二个绩效考核周期的绩效得分，从绩效的角度分析，当投入 θ_2 一定时，$\bar{e}_2^*$ 越大，绩效得分也越高；从努力水平的角度分析，投入 θ_2 越多，$\bar{e}_2^*$ 也越高，即社会资本方投入得越多，其预期收益也就越高，付出的努力自然也越多。

（4）社会资本方的努力成本系数 c 与其选择的最优努力水平 $\bar{e}_2^*$ 呈负相关关系，社会资本方的努力成本系数 c 越大，说明社会资本方在项目运维过程中投入的成本也越大，从而意味着社会资本方在该过程中所承担的风险越大，于是，社会资本方可能为了降低风险而谨慎地选择努力程度。

2. 第一个绩效考核周期社会资本方的最优努力水平分析

根据公式（5-24）激励相容约束（IC_2），社会资本方在第一个绩效考核周期选择最优的努力水平，需使两个绩效周期的收益之和达到最大，可以通过对收益函数 $\overline{\Phi}_{P1}+\delta\overline{\Phi}_{P2}$ 中的努力水平 $\bar{e}_1$ 求一阶导数，并令其为 0 得到。

因为：

$$\overline{\Phi}_{P1}=E\left[\bar{A}(\pi_1)-\frac{c}{2}\bar{e}_1^2-\frac{\rho}{2}\sigma_1^2\right] \tag{5-28}$$

和

$$\overline{\Phi}_{P2}=E\left[\bar{A}(\pi_2)-\frac{c}{2}\bar{e}_2^2-\frac{\rho}{2}\sigma_2^2\right] \tag{5-29}$$

因此：

$$\begin{aligned}\overline{\Phi}_{P1}+\delta\overline{\Phi}_{P2}&=E\left[\bar{A}(\pi_1)-\frac{c}{2}\bar{e}_1^2-\frac{\rho}{2}\sigma_1^2\right]+\delta E\left[\bar{A}(\pi_2)-\frac{c}{2}\bar{e}_2^2-\frac{\rho}{2}\sigma_2^2\right]\\&=E\left[a_1+\bar{\beta}_1(\pi_1-\pi_0)-\frac{c}{2}\bar{e}_1^2-\frac{\rho}{2}\sigma_1^2\right]\\&\quad+\delta E\left[a_1+s\tau(\pi_1-k\theta_1\hat{e}_1)+\bar{\beta}_2(\pi_2-\pi_0)-\frac{c}{2}\bar{e}_2^2-\frac{\rho}{2}\sigma_2^2\right]\\&=a_1+\bar{\beta}_1(k\theta_1e_1-\pi_0)-\frac{c}{2}\bar{e}_1^2-\frac{\rho}{2}\sigma_1^2+a_1\delta+s\tau\delta(k\theta_1e_1-k\theta_1\hat{e}_1)\\&\quad+\bar{\beta}_2\delta(k\theta_2e_2-\pi_0)-\frac{c}{2}\delta\bar{e}_2^2-\frac{\rho}{2}\delta\sigma_2^2\end{aligned} \tag{5-30}$$

对上式中的 $\bar{e}_1$ 求一阶导数，并令其为0，可得：

$$\frac{\partial\{\overline{\Phi}_{P1}+\delta\overline{\Phi}_{P2}\}}{\partial\bar{e}_1}=\bar{\beta}_1k\theta_1-c\bar{e}_1+s\tau\delta k\theta_1=0 \tag{5-31}$$

从而可知，社会资本方在第一个绩效考核周期的最优努力水平为：

$$\bar{e}_1^*=\frac{\bar{\beta}_1k\theta_1+s\tau\delta k\theta_1}{c} \tag{5-32}$$

由公式（5-32）可知，$\bar{e}_1^*$ 与 $\bar{\beta}_1$、k、θ_1、s、τ、δ 和 c 有关，且得到以下结论：

（1）社会资本方在第一个绩效考核周期的最优努力水平 $\bar{e}_1^*$ 与政府方在该绩效考核周期对社会资本方的激励系数 $\bar{\beta}_1$ 呈正相关关系。在第一个绩效考核周期，政府对社会资本方的激励系数越大，说明政府的奖惩程度越高，社会资本方分担的风险越大。在该绩效考核周期的绩效评价中，若评价结果超出了政府的绩效目标，社会资本方所获得的奖励多，反之，则受到惩罚。因此，社会资本方为了得到更多的绩效激励收益，会积极地提高自身的努力程度。

（2）社会资本方在项目运维过程中的环境效益产出系数 k 与其努力水平 $\bar{e}_1^*$ 呈正相关关系。在第一个绩效考核周期中，环境效益产出系数越大，意味着在项目的运维过程中，环境治理效果越好，说明社会资本方付出了较多的努力。

（3）社会资本方在项目的第一个绩效考核周期的投入 θ_1 与其选择的努力水平呈正相关关系。假如社会资本方可以自主地选择 θ_1 的大小，θ_1 与 $\bar{e}_1^*$ 共同组成了第一个绩效考核周期的绩效得分，从绩效的角度分析，当投入 θ_1 一定时，$\bar{e}_1^*$ 越大，绩效得分也越高；从努力水平的角度分析，投入 θ_1 越多，努力水平 $\bar{e}_1^*$ 也越高，即社会资本方投入得越多，其预期收益也就越高，付出的努力自然也越多。

（4）社会资本方的努力成本系数 c 与其选择的努力水平 $\bar{e}_2^*$ 呈负相关关系，社会资本方的努力成本系数 c 越大，说明社会资本方在运维过程中付出的成本也越大，意味着社会资本方在该过程中所承担的风险也越大，于是，社会资本方可能为了降低风险而谨慎地选择努力程度。

（5）贴现率 δ 将影响社会资本方的项目未来预期收益。δ 越大，未来收益贴现越高，社会资本方在下一个绩效考核周期的收益贴现值就越高，受到的预期收益激励越高，社会资本方参与水环境治理的建设运营的积极性越高，即社会资本方在第一个绩效考核周期越有动力采取更高的努力水平。由于 δ 不受政府方或社会资本方控制，通常情况下仅作为固定参数。

（6）社会资本方的讨价还价能力 s 越大，意味着社会资本方的“声誉”越好，这说明项目运维中绩效产出也越大，自然是付出了更多的努力。

（7）社会资本方运维能力的方差与绩效产出的方差的比率 τ 反映了社会资本方绩效产

出中包含社会资本方运维能力的信息，τ 越大，绩效产出包含的社会资本方运维能力的信息量也越大，因此，τ 越大，声誉效应也越强，社会资本方也会付出更多的努力。

5.3.3 政府对社会资本方的最优激励系数分析

根据构建的水环境治理 PPP 项目激励机制委托代理模型，在满足社会资本方的参与约束（IR）和激励相容约束(IC_1)-(IC_2)的基础上，两个绩效考核周期中最优激励系数的确定应当使政府方在两个绩效周期的总期望效用尽可能地最大，即 $\max_{\bar{\beta}_1,\bar{\beta}_2}\{\bar{\psi}_{G1}+\delta\bar{\psi}_{G2}\}$ 。

因为：

$$\begin{aligned}\bar{\psi}_{G1}&=E[\pi_1-\bar{A}(\pi_1)]=E[\pi_1-a_1-\bar{\beta}_1(\pi_1-\pi_0)]\\&=k\theta_1\bar{e}_1-a_1-\bar{\beta}_1k\theta_1\bar{e}_1+\bar{\beta}_1\pi_0\\&=k\theta_1\frac{\bar{\beta}_1k\theta_1+s\tau\delta k\theta_1}{c}-a_1-\bar{\beta}_1k\theta_1\frac{\bar{\beta}_1k\theta_1+s\tau\delta k\theta_1}{c}+\bar{\beta}_1\pi_0\end{aligned}\tag{5-33}$$

以及：

$$\begin{aligned}\bar{\psi}_{G2}&=E[\pi_2-\bar{A}(\pi_2)]=E\{\pi_2-[a_2+\bar{\beta}_2(\pi_2-\pi_0)]\}\\&=E[\pi_2-a_1-s\tau(\pi_1-k\theta_1\hat{e}_1)-\bar{\beta}_2(\pi_2-\pi_0)]\\&=k\theta_2\bar{e}_2-a_1-s\tau(k\theta_1\bar{e}_1-k\theta_1\hat{e}_1)-\bar{\beta}_2(k\theta_2\bar{e}_2-\pi_0)\\&=\frac{\bar{\beta}_2k^2\theta_2^2}{c}-a_1-s\tau\left(\frac{\bar{\beta}_1k^2\theta_1^2+s\tau\delta k^2\theta_1^2}{c}-k\theta_1\hat{e}_1\right)-\bar{\beta}_2\left(\frac{\bar{\beta}_2k^2\theta_2^2}{c}-\pi_0\right)\end{aligned}\tag{5-34}$$

则有：

$$\begin{aligned}\bar{\psi}_{G1}+\delta\bar{\psi}_{G2}&=k\theta_1\frac{\bar{\beta}_1k\theta_1+s\tau\delta k\theta_1}{c}-a_1-\bar{\beta}_1k\theta_1\frac{\bar{\beta}_1k\theta_1+s\tau\delta k\theta_1}{c}+\bar{\beta}_1\pi_0\\&+\frac{\bar{\beta}_2k^2\theta_2^2\delta}{c}-a_1\delta-s\tau\delta\left(\frac{\bar{\beta}_1k^2\theta_1^2+s\tau\delta k^2\theta_1^2}{c}-k\theta_1\hat{e}_1\right)-\bar{\beta}_2\delta\left(\frac{\bar{\beta}_2k^2\theta_2^2}{c}-\pi_0\right)\end{aligned}\tag{5-35}$$

分别对上式中的激励系数 $\bar{\beta}_1$ 和 $\bar{\beta}_2$ 求一阶导数，并令其为 0，得：

$$\frac{\partial\{\bar{\psi}_{G1}+\delta\bar{\psi}_{G2}\}}{\partial\bar{\beta}_1}=\frac{k^2\theta_1^2}{c}-\frac{2\bar{\beta}_1k^2\theta_1^2+s\tau\delta k^2\theta_1^2}{c}+\pi_0-s\tau\delta\left(\frac{k^2\theta_1^2}{c}\right)=0\tag{5-36}$$

和

$$\frac{\partial\{\bar{\psi}_{G1}+\delta\bar{\psi}_{G2}\}}{\partial\bar{\beta}_2}=\frac{k^2\theta_2^2\delta}{c}-\frac{2\bar{\beta}_2k^2\theta_2^2\delta}{c}+\delta\pi_0=0\tag{5-37}$$

将公式（5-36）和公式（5-37）联立，可得：

$$\bar{\beta}_1^*=\frac{(1-2s\tau\delta)k^2\theta_1^2+c\pi_0}{2k^2\theta_1^2}\tag{5-38}$$

$$\bar{\beta}_2^* = \frac{k^2\theta_2^2 + c\pi_0}{2k^2\theta_2^2} \quad (5-39)$$

从上式可以看出，当利用声誉效应调整激励契约中的固定付费时，第一个绩效周期的最优激励系数 $\bar{\beta}_1^*$ 与环境效益产出系数 k 、社会资本方的讨价还价能力 s 、社会资本方在项目第一个绩效周期的投入 θ_1 等因素有关，而在项目绩效考核的最第二个绩效周期的最优激励系数 $\bar{\beta}_2^*$ 只与当前绩效周期社会资本方的投入 θ_2、政府设置的绩效标准 π_0 和环境效益产出系数 k 有关，而与讨价还价能力 s 、运维能力的方差与绩效产出的方差的比率 τ 等均无直接相关关系。根据公式（5-38）和公式（5-39）可得以下结论：

（1）由 $\partial\bar{\beta}_1^*/\partial k < 0$ 和 $\partial\bar{\beta}_2^*/\partial k < 0$ 可知，政府方在项目的两个绩效考核周期中对社会资本方的最优激励系数 $\bar{\beta}_1^*$ 和 $\bar{\beta}_2^*$ 均与环境效益产出系数 k 呈负相关关系，环境效益产出系数越大，根据绩效产出函数可知社会资本方的绩效产出水平越高，意味着社会资本方的绩效收益相对较大，在这种情况下，政府方不需要给予社会资本方太多的激励，社会资本方就可以获得合理的收益。

（2）由 $\partial\bar{\beta}_1^*/\partial\theta_1 < 0$ 和 $\partial\bar{\beta}_2^*/\partial\theta_2 < 0$ 可知，社会资本方在项目绩效考核周期内的投入 θ_1 和 θ_2 均与政府方设置的最优激励系数 $\bar{\beta}_1^*$ 和 $\bar{\beta}_2^*$ 呈负相关关系。从前面的讨论可知，社会资本方的投入和选择的努力水平共同体现其绩效考核周期内的绩效考核得分，从绩效的角度来分析，当社会资本方的努力水平一定时，投入越多，其绩效考核得分就越高，绩效产出也越多，社会资本方的绩效收益部分越大，于是，政府方不需要给予社会资本方太多的激励，社会资本方就可以获得相对合理的利润。

（3）由 $\partial\bar{\beta}_1^*/\partial s < 0$ 可知，政府方在第一个绩效考核周期对社会资本的最优激励系数 $\bar{\beta}_1^*$ 与社会资本方的讨价还价能力 s 呈负相关关系。社会资本方的讨价还价能力越强，说明其声誉越高，因为在项目的第一个绩效考核周期，社会资本方出于对声誉的考虑，即使固定收益部分的激励相对较小，社会资本方为了未来绩效考核周期的声誉也会选择相对较大的努力水平，以提高绩效水平。

（4）由 $\partial\bar{\beta}_1^*/\partial\tau < 0$ 知，在第一个绩效考核周期，政府方对社会资本方的最优激励系数 $\bar{\beta}_1^*$ 和社会资本方运维能力的方差与绩效产出的方差的比率 τ 呈负相关关系。比率 τ 反映了社会资本方绩效产出中包含的社会资本方运维能力的信息，τ 越大，绩效产出包含的社会资本方运维能力的信息量也越大，外生的不确定性就越小，意味着社会资本方努力的声誉效应越强，进而其固定收益部分的激励就越多，因此，社会资本方也会积极努力地工作以提高绩效。

（5）由 $\partial\bar{\beta}_1^*/\partial\pi_0 < 0$ 和 $\partial\bar{\beta}_2^*/\partial\pi_0 > 0$ 可知，政府方设置的期望目标绩效 π_0 与政府在第一个绩效考核周期设置的最优激励系数 $\bar{\beta}_1^*$ 呈负相关关系，与在第二个绩效考核周期的最优激励系数 $\bar{\beta}_2^*$ 呈正相关关系。政府设置的期望目标绩效 π_0 越大，社会资本方的绩效收益部分就越小，社会资本方为了得到更多的收益，需要付出的努力也越多。在项目的第一个绩效周期，由于声誉效应的存在，即使政府方设置的期望目标绩效相对较高，为了提高未来绩效考核周期的收益，社会资本方会积极努力地提高绩效，而在项目的第二个绩效周期，声誉效应失去作用，政府需要加大激励以促进社会资本方努力提高绩效。

5.4 基于绩效的声誉和棘轮耦合效应下多周期动态激励机制模型

棘轮效应模型是区别于声誉效应的另一类多阶段动态模型，通过声誉效应模型可知，在动态博弈中，激励问题至少可以部分地通过“隐性激励机制（Implicit Incentive Mechanism）”得到缓解，而棘轮效应模型则证明，如果委托人使用从代理人过去的业绩中获得的信息，代理人的工作积极性会相对降低[205]。在水环境治理 PPP 项目长期激励过程中，政府方将社会资本方在上一绩效考核周期的绩效作为标准，在社会资本方投入一定的情况下，上一绩效考核周期的绩效与社会资本方的努力水平有关，付出的努力越多，项目运维期的绩效考核结果可能会越好，对其“标准”也相对越高，这种绩效标准随绩效提高而提高的趋势被称为棘轮效应（“鞭打快牛”）[203]。因此，当社会资本方预测到自身努力将提高“标准”时，其努力的积极性就会下降，这里的社会资本方为了避免棘轮效应而降低努力积极性的行为被称为绩效操纵行为，在该种情况下的绩效水平与实际绩效水平之间的差值称为绩效操纵程度。

基于上述分析，本节在本书第 5.3 节建模的基础上，进一步考虑“棘轮效应”在水环境治理 PPP 项目长期激励过程中的作用，构建声誉和棘轮耦合效应下多周期动态激励机制模型，探寻两种效应对政府设计激励机制以及社会资本方行为的影响。

5.4.1 模型构建

在本书第 5.2 节和第 5.3 节讨论的基础上，继续做一些假设：

假设 7：假设社会资本方在项目绩效考核中有操纵绩效的行为，其在第 n 个绩效考核周期的操纵绩效程度为：

$$\Delta\pi_n = \pi_n - \tilde{\pi}_n = kx_n + \eta + \mu_n - \tilde{\pi}_n \tag{5-40}$$

式中，$\tilde{\pi}_n$ 表示政府方在第 n 个绩效周期观测到的社会资本方的绩效产出。本书假设社会资本方操纵绩效的目的总是希望政府观测到的绩效产出低于其实际绩效产出，即 $\Delta\pi_n \geqslant 0$。

为了约束社会资本方的绩效操纵行为，政府方在绩效考核周期内对其进行监督，一旦发现社会资本方的绩效操纵行为，政府方就会对其进行惩罚。假设惩罚函数 $C_d = \frac{d}{2}\Delta\pi_n^2$，其中 $d > 0$ 是惩罚系数。这里惩罚函数 C_d 是凹函数，且 $C_d' > 0$ 和 $C_d'' > 0$[207]。

假设 8：假设政府方在水环境治理 PPP 项目的第 n 个绩效周期的监督成本为：

$$C(h_n) = rh_n^2/2 \tag{5-41}$$

式中，$r > 0$ 为监督成本系数，$0 < h_n < 1$ 为政府方在该绩效周期的监督强度。

根据适应性期望理论（Adaptive Expectation Theory）[209]，政府方依据当前绩效考核周期设置的绩效目标和社会资本方实际绩效之间的偏差调节下一绩效周期的绩效考核目标。

假设 9：假设政府方在水环境治理 PPP 项目的第 $n+1$ 个绩效考核周期对社会资本方设置的绩效目标为：

$$\underline{\pi}_{n+1} = \underline{\pi}_n + l(\pi_n - \underline{\pi}_n) = l\pi_n + (1-l)\underline{\pi}_n \tag{5-42}$$

式中，$0 < l < 1$ 是目标调节系数。在项目运维期的第一个绩效考核周期，政府不知道社会资本方的运维能力，故假设 $\underline{\pi}_1 = 0$。

综上所述，在特许经营期内，政府方虽然不知道社会资本方的运维能力，但是可以根据历史绩效来估计。若用 $\hat{e}_n = E(e_n)$ 表示政府方对社会资本方的期望努力水平，由于社会资本方的运维能力 η 和外生因素 μ_n 无法分开，根据公式（5－15）得到 $\eta + \mu_n = \pi_n - k\theta_n\hat{e}_n$，也就是说，政府方不知道在第 n 个绩效考核周期除了社会资本方的努力水平外，社会资本方的绩效产出 π_n 是运维能力 η 还是外生不确定因素 μ_n 导致的结果。

根据假设 9 和公式（5-16），政府方对社会资本方的期望运维能力为：

$$\begin{aligned}\gamma E(\eta|\pi_n) + (1-\gamma)E(\eta|\tilde{\pi}_n) &= \gamma\tau(\pi_n - k\theta_n\hat{e}_n) + (1-\gamma)\tau(\tilde{\pi}_n - k\theta_n\hat{e}_n)\\ &= \tau[k\theta_n e_n + \eta + \mu_n - (1-\gamma)\Delta\pi_n - k\theta_n\hat{e}_n]\end{aligned} \tag{5-43}$$

在激励契约合同中，政府方通过声誉效应调节其对社会资本方的固定付费，也即：

$$a_{n+1} = a_n + s[\gamma E(\eta|\pi_n) + (1-\gamma)E(\eta|\tilde{\pi}_n)] \tag{5-44}$$

式中，s 是社会资本方的讨价还价能力，且 $s \geqslant 0$，说明社会资本方的讨价还价能力越强，声誉机制的作用越重要。

根据以上假设可知，政府方在第 $n+1$ 个绩效考核周期的激励契约模型为：

$$\begin{aligned}\tilde{A}_{n+1}(\pi_{n+1}) &= a_{n+1} + \tilde{\beta}_{n+1}(\pi_{n+1} - \underline{\pi}_{n+1})\\ &= a_n + s[\gamma E(\eta|\pi_n) + (1-\gamma)E(\eta|\tilde{\pi}_n)] + \tilde{\beta}_{n+1}\{\pi_{n+1} - l[\gamma\pi_n + (1-\gamma)\tilde{\pi}_n]\}\end{aligned} \tag{5-45}$$

为了不失一般性，本书考虑两个绩效考核周期的激励机制模型的设计问题。因为当只有两个绩效考核周期时，项目的第二个绩效考核周期为最后一个绩效考核周期，社会资本方在该绩效考核周期不再考虑声誉对其未来收益的影响。

综上所述，在第一个绩效考核周期内，政府方的效用函数和社会资本方的收益函数分别为：

$$\tilde{\psi}_{G1}=E\left[\pi_1-\gamma\bar{A}(\pi_1)-(1-\gamma)\bar{A}(\tilde{\pi}_1)+\frac{\gamma d}{2}\Delta\pi_1^2-\frac{r}{2}h_1^2\right] \tag{5-46}$$

和

$$\tilde{\Phi}_{P1}=E\left[\gamma\bar{A}(\pi_1)+(1-\gamma)\bar{A}(\tilde{\pi}_1)-\frac{\gamma d}{2}\Delta\pi_1^2-\frac{c}{2}(\tilde{e}_1^2+\theta_1^2)-\frac{\rho}{2}\sigma_1^2\right] \tag{5-47}$$

在第二个绩效考核周期内时，政府方的效用函数和社会资本方的收益函数分别为：

$$\tilde{\psi}_{G2}=E\left[\pi_2-\tilde{A}(\pi_2)-(1-\gamma)\tilde{A}(\tilde{\pi}_2)+\frac{\gamma d}{2}\Delta\pi_2^2-\frac{r}{2}h_2^2-(1-\gamma)\tilde{\beta}_1\Delta\pi_1\right] \tag{5-48}$$

和

$$\tilde{\Phi}_{P2}=E\left[\gamma\tilde{A}(\pi_2)+(1-\gamma)\tilde{A}(\tilde{\pi}_2)-\frac{\gamma d}{2}\Delta\pi_2^2-\frac{c}{2}(\tilde{e}_2^2+\theta_2^2)-\frac{\rho}{2}\sigma_2^2+(1-\gamma)\tilde{\beta}_1\Delta\pi_1\right] \tag{5-49}$$

综上可得，声誉和棘轮耦合效应下的水环境治理 PPP 项目激励机制模型为：

$$\max_{\tilde{\beta}_1,\tilde{\beta}_2}\{\tilde{\psi}_{G1}+\delta_1\tilde{\psi}_{G2}\} \tag{5-50}$$

式中，$0<\delta_1<1$ 表示计算跨期收益时的贴现率，上述模型还需要满足以下两个条件：

（1）参与约束：（IR）$\tilde{\Phi}_{P1}+\delta_1\tilde{\Phi}_{P2}\geqslant\Phi_0$。

（2）激励相容约束：$(IC_1)\ \tilde{e}_2^*=\arg\max\tilde{\Phi}_{P2}$；

$(IC_2)\ \Delta\pi_2^*=\arg\max\tilde{\Phi}_{P2}$；

$(IC_3)\ \tilde{e}_1^*=\arg\max\{\tilde{\Phi}_{P1}+\delta_1\tilde{\Phi}_{P2}\}$；

$(IC_4)\ \Delta\pi_1^*=\arg\max\{\tilde{\Phi}_{P1}+\delta_1\tilde{\Phi}_{P2}\}$。

参与约束条件说明社会资本方接受合同下的期望效用要大于其他市场机会下能获得的最大期望收益（该收益称为保留效用），激励相容约束(IC_1)和(IC_2)指社会资本方选择的努力水平 $\tilde{e}_2$ 和绩效操纵程度 $\Delta\pi_2$ 要使在第二个绩效周期的期望绩效达到最大，激励相容约束(IC_3)和(IC_4)指社会资本方选择的努力水平 $\tilde{e}_1$ 和绩效操纵程度 $\Delta\pi_1$ 要使其两个绩效考核周期的效用函数达到最大。

5.4.2 社会资本方的最优努力水平和绩效操纵程度分析

1. 社会资本方在第二个绩效考核周期的最优努力水平和绩效操纵程度

根据激励相容约束（IC_1）和（IC_2），社会资本方在第二个绩效考核周期选择最优的努力水平，应使其在该绩效考核周期的效用函数达到最大，通过对效用函数 $\tilde{\Phi}_{P2}$ 中的努力水平 $\tilde{e}_2$ 求一阶导数，并令其等于零得到。因为：

$$
\begin{aligned}
\tilde{\Phi}_{P2} &= E\left[\gamma\tilde{A}(\pi_2) + (1-\gamma)\tilde{A}(\tilde{\pi}_2) - \frac{\gamma d}{2}\Delta\pi_2^2 - \frac{c}{2}(\tilde{e}_2^2 + \theta_2^2) - \frac{\rho}{2}\sigma_2^2 + (1-\gamma)\tilde{\beta}_1\Delta\pi_1\right] \\
&= E\Big\{\gamma[a_2 + \tilde{\beta}_2(\pi_2 - \underline{\pi}_2)] + (1-\gamma)[a_2 + \tilde{\beta}_2(\tilde{\pi}_2 - \underline{\pi}_2)] - \frac{\gamma d}{2}\Delta\pi_2^2 - \frac{c}{2}(\tilde{e}_2^2 + \theta_2^2) \\
&\quad - \frac{\rho}{2}\sigma_2^2 + (1-\gamma)\tilde{\beta}_1\Delta\pi_1\Big\} \\
&= E[\gamma\tilde{\beta}_2\pi_2 - \gamma\tilde{\beta}_2\underline{\pi}_2 + a_2 + (1-\gamma)\tilde{\beta}_2\pi_2 - (1-\gamma)\tilde{\beta}_2\Delta\pi_2 - (1-\gamma)\tilde{\beta}_2\underline{\pi}_2 \\
&\quad - \frac{\gamma d}{2}\Delta\pi_2^2 - \frac{c}{2}(\tilde{e}_2^2 + \theta_2^2) - \frac{\rho}{2}\sigma_2^2 + (1-\gamma)\tilde{\beta}_1\Delta\pi_1] \\
&= E(a_1 + s\tau[k\theta_1\tilde{e}_1 + \eta + \mu_1 - (1-\gamma)\Delta\pi_1 - k\theta_1\hat{e}_1] - \gamma\tilde{\beta}_2 l\pi_1 + \tilde{\beta}_2\pi_2 - (1-\gamma)\tilde{\beta}_2\Delta\pi_2 \\
&\quad - (1-\gamma)\tilde{\beta}_2 l\pi_1 - \frac{\gamma d}{2}\Delta\pi_2^2 - \frac{c}{2}(\tilde{e}_2^2 + \theta_2^2) - \frac{\rho}{2}\sigma_2^2 + (1-\gamma)\tilde{\beta}_1\Delta\pi_1 \\
&= a_1 + s\tau k\theta_1\tilde{e}_1 - s\tau(1-\gamma)\Delta\pi_1 - s\tau k\theta_1\hat{e}_1 - \gamma\tilde{\beta}_2 lk\theta_1\tilde{e}_1 + \tilde{\beta}_2 k\theta_2\tilde{e}_2 - (1-\gamma)\tilde{\beta}_2\Delta\pi_2 \\
&\quad - (1-\gamma)\tilde{\beta}_2 lk\theta_1\tilde{e}_1 - \frac{\gamma d}{2}\Delta\pi_2^2 - \frac{c}{2}(\tilde{e}_2^2 + \theta_2^2) - \frac{\rho}{2}\sigma_2^2 + (1-\gamma)\tilde{\beta}_1\Delta\pi_1
\end{aligned} \tag{5-51}
$$

对上式中 $\tilde{e}_2$ 和 $\Delta\pi_2$ 求一阶导数，并令其为0，则有：

$$\frac{\partial\tilde{\Phi}_{P2}}{\partial\tilde{e}_2} = \tilde{\beta}_2 k\theta_2 - c\tilde{e}_2 = 0 \tag{5-52}$$

$$-(1-\gamma)\tilde{\beta}_2 - \gamma d\Delta\pi_2 = 0 \tag{5-53}$$

求解上式，并根据 $\Delta\pi_2 \geqslant 0$ 可知，社会资本方在项目的第二个绩效考核周期的最优努力水平和绩效操纵程度分别为：

$$\begin{cases} \tilde{e}_2^* = \dfrac{\tilde{\beta}_2 k\theta_2}{c} \\ \Delta\pi_2^* = 0 \end{cases} \tag{5-54}$$

由公式（5-54）可知，在第二个绩效考核周期，声誉和棘轮效应均失去作用，社会资本方在第二个绩效考核周期的最优努力水平 $\tilde{e}_2^*$ 与 $\tilde{\beta}_2$、k 和 θ_2 呈正相关关系，与 c 呈负相关关系，社会资本方在该绩效考核周期的绩效操纵程度为0。关于最优努力水平有以下结论：

（1）最优努力水平 $\tilde{e}_2^*$ 与政府在项目第二个绩效考核周期设置的激励系数 $\tilde{\beta}_2$ 呈正相关关系。在项目的第二个绩效考核周期，声誉和棘轮效应失去作用，激励系数越大，意味着政府给予社会资本方的绩效激励的奖惩程度越高，社会资本方分担的风险越大。在该绩效考核周期的绩效评价中，若评价结果超过了政府的绩效目标，社会资本方所获得的奖励就多，反之，则受到惩罚。因此，社会资本方会积极地提高自身的努力水平以得到更多的绩效激励收入。

（2）最优努力水平 $\tilde{e}_2^*$ 与社会资本方在项目第二个绩效考核周期的投入 θ_2 呈正相关关系，社会资本方的投入 θ_2 与努力水平 $\tilde{e}_2$ 共同体现了第二个绩效考核周期的绩效考核得分，从绩效的角度分析，当投入 θ_2 一定时，$\tilde{e}_2$ 越大，绩效考核得分也越高，即社会资本方对项目的投入 θ_2 越多，其绩效收益也就越高，付出的努力自然也越多。

（3）最优努力水平 $\tilde{e}_2^*$ 与环境效益产出系数 k 呈正相关关系，环境效益产出系数 k 越大，说明社会资本方在运维过程中的环境治理效果越好，其绩效收益部分的激励收入也越多，自然也可以提高社会资本方努力的积极性。

（4）最优努力水平 $\tilde{e}_2^*$ 与 c 呈负相关关系，c 为社会资本方的努力成本系数，c 值越大，意味着社会资本方所承担的风险越大，于是，社会资本方可能为了降低风险而谨慎地选择努力水平。

2. 第一个绩效考核周期社会资本方的最优努力水平和绩效操纵程度分析

根据激励相容约束（IC_3）和（IC_4），社会资本方在第一个绩效考核周期选择最优的努力水平，需使两个绩效周期的收益函数之和达到最大，通过对收益函数 $\tilde{\Phi}_{P1}+\delta_1\tilde{\Phi}_{P2}$ 中的努力水平 $\tilde{e}_1$ 求一阶导数，并令其为0得到。因为：

$$
\begin{aligned}
\tilde{\Phi}_{P1}+\delta_1\tilde{\Phi}_{P2} &= E\left[\gamma\tilde{A}(\pi_1)+(1-\gamma)\tilde{A}(\tilde{\pi}_1)-\frac{\gamma d}{2}\Delta\pi_1^2-\frac{c}{2}(\tilde{e}_1^2+\theta_1^2)-\frac{\rho}{2}\sigma_1^2\right] \\
&\quad +\delta_1E\left[\gamma\tilde{A}(\pi_2)+(1-\gamma)\tilde{A}(\tilde{\pi}_2)-\frac{\gamma d}{2}\Delta\pi_2^2\right. \\
&\quad \left.-\frac{c}{2}(\tilde{e}_2^2+\theta_2^2)-\frac{\rho}{2}\sigma_2^2+(1-\gamma)\tilde{\beta}_1\Delta\pi_1\right] \\
&= E\left\{\gamma[a_1+\tilde{\beta}_1(\pi_1-\underline{\pi}_1)]+(1-\gamma)[a_1+\tilde{\beta}_1(\tilde{\pi}_1-\underline{\pi}_1)]-\frac{\gamma d}{2}\Delta\pi_1^2\right. \\
&\quad \left.-\frac{c}{2}(\tilde{e}_1^2+\theta_1^2)-\frac{\rho}{2}\sigma_1^2\right\}+\delta_1E\{\gamma[a_1+s\tau(k\theta_1\tilde{e}_1+\eta+\mu_1 \\
&\quad -\Delta\pi_1+\gamma\Delta\pi_1-k\theta_1\hat{e}_1)+\tilde{\beta}_2[\pi_2-l\gamma\pi_1-l\tilde{\pi}_1+l\gamma\tilde{\pi}_1)] \\
&\quad +(1-\gamma)[a_1+s\tau(k\theta_1\tilde{e}_1+\eta+\mu_1-\Delta\pi_1+l\gamma\Delta\pi_1-k\theta_1\hat{e}_1) \\
&\quad +\tilde{\beta}_2(\tilde{\pi}_2-l\gamma\pi_1-l\tilde{\pi}_1+l\gamma\tilde{\pi}_1)]-\frac{\gamma d}{2}\Delta\pi_2^2 \\
&\quad -\frac{c}{2}(\tilde{e}_2^2+\theta_2^2)-\frac{\rho}{2}\sigma_2^2+(1-\gamma)\tilde{\beta}_1\Delta\pi_1\} \\
&= E[a_1+\tilde{\beta}_1\pi_1-(1-\gamma)\tilde{\beta}_1\Delta\pi_1-\frac{\gamma d}{2}\Delta\pi_1^2-\frac{c}{2}(\tilde{e}_1^2+\theta_1^2)-\frac{\rho}{2}\sigma_1^2] \\
&\quad +\delta_1E[a_1+k\theta_1\tilde{e}_1s\tau+\eta s\tau+s\tau\mu_1-s\tau(1-\gamma)\Delta\pi_1-s\tau k\theta_1\hat{e}_1-\tilde{\beta}_1l\pi_1 \\
&\quad +\pi_2\tilde{\beta}_2-\Delta\pi_2\tilde{\beta}_2+\Delta\pi_2\tilde{\beta}_2\gamma+l\tilde{\beta}_2\Delta\pi_1-\gamma l\tilde{\beta}_2\Delta\pi_1 \\
&\quad -\frac{\gamma d}{2}\Delta\pi_2^2-\frac{c}{2}(\tilde{e}_2^2+\theta_2^2)-\frac{\rho}{2}\sigma_2^2+\tilde{\beta}_1\Delta\pi_1-\tilde{\beta}_1\Delta\pi_1\gamma]
\end{aligned}
$$

$$
\begin{aligned}
&= a_1 + \tilde{\beta}_1 k\theta_1 \tilde{e}_1 - \tilde{\beta}_1 \Delta\pi_1 + \gamma\tilde{\beta}_1 \Delta\pi_1 - \frac{\gamma d}{2}\Delta\pi_1^2 - \frac{c}{2}(\tilde{e}_1^2 + \theta_1^2) - \frac{\rho}{2}\sigma_1^2 \\
&\quad + \delta_1 a_1 + \delta_1 k\theta_1 \tilde{e}_1 s\tau - \delta_1 s\tau\Delta\pi_1 + \delta_1 s\tau\Delta\pi_1\gamma - \delta_1 s\tau k\theta_1 \hat{e}_1 - \delta_1\tilde{\beta}_2 lk\theta_1 \tilde{e}_1 \\
&\quad - \delta_1\tilde{\beta}_1\Delta\pi_1\gamma + \delta_1 k\theta_2 \tilde{e}_2\tilde{\beta}_2 - \delta_1\Delta\pi_2\tilde{\beta}_2 + \delta_1\Delta\pi_2\tilde{\beta}_2\gamma + \delta_1 l\tilde{\beta}_2\Delta\pi_1 \\
&\quad - \delta_1\gamma l\tilde{\beta}_2\Delta\pi_1 + \delta_1\tilde{\beta}_1\Delta\pi_1 - \frac{\gamma d}{2}\delta_1\Delta\pi_2^2 - \frac{c}{2}\delta_1(\tilde{e}_2^2 + \theta_2^2) - \frac{\rho\delta_1}{2}\sigma_2^2 \qquad (5-55)
\end{aligned}
$$

对上式中的 $\tilde{e}_1$ 和 $\Delta\pi_1$ 求一阶导数，并令其为0，可得：

$$\frac{\partial\{\tilde{\Phi}_{P1} + \delta_1\tilde{\Phi}_{P2}\}}{\partial\tilde{e}_1} = \tilde{\beta}_1 k\theta_1 - c\tilde{e}_1 + \delta_1 k\theta_1 s\tau - \delta_1\tilde{\beta}_2 lk\theta_1 = 0 \qquad (5-56)$$

$$\frac{\partial\{\tilde{\Phi}_{P1} + \delta_1\tilde{\Phi}_{P2}\}}{\partial\Delta\pi_1} = (1-\gamma)(\delta_1 l\tilde{\beta}_2 - \tilde{\beta}_1 - \delta_1 s\tau + \delta_1\tilde{\beta}_1) - \gamma d\Delta\pi_1 = 0 \qquad (5-57)$$

从而可知，在第一个绩效考核周期，社会资本方的最优努力水平和绩效操纵程度为：

$$\tilde{e}_1^* = \frac{\tilde{\beta}_1 k\theta_1 + \delta_1 k\theta_1 s\tau - \delta_1\tilde{\beta}_2 lk\theta_1}{c} \qquad (5-58)$$

$$\Delta\pi_1^* = \frac{(1-\gamma)(\delta_1 l\tilde{\beta}_2 - \tilde{\beta}_1 - \delta_1 s\tau + \delta_1\tilde{\beta}_1)}{\gamma d} \qquad (5-59)$$

根据公式（5-58）和公式（5-59）可知，在项目的第一个绩效考核周期，社会资本方的最优努力水平和绩效操纵程度受多个参数的影响，下面分别分析最优努力水平和绩效操纵程度与各参数之间的相关关系。

由公式（5-58）可知，当 $\tilde{\beta}_1 + \delta_1 s\tau - \delta_1\tilde{\beta}_2 l \leqslant 0$ 时，社会资本方在项目的第一个绩效考核周期的最优努力水平 $\tilde{e}_1^* = 0$；当 $\tilde{\beta}_1 + \delta_1 s\tau - \delta_1\tilde{\beta}_2 l > 0$ 时，关于最优努力水平可得以下结论：

（1）根据 $\partial\tilde{e}_1^*/\partial k > 0$ 可知，社会资本方在第一个绩效考核周期的最优努力水平 $\tilde{e}_1^*$ 与环境效益产出系数 k 呈正相关关系。环境效益产出系数越大，说明在项目的运维过程中社会资本方的绩效产出也越大，即社会资本方的绩效收益部分的激励也越大，社会资本方自然会提高其努力的积极性，增加收益的同时提高其声誉。

（2）根据 $\partial\tilde{e}_1^*/\partial c < 0$ 可知，社会资本方在第一个绩效考核周期的最优努力水平 $\tilde{e}_1^*$ 与成本系数呈负相关关系。社会资本方的成本系数 c 越大，说明其要付出的努力水平越大，意味着社会资本方所承担的风险越大，于是，社会资本方可能为了降低风险而谨慎地选择努力程度。

（3）根据 $\partial\tilde{e}_1^*/\partial\theta_1 > 0$ 可知，在第一个绩效考核周期，社会资本方对项目的投入 θ_1 与其选择的最优努力水平 $\tilde{e}_1^*$ 呈正相关关系。社会资本方的绩效考核得分由 θ_1 与 $\tilde{e}_1^*$ 共同体现，当投入 θ_1 一定时，最优努力水平 $\tilde{e}_1^*$ 越大，绩效考核得分也越高；投入 θ_1 越多，最优

努力水平 $\tilde{e}_1^*$ 越高，绩效考核得分也越高，其绩效激励部分的收益也就越大。

（4）根据 $\partial\tilde{e}_1^*/\partial\delta_1>0$ 可知，在第一个绩效考核周期，社会资本方选择的最优努力水平 $\tilde{e}_1^*$ 与贴现率 δ_1 呈正相关关系。贴现率 δ_1 的值会影响社会资本方未来预期收益的大小，δ_1 越大，说明未来收益贴现越高，这意味着社会资本方在下一个绩效考核周期的收益贴现值就越高，即下一个绩效考核周期的预期收益越高，因此，社会资本方会越有动力提高努力水平。

（5）根据 $\partial\tilde{e}_1^*/\partial\tau>0$ 可知，在第一个绩效考核周期，社会资本方的最优努力水平 $\tilde{e}_1^*$ 与比率 τ 呈正相关关系。这里的比率 τ 是社会资本方运维能力的方差与该绩效考核周期绩效产出的方差之比，τ 越大，绩效产出包含运维能力的信息量也越大，外生的不确定性就越小，声誉效应也越强，社会资本方的固定收入部分的收益会增加，意味着社会资本方自然需要付出更多的努力。

（6）根据 $\partial\tilde{e}_1^*/\partial\tilde{\beta}_1>0$ 可知，在第一个绩效考核周期，社会资本方的最优努力水平 $\tilde{e}_1^*$ 与政府方在该绩效考核周期设置的激励系数 $\tilde{\beta}_1$ 呈正相关关系。激励系数越大，意味着政府对社会资本方的奖励或惩罚的程度越大，社会资本方分担的风险越大，因此，在声誉和棘轮耦合效应作用下，社会资本方会积极提高努力水平，以提高绩效水平。

（7）根据 $\partial\tilde{e}_1^*/\partial\tilde{\beta}_2>0$ 可知，政府方在第二个绩效考核周期设置的激励系数 $\tilde{\beta}_2$ 与社会资本方在第一个绩效考核周期的最优努力水平 $\tilde{e}_1^*$ 呈负相关关系。在第二个绩效考核周期，声誉和棘轮效应失去作用，政府对社会资本方的激励系数越大，意味着其对社会资本方的奖惩程度越大，社会资本方分担的风险也越大。因此，在声誉效应的影响下，社会资本方为了提高其在该绩效考核周期的收益，自然会在第一个绩效周期选择较大的努力水平。

（8）根据 $\partial\tilde{e}_1^*/\partial s>0$ 可知，在第一个绩效考核周期，社会资本方的最优努力水平 $\tilde{e}_1^*$ 与其讨价还价能力 s 呈正相关关系。社会资本方的讨价还价能力越强，意味着社会资本方“声誉”越好，进而其固定收入部分的收益也越多，社会资本方会有动力积极付出更多的努力，一方面获得更多的收益，另一方面提高其声誉。

（9）根据 $\partial\tilde{e}_1^*/\partial l<0$ 可知，在第一个绩效考核周期，社会资本方的最优努力水平 $\tilde{e}_1^*$ 与政府方设置的绩效调节系数 l 呈负相关关系。社会资本方的努力水平越大，其绩效产出相对也越大，当绩效调节系数一定时，在下一个绩效考核周期政府方的目标绩效也相对越大，而绩效调节系数越大，下一个绩效考核周期政府方考核的目标绩效也越大。由于棘轮效应的作用，为了避免社会资本方降低努力的积极性，当社会资本方的努力水平越大时，政府方要设置相对较小的绩效调节系数，以激励社会资本方积极提高努力水平。

由公式（5-59）可知，当 $\delta_1 l\tilde{\beta}_2-\tilde{\beta}_1-\delta_1 s\tau+\delta_1\tilde{\beta}_1\leqslant 0$ 时，社会资本方在第一个绩效考核周期的绩效操纵程度 $\Delta\pi_1^*=0$；当 $\delta_1 l\tilde{\beta}_2-\tilde{\beta}_1-\delta_1 s\tau+\delta_1\tilde{\beta}_1>0$ 时，对式中最优绩效操纵

程度的各影响因素求一阶导数，得到以下结论：

（1）根据 $\partial\Delta\pi_1^*/\partial\tilde{\beta}_1<0$ 可知，社会资本方在第一个绩效考核周期的绩效操纵程度 $\Delta\pi_1^*$ 和政府方在该绩效考核周期设置的激励系数 $\tilde{\beta}_1$ 呈负相关关系。在第一个绩效考核周期，由于声誉和棘轮效应的作用，政府对社会资本方的激励系数越大，社会资本方获得的绩效收益相对越多，其绩效操纵程度 $\Delta\pi_1^*$ 自然也相对越小。

（2）根据 $\partial\Delta\pi_1^*/\partial\gamma<0$ 可知，在第一个绩效考核周期，政府方发现社会资本方的绩效水平是真实的概率 γ 与社会资本方的绩效操纵程度 $\Delta\pi_1^*$ 呈负相关关系，政府方发现社会资本方的绩效水平是真实的概率越大，意味着社会资本方的绩效操纵程度越小，反之，政府方发现社会资本方的绩效水平是真实的概率越小，意味着政府的监督力度不够，说明绩效越容易被操纵。

（3）根据 $\partial\Delta\pi_1^*/\partial l>0$ 可知，社会资本方的绩效操纵程度 $\Delta\pi_1^*$ 与政府方设置的绩效调节系数 l 呈正相关关系。政府方根据社会资本方上一个绩效考核周期的绩效产出水平，利用绩效调节系数来确定当前绩效考核周期的绩效产出水平，社会资本方的绩效操纵程度 $\Delta\pi_1^*$ 越小，说明社会资本方的绩效产出是真实的概率越大，政府方要设置相对较低的绩效调节系数使社会资本方获得合理的绩效激励。

（4）根据 $\partial\Delta\pi_1^*/\partial\delta_1>0$ 可知，在第一个绩效考核周期，社会资本方的绩效操纵程度 $\Delta\pi_1^*$ 与跨期收益的贴现率 δ_1 呈正相关关系。贴现率的值越大，社会资本方在未来绩效考核周期的收益也越大，会更有动力承担相对较大的绩效操纵带来的收益风险。

（5）根据 $\partial\Delta\pi_1^*/\partial s<0$ 可知，社会资本方的绩效操纵程度 $\Delta\pi_1^*$ 与其讨价还价能力 s 呈负相关关系。社会资本方的讨价还价能力越强，说明其“声誉”越好，绩效操纵行为会影响其“好的声誉”，因此，绩效操纵程度较大，将导致其“坏的声誉”，社会资本方在未来绩效考核周期中的讨价还价能力也相应减弱。

（6）根据 $\partial\Delta\pi_1^*/\partial d<0$ 可知，社会资本方的绩效操纵程度 $\Delta\pi_1^*$ 与政府方设置的惩罚系数 d 呈负相关关系，政府方发现社会资本方的绩效操纵行为之后，对社会资本方的惩罚程度加大，社会资本方为了保证自身的收益，自然就会降低绩效操纵程度，以减少因惩罚带来的收益损失。

5.4.3 政府对社会资本方的最优激励系数分析

根据构建的水环境治理 PPP 项目激励机制模型［公式（5-50）］，在满足社会资本方的参与约束（IR）和激励相容约束（IC_1）~（IC_4）的基础上，两个绩效考核周期中确定的最优激励系数应当使政府方在两个绩效考核周期的总效用尽可能最大，即 $\max\limits_{\tilde{\beta}_1,\tilde{\beta}_2}\{\tilde{\psi}_{G1}+\delta_1\bar{\psi}_{G2}\}$。

因为：

$$\tilde{\psi}_{G1}=E\left[\pi_1-\gamma\tilde{A}(\pi_1)-(1-\gamma)\tilde{A}(\tilde{\pi}_1)+\frac{\gamma d}{2}\Delta\pi_1^2-\frac{r}{2}h_1^2\right]$$

$$=E\left(\pi_1-a_1-\tilde{\beta}_1\pi_1+\tilde{\beta}_1\Delta\pi_1-\tilde{\beta}_1\Delta\pi_1\gamma+\frac{\gamma d}{2}\Delta\pi_1^2-\frac{r}{2}h_1^2\right)$$

$$=k\theta_1\tilde{e}_1-a_1-\tilde{\beta}_1 k\theta_1\tilde{e}_1+\tilde{\beta}_1\Delta\pi_1-\tilde{\beta}_1\Delta\pi_1\gamma+\frac{\gamma d}{2}\Delta\pi_1^2-\frac{r}{2}h_1^2 \tag{5-60}$$

和

$$\tilde{\psi}_{G2}=E\left[\pi_2-\gamma\tilde{A}(\pi_2)-(1-\gamma)\tilde{A}(\tilde{\pi}_2)+\frac{\gamma d}{2}\Delta\pi_2^2-\frac{r}{2}h_2^2-(1-\gamma)\tilde{\beta}_1\Delta\pi_1\right]$$

$$=E\left[(1-\tilde{\beta}_2)\pi_2-a_1-k\theta_1\tilde{e}_1 s\tau+(1-\gamma)s\tau\Delta\pi_1+s\tau k\theta_1\hat{e}_1+(1-\gamma)\tilde{\beta}_2\Delta\pi_2\right.$$
$$\left.+\tilde{\beta}_2 l\pi_1+\frac{\gamma d}{2}\Delta\pi_2^2-\frac{r}{2}h_2^2-(1-\gamma)\tilde{\beta}_1\Delta\pi_1\right]$$

$$=(1-\tilde{\beta}_2)k\theta_2\tilde{e}_2-a_1-k\theta_1\tilde{e}_1 s\tau+(1-\gamma)s\tau\Delta\pi_1+s\tau k\theta_1\hat{e}_1+(1-\gamma)\tilde{\beta}_2\Delta\pi_2$$
$$+\tilde{\beta}_2 lk\theta_1\tilde{e}_1+\frac{\gamma d}{2}\Delta\pi_2^2-\frac{r}{2}h_2^2-(1-\gamma)\tilde{\beta}_1\Delta\pi_1 \tag{5-61}$$

将公式（5-36）（5-38）和（5-59）代入公式（5-54）和（5-58）中，可得：

$$\tilde{\psi}_{G1}=k\theta_1\tilde{e}_1-a_1-\tilde{\beta}_1 k\theta_1\tilde{e}_1+\tilde{\beta}_1\Delta\pi_1-\tilde{\beta}_1\Delta\pi_1\gamma+\frac{\gamma d}{2}\Delta\pi_1^2-\frac{r}{2}h_1^2$$

$$=\frac{\tilde{\beta}_1 k^2\theta_1^2}{c}-\frac{\delta_1\tilde{\beta}_2 lk^2\theta_1^2}{c}+\frac{\delta_1 k^2\theta_1^2 s\tau}{c}-\frac{\tilde{\beta}_1^2 k^2\theta_1^2}{c}-\frac{\tilde{\beta}_1 k^2\theta_1^2\delta_1 s\tau}{c}$$
$$+\frac{\tilde{\beta}_1 k^2\theta_1^2\delta_1\tilde{\beta}_2 l}{c}+\frac{(1-\gamma)^2(\delta_1\tilde{\beta}_1^2-\tilde{\beta}_1^2-\delta_1 s\tau\tilde{\beta}_1+\delta_1 l\tilde{\beta}_2\tilde{\beta}_1)}{\gamma d}$$
$$+\frac{(1-\gamma)^2(\delta_1\tilde{\beta}_1-\tilde{\beta}_1-\delta_1 s\tau+\delta_1 l\tilde{\beta}_2)^2}{2\gamma d}-\frac{r}{2}h_1^2-a_1 \tag{5-62}$$

和

$$\tilde{\psi}_{G2}=(1-\tilde{\beta}_2)k\theta_2\tilde{e}_2-a_1-k\theta_1\tilde{e}_1 s\tau+(1-\gamma)s\tau\Delta\pi_1+s\tau k\theta_1\hat{e}_1-\frac{r}{2}h_2^2$$
$$+(1-\gamma)\tilde{\beta}_2\Delta\pi_2+\tilde{\beta}_2 lk\theta_1\tilde{e}_1+\frac{\gamma d}{2}\Delta\pi_2^2-(1-\gamma)\tilde{\beta}_1\Delta\pi_1$$

$$=\frac{(1-\tilde{\beta}_2)\tilde{\beta}_2 k^2\theta_2^2}{c}-\frac{\tilde{\beta}_1 k^2\theta_1^2 s\tau}{c}-\frac{\delta_1 k^2\theta_1^2 s^2\tau^2}{c}-\frac{\tilde{\beta}_2^2 l^2 k^2\theta_1^2\delta_1}{c}$$
$$+\frac{(1-\gamma)^2 s\tau(\delta_1\tilde{\beta}_1-\tilde{\beta}_1-\delta_1 s\tau+\delta_1 l\tilde{\beta}_2)}{\gamma d}-a_1+\frac{\tilde{\beta}_1 k^2\theta_1^2\tilde{\beta}_2 l}{c}$$
$$-\frac{(1-\gamma)^2\tilde{\beta}_1(\delta_1\tilde{\beta}_1-\tilde{\beta}_1-\delta_1 s\tau+\delta_1 l\tilde{\beta}_2)}{\gamma d}+\frac{s\tau\delta_1\tilde{\beta}_2 lk^2\theta_1^2}{c}$$

$$
+\frac{\delta_1 k^2\theta_1^2 s\tau\tilde{\beta}_2 l}{c}+s\tau k\theta_1\hat{e}_1-\frac{r}{2}h_2^2 \tag{5-63}
$$

从而有：

$$
\begin{aligned}
\tilde{\psi}_{G1}+\delta_1\tilde{\psi}_{G2}=&\frac{\delta_1 k^2\theta_1^2 s\tau}{c}-\frac{\delta_1\tilde{\beta}_2 lk^2\theta_1^2}{c}-\frac{\tilde{\beta}_1 k^2\theta_1^2\delta_1 s\tau}{c}+\frac{\tilde{\beta}_1 k^2\theta_1^2\delta_1\tilde{\beta}_2 l}{c}\\
&-a_1+\frac{(1-\gamma)^2(\delta_1\tilde{\beta}_1^2-\tilde{\beta}_1^2-\delta_1 s\tau\tilde{\beta}_1+\delta_1 l\tilde{\beta}_2\tilde{\beta}_1)}{\gamma d}-\frac{r}{2}h_1^2\\
&+\frac{(1-\gamma)^2[(\delta_1-1)\tilde{\beta}_1-\delta_1 s\tau+\delta_1 l\tilde{\beta}_2]^2}{2\gamma d}-\frac{\tilde{\beta}_2^2 k^2\theta_2^2\delta_1}{c}\\
&-\frac{\tilde{\beta}_1 k^2\theta_1^2 s\tau\delta_1-\delta_1^2 s\tau\tilde{\beta}_2 lk^2\theta_1^2}{c}-\frac{\delta_1^2 k^2\theta_1^2 s^2\tau^2}{c}-\frac{r}{2}h_2^2\delta_1\\
&+\frac{(1-\gamma)^2 s\tau\delta_1(\delta_1\tilde{\beta}_1-\tilde{\beta}_1-\delta_1 s\tau+\delta_1 l\tilde{\beta}_2)}{\gamma d}+\delta_1 s\tau k\theta_1\hat{e}_1\\
&+\frac{\tilde{\beta}_1 k^2\theta_1^2\tilde{\beta}_2 l\delta_1+\delta_1^2 k^2\theta_1^2 s\tau\tilde{\beta}_2 l-\tilde{\beta}_2^2 l^2 k^2\theta_1^2\delta_1^2}{c}-a_1\delta_1\\
&-\frac{(1-\gamma)^2\tilde{\beta}_1\delta_1(\delta_1\tilde{\beta}_1-\tilde{\beta}_1-\delta_1 s\tau+\delta_1 l\tilde{\beta}_2)}{\gamma d}+\frac{\tilde{\beta}_2 k^2\theta_2^2\delta_1}{c}
\end{aligned} \tag{5-64}
$$

分别对上式中的激励系数 $\tilde{\beta}_1$ 和 $\tilde{\beta}_2$ 求一阶导数，并令其为0，得：

$$
\begin{aligned}
\frac{\partial\{\tilde{\psi}_{G1}+\delta_1\tilde{\psi}_{G2}\}}{\partial\tilde{\beta}_1}=&\frac{k^2\theta_1^2\delta_1\tilde{\beta}_2 l}{c}-\frac{k^2\theta_1^2\delta_1 s\tau}{c}+\frac{(1-\gamma)^2 s\tau\delta_1(\delta_1-1)}{\gamma d}\\
&+\frac{(1-\gamma)^2(1-\delta_1)(2\delta_1\tilde{\beta}_1-2\tilde{\beta}_1-\delta_1 s\tau+\delta_1 l\tilde{\beta}_2)}{\gamma d}\\
&+\frac{(1-\gamma)^2(\delta_1-1)[(\delta_1-1)\tilde{\beta}_1-\delta_1 s\tau+\delta_1 l\tilde{\beta}_2]}{\gamma d}\\
&+\frac{k^2\theta_1^2\tilde{\beta}_2 l\delta_1}{c}-\frac{k^2\theta_1^2 s\tau\delta_1}{c}=0
\end{aligned} \tag{5-65}
$$

和

$$
\begin{aligned}
\frac{\partial\{\tilde{\psi}_{G1}+\delta_1\tilde{\psi}_{G2}\}}{\partial\tilde{\beta}_2}=&\frac{\tilde{\beta}_1 k^2\theta_1^2\delta_1 l}{c}-\frac{\delta_1 lk^2\theta_1^2}{c}+\frac{(1-\gamma)^2\delta_1 l\tilde{\beta}_1}{\gamma d}+\frac{(1-\gamma)^2 s\tau\delta_1^2 l}{\gamma d}\\
&+\frac{(1-\gamma)^2\delta_1 l[(\delta_1-1)\tilde{\beta}_1-\delta_1 s\tau+\delta_1 l\tilde{\beta}_2]}{\gamma d}-\frac{2\tilde{\beta}_2 k^2\theta_2^2\delta_1}{c}\\
&+\frac{\tilde{\beta}_1 k^2\theta_1^2 l\delta_1+\delta_1^2 k^2\theta_1^2 s\tau l-2\tilde{\beta}_2 l^2 k^2\theta_1^2\delta_1^2}{c}+\frac{\delta_1^2 s\tau lk^2\theta_1^2}{c}
\end{aligned}
$$

$$-\frac{(1-\gamma)^2\tilde{\beta}_1\delta_1^2 l}{\gamma d}+\frac{k^2\theta_2^2\delta_1}{c}=0 \tag{5-66}$$

解之，得：

$$\tilde{\beta}_1^*=\frac{l\theta_1^2-\theta_2^2-2s\tau\delta_1 l\theta_1^2}{2\theta_1^2 l}+\frac{A_1}{A_2} \tag{5-67}$$

$$\tilde{\beta}_2^*=\frac{2k^4\theta_1^4\gamma^2d^2-\gamma dB_2B_3}{B_4B_2-2k^2\gamma dB_2B_1-2k^2\theta_1^2\gamma dB_4+4k^4\theta_1^4\gamma^2d^2} \tag{5-68}$$

式中，$B_1=\theta_1^2\delta_1 l^2+\theta_2^2$，$B_2=(\delta_1-1-s\tau\delta_1)(1-\gamma)^2c(1-\delta_1)$，$B_3=\theta_2^2+2\theta_1^2\delta_1 s\tau l-\theta_1^2 l$，$B_4=\delta_1(1-\gamma)^2l^2c$，以及 $A_1=4k^4\theta_1^4\delta_1\gamma^2d^2B_1-2k^2\theta_1^4\delta_1\gamma dB_4-2k^2\delta_1\gamma dB_3B_1B_2+\delta_1B_4B_2B_3$，$A_2=2\theta_1^2\delta_1(B_2-2k^2\theta_1^2\gamma d)(lB_4-1)+2\theta_1^2\delta_1B_2(1-2k^2\theta_2^2l\gamma d-k^2\theta_1^2\delta_1l^3\gamma d)$。

从公式（5-67）和公式（5-68）可以看出，最优激励系数 $\tilde{\beta}_1^*$ 和 $\tilde{\beta}_2^*$ 与参数 c、k、θ_1、θ_2、τ、l、s、δ_1、γ 和 d 均存在相关关系，政府方根据不同绩效考核周期的不同参数对激励系数的影响动态调整激励系数，以激励社会资本方在项目的运维过程中积极努力地提高绩效，进而获得更多的社会效益。下面利用数值模拟方法，分两步分析各参数的变化与最优激励系数 $\tilde{\beta}_1^*$ 和 $\tilde{\beta}_2^*$ 的相关关系。

第一步：根据 $0<\tilde{\beta}_1^*<1$ 和 $0<\tilde{\beta}_2^*<1$，将各影响参数均在区间［0，1］内随机生成 151 组数据（见附录五），数据在区间［0，1］内的分布情况如图 5-2～图 5-6 所示。

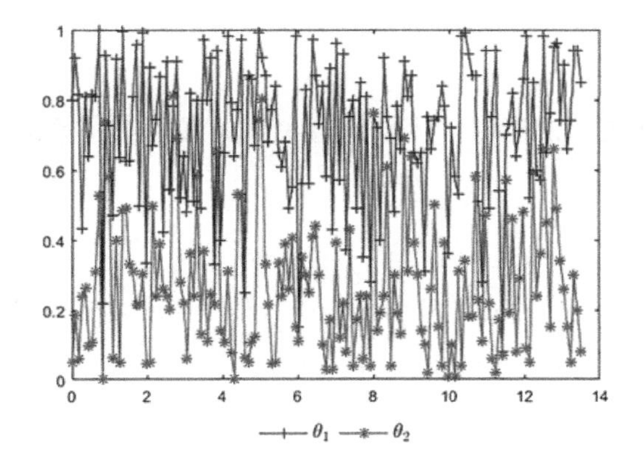

图 5-2　θ_1 和 θ_2 的数据分布情况

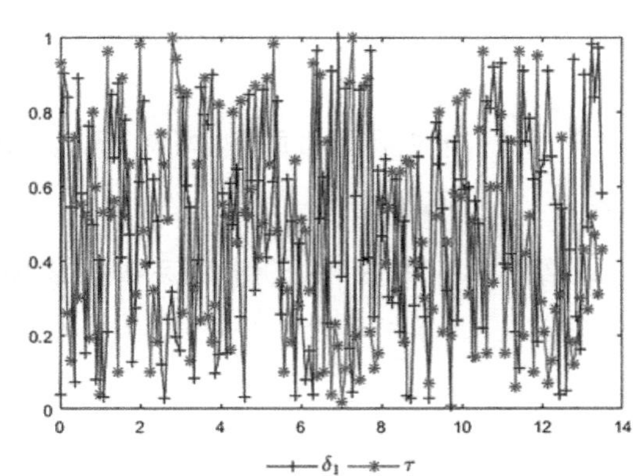

图 5-3　δ_1 和 τ 的数据分布情况

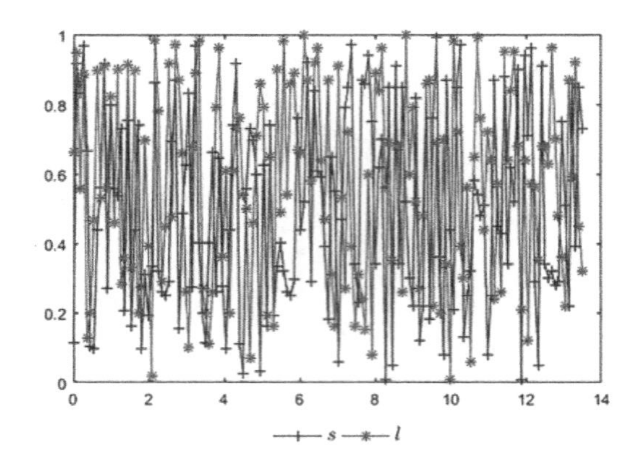

图 5-4　s 和 l 的数据分布情况

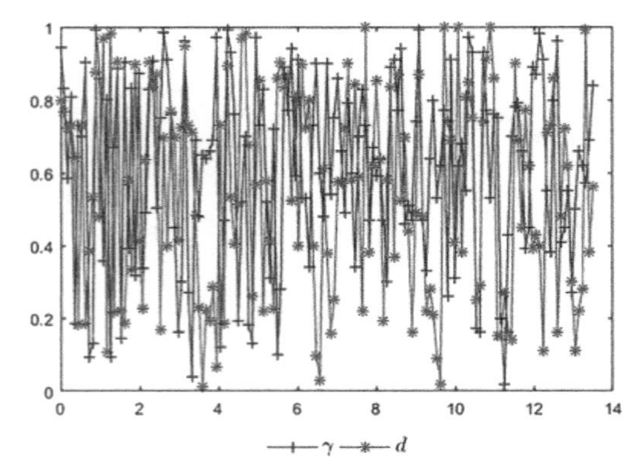

图 5-5　γ 和 d 的数据分布情况

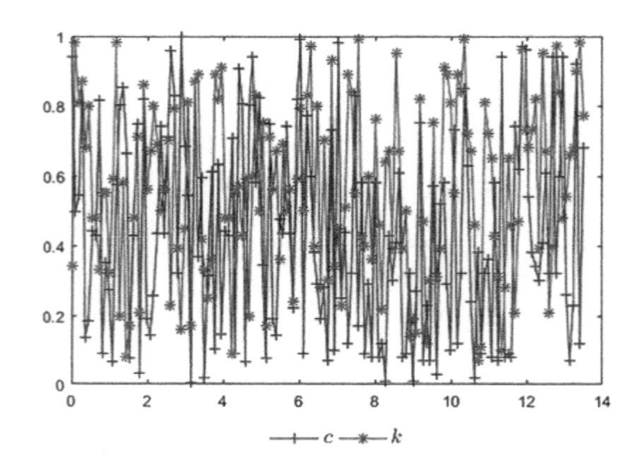

图 5-6　c 和 k 的数据分布情况

第二步：根据各参数的数据分布情况，运用数值模拟方法分析各参数对最优激励系数 $\tilde{\beta}_1^*$ 和 $\tilde{\beta}_2^*$ 的影响关系。

1. 绩效调节系数对最优激励系数的影响

在公式（5-67）和公式（5-68）中，假设 $\theta_1 = 0.7, \theta_2 = 0.4, c = 0.5, k = 0.7, \tau = 0.5, \delta_1 = 0.925, \gamma = 0.8, d = 0.7, s = 0.2$，绩效调节系数 l 在区间 $[0.567, 1]$ 内取值，最优激励系数 $\tilde{\beta}_1^*$ 和 $\tilde{\beta}_2^*$ 随绩效调节系数 l 的变化关系如图 5-7 所示。

从图中可以看出，在项目的第一个绩效考核周期，政府对社会资本方的最优激励系数 $\tilde{\beta}_1^*$ 和绩效调节系数 l 呈正相关关系，即最优激励系数 $\tilde{\beta}_1^*$ 随着绩效调节系数 l 的增大而增大；在项目第二个绩效考核周期的最优激励系数 $\tilde{\beta}_2^*$ 几乎不受绩效调节系数 l 的影响。

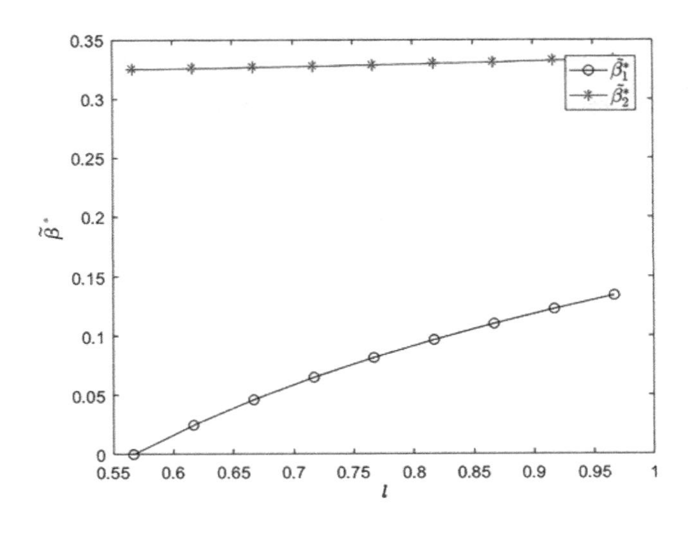

图 5-7　最优激励系数随绩效调节系数的变化关系

综上分析可知，在项目的第一个绩效考核周期，由于声誉和棘轮效应的作用，绩效调节系数越大，意味着政府方设置的绩效标准相对越高，社会资本方的绩效收益就相对越低，为了使社会资本方取得合理收益，政府方需要加大对社会资本方的激励，而在最后一个绩效考核周期，声誉和棘轮效应失效，因此，绩效调节系数在该绩效考核周期几乎不再影响最优激励系数。

2. 讨价还价能力对最优激励系数的影响

在公式（5-67）和公式（5-68）中，假设 $\theta_1=0.7$，$\theta_2=0.4$，$c=0.5$，$k=0.7$，$\delta_1=0.925$，$l=0.8$，$\tau=0.5$，$\gamma=0.8$，$d=0.7$，社会资本方的讨价还价能力 s 在区间［0，0.2141］内取值，最优激励系数 $\tilde{\beta}_1^*$ 和 $\tilde{\beta}_2^*$ 随讨价还价能力 s 变化而变化，如图 5-8 所示。从图中可以看出，在项目第一个绩效考核周期，政府对社会资本方的最优激励系数 $\tilde{\beta}_1^*$ 与社会资本方的讨价还价能力 s 呈负相关关系，即 $\tilde{\beta}_1^*$ 随着 s 的增大而减小；而在项目的第二个绩效考核周期，社会资本方的讨价还价能力 s 对最优激励系数 $\tilde{\beta}_2^*$ 几乎没有影响。

综上分析可知，在项目的第一个绩效考核周期，由于声誉和棘轮效应的作用，社会资本方的讨价还价能力越强，说明其声誉效应越好，即使政府方没有给予太多的激励，社会资本方为了维护自己“好的声誉”也会积极提高绩效水平，而在项目的最后一个绩效考核周期，声誉效应和棘轮效应均不起作用，因此，社会资本方的讨价还价能力在该绩效考核周期几乎不对最优激励系数产生影响。

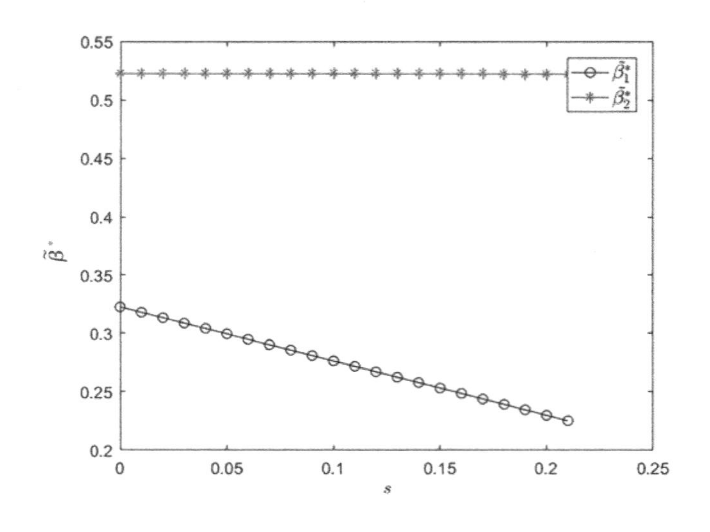

图 5-8　最优激励系数随讨价还价能力的变化关系

3. **政府发现社会资本方的绩效水平是真实的概率对最优激励系数的影响**

在公式（5-67）和公式（5-68）中，假设 $\theta_1 = 0.7$，$\theta_2 = 0.4$，$c = 0.5$，$k = 0.7$，$\delta_1 = 0.925$，$l = 0.8$，$\tau = 0.5$，$s = 0.2$，$d = 0.7$，政府发现社会资本方的绩效水平是真实的概率 γ 在区间［0.5，1］内取值，最优激励系数 $\tilde{\beta}_1^*$ 和 $\tilde{\beta}_2^*$ 与政府发现社会资本方的绩效水平是真实的概率 γ 之间的关系如图 5-9 所示。从图中可以看出，在项目的第一个绩效考核周期，政府设置的最优激励系数 $\tilde{\beta}_1^*$ 与政府发现社会资本方的绩效水平是真实的概率 γ 呈负相关关系，即 $\tilde{\beta}_1^*$ 随着 γ 的增大而减小；而在项目的第二个绩效考核周期，政府设置的最优激励系数 $\tilde{\beta}_2^*$ 几乎不受政府发现社会资本方的绩效水平是真实的概率 γ 的影响。

综上分析可知，在项目的第一个绩效考核周期，政府发现社会资本方的绩效水平是真实的概率越大，说明政府方设置的监督机构越完善，社会资本方需要积极努力地提高绩效水平且尽量降低绩效操纵程度，同时政府方无须设置较大的最优激励系数；而在项目的第二个绩效考核周期，即最后一个绩效考核周期，声誉效应和棘轮效应均失去作用，因此，政府发现社会资本方的绩效水平是真实的概率在该绩效考核周期几乎不对最优激励系数产生影响。

4. **惩罚系数对最优激励系数的影响**

在公式（5-67）和公式（5-68）中，假设 $\theta_1 = 0.7$，$\theta_2 = 0.4$，$c = 0.5$，$k = 0.7$，$\delta_1 = 0.925$，$l = 0.8$，$\tau = 0.5$，$s = 0.2$，$\gamma = 0.8$，政府方对社会资本方的惩罚系数 d 在区间［0.5617，1］内取值，最优激励系数 $\tilde{\beta}_1^*$ 和 $\tilde{\beta}_2^*$ 和惩罚系数 d 之间的关系如图 5-10 所示。

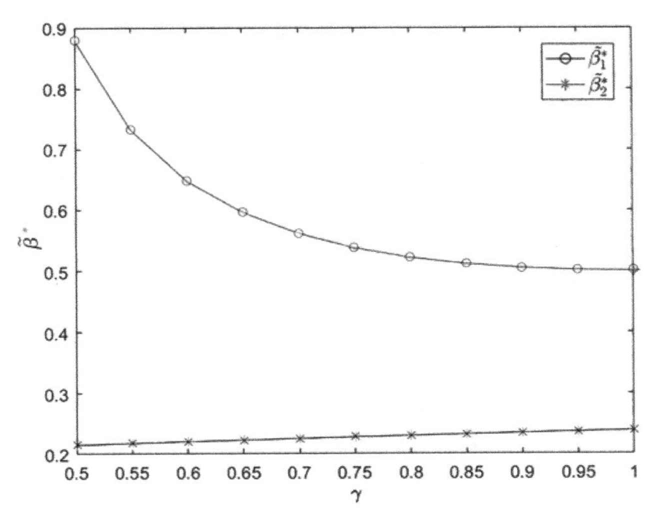

图 5-9 最优激励系数与政府发现社会资本方的绩效水平是真实的概率 γ 之间的关系

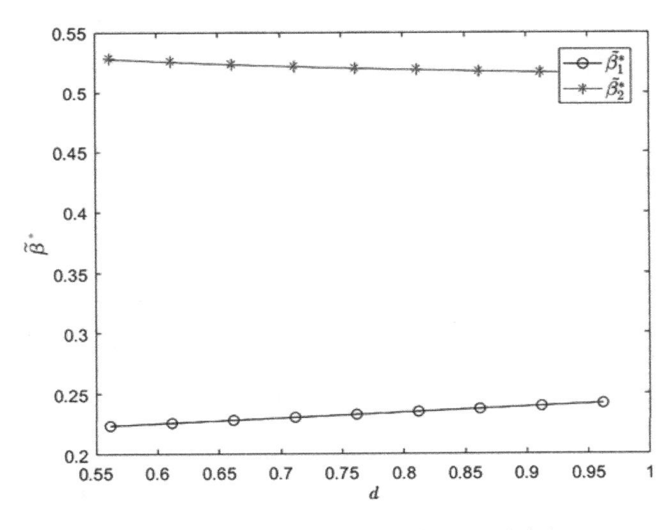

图 5-10 最优激励系数和惩罚系数之间的关系

从图中可以看出，在项目的第一个绩效考核周期，政府对社会资本方的最优激励系数 $\tilde{\beta}_1^*$ 与惩罚系数 d 呈正相关关系，即 $\tilde{\beta}_1^*$ 随着惩罚系数 d 的增大而增大；而在项目的第二个绩效考核周期，政府对社会资本方的激励系数 $\tilde{\beta}_2^*$ 几乎不受惩罚系数的影响。这是因为，在项目的第一个绩效考核周期，政府对社会资本方的惩罚代替了激励，政府对社会资本方惩罚力度增加，意味着社会资本方的绩效收益减少，为了保证社会资本方的合理利润，政府需要加大对社会资本方的激励；而在项目的第二个绩效考核周期，声誉效应和棘轮效应失效，惩罚系数几乎不再对最优激励系数产生影响。

5.5 仿真与案例分析

本节以某县水环境治理和生态修复工程项目为例，对已构建的激励机制模型的结果进行分析，项目的基本信息见第3章。假设在该项目的运维期，政府设置了较为完善的监督机制，且一旦发现社会资本方的绩效水平是不真实的，将对其进行严厉的惩罚。

5.5.1 基于绩效的声誉效应下多周期动态激励机制模型的结果分析

运用数值模拟方法对声誉效应下的多周期动态激励机制模型得到的最优激励系数进行分析，首先给出模型中主要影响参数对最优激励系数影响的数值模拟结果，然后给出最优激励系数的相关结论及证明。

1. 模型中主要影响参数对最优激励系数影响的数值模拟结果

根据公式（5-38）和公式（5-39）可知，当利用声誉效应调整激励契约中的固定付费时，第一个绩效考核周期的最优激励系数 $\bar{\beta}_1^*$ 与跨期收益的贴现率 δ 、社会资本方的讨价还价能力 s 、社会资本方的成本系数 c 等因素有关，而第二个绩效考核周期的最优激励系数 $\bar{\beta}_2^*$ 只与当前绩效周期社会资本方的投入和选择的努力水平有关。本节针对模型中主要影响参数对最优激励系数的影响进行数值模拟。

1）针对社会资本方的讨价还价能力和政府方设置的绩效标准对最优激励系数的影响进行数值模拟

第一步：对公式（5-38）和公式（5-39）中的参数进行赋值。根据前文中激励系数和各参数的关系，对 τ 、c 、k 和 δ 进行赋值：$\tau = 0.5$，$c = 0.5$，$k = 0.7$，$\delta = 0.925$。投入分两种情况赋值：① $\theta_1 = \theta_2$，假设 $\theta_1 = \theta_2 = 1$；② $\theta_1 > \theta_2$，假设 $\theta_1 = 0.7$ 和 $\theta_2 = 0.4$。

第二步：将第一步中各参数的具体数值代入到公式（5-38）和公式（5-39）中，根据 $0 < \bar{\beta}_1^* < 1$ 和 $0 < \bar{\beta}_2^* < 1$，当 $\theta_1 = \theta_2 = 1$，s 和 π_0 分别在区间［0，1］和［0，0.98］内取值时，讨价还价能力和绩效标准对激励系数的影响如图5-11（a）所示；当 $\theta_1 = 0.7$，$\theta_2 = 0.4$，s 和 π_0 分别在区间［0，1］和［0，0.1568］内取值时，讨价还价能力和绩效标准对激励系数的影响如图5-11（b）所示。从图中可以看出，在两种情况下，总有 $\bar{\beta}_1^* < \bar{\beta}_2^*$，且在项目的第一个绩效考核周期，受绩效标准和讨价还价能力的共同影响，政府对社会资本方的最优激励系数 $\bar{\beta}_1^*$ 随着二者的增加越来越大，而在项目的第二个绩效考核周期，政府对社会资本方的最优激励系数 $\bar{\beta}_2^*$ 和讨价还价能力没有相关关系，政府方在绩效考核周期设置的绩效标准越高，两个绩效考核周期的最优激励系数也越大。

综上分析可知，政府方设置的绩效标准的增加，意味着社会资本方绩效收益的减少。

在项目的第一个绩效考核周期，如果政府方设置的绩效标准相对较高，由于声誉效应的作用，即使政府没有给予社会资本方太多的激励，为了未来绩效考核周期的收益，社会资本方也会积极努力地提高绩效，而在项目的最后一个绩效考核周期，声誉效应失去作用，社会资本方不需顾及声誉对其未来收益的影响，甚至可能会为了追求经济利益而降低绩效水平，因此，政府方需加大激励力度以避免项目的社会效益受损。

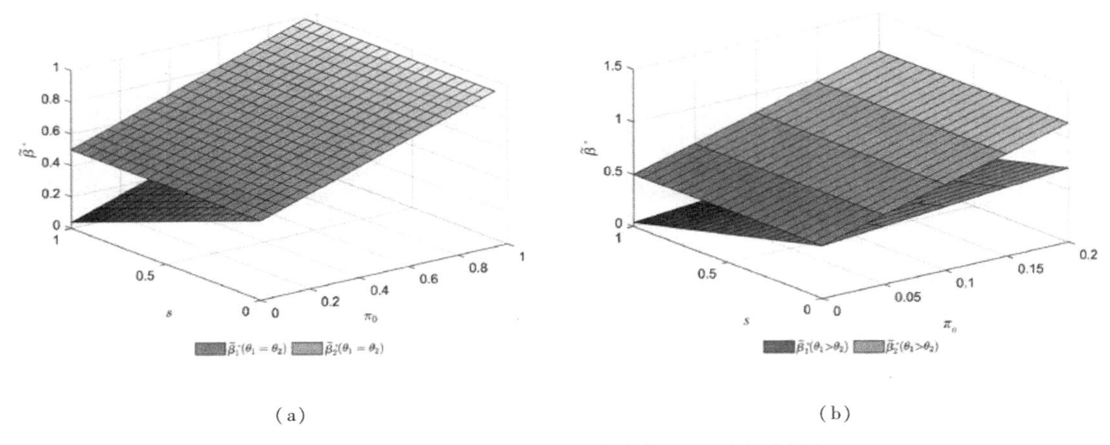

(a)　　　　(b)

图 5-11　讨价还价能力和绩效标准对最优激励系数的影响

2）针对社会资本方成本系数和政府方设置的绩效标准对最优激励系数的影响情况进行数值模拟

第一步：对公式（5-38）和公式（5-39）中的参数进行赋值。根据前文中激励系数和各参数的关系，对 τ 、s 、k 和 δ 进行赋值：$\tau=0.5$，$s=0.5$，$k=0.7$，$\delta=0.925$。投入则分两种情况赋值：① $\theta_1=\theta_2$，假设 $\theta_1=\theta_2=1$；② $\theta_1>\theta_2$，假设 $\theta_1=0.7$ 和 $\theta_2=0.4$。

第二步：将第一步中各参数的具体数值代入到公式（5-38）和公式（5-39）中，根据 $0<\bar{\beta}_1^*<1$ 和 $0<\bar{\beta}_2^*<1$，当 $\theta_1=\theta_2=1$，c 和 π_0 分别在区间［0，0.7］和［0，0.7］内取值时，成本系数和绩效标准对最优激励系数的影响如图 5-12（a）所示；当 $\theta_1=0.7$，$\theta_2=0.4$，c 和 π_0 分别在区间［0，0.3］和［0，0.2］内取值时，成本系数和绩效标准对最优激励系数的关系如图 5-12（b）所示。从图中可以看出，在两种情况下，总有 $\bar{\beta}_1^*<\bar{\beta}_2^*$，且在成本系数和绩效标准的共同影响下，在项目的两个绩效考核周期内，政府对社会资本方的最优激励系数 $\bar{\beta}_1^*$ 和 $\bar{\beta}_2^*$ 随着二者的增加而增加。

综上分析可知，政府方设置的绩效标准和社会资本方的成本系数的增大，均意味着社会资本方的绩效收益减少。在项目的第一个绩效考核周期，政府方设置的绩效标准和社会资本方的成本系数相对较高，由于声誉效应的影响，为了未来绩效考核周期的收益，在满足合理收益的情况下，社会资本方会积极努力地提高绩效，而在项目的最后一个绩效考核周期，声誉效应失去作用，当面对相对较高的绩效标准和成本系数时，社会资本方如果不能得到满意的收益，就会降低努力的积极性，甚至可能会为了自身经济利益而降低绩效水平，此时，政府方需加大激励力度，使社会资本方获得合理的收益，以避免项目的社会效益受损。

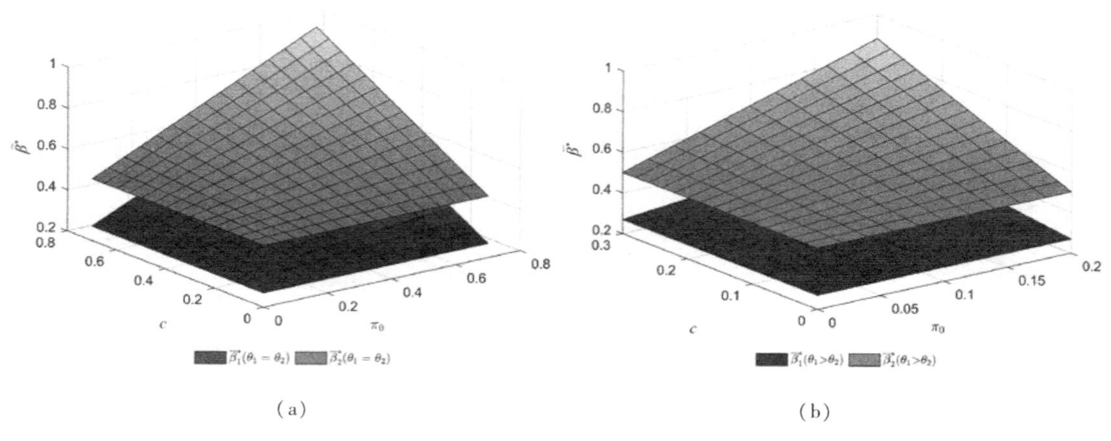

(a)　　　　(b)

图 5-12　成本系数和绩效标准对最优激励系数的影响

3）针对社会资本方运维能力的不确定性和政府方设置的绩效标准对最优激励系数的影响情况进行数值模拟

第一步：对公式（5-38）和公式（5-39）中的参数进行赋值。根据前文中激励系数和各参数的关系，对 c、s、k 和 δ 进行赋值：$c=0.5$，$s=0.5$，$k=0.7$，$\delta=0.925$。投入则分两种情况赋值：① $\theta_1=\theta_2$，假设 $\theta_1=\theta_2=1$；② $\theta_1>\theta_2$，假设 $\theta_1=0.7$ 和 $\theta_2=0.4$。

第二步：将第一步中各参数的具体数值代入到公式（5-38）和公式（5-39）中，根据 $0<\bar{\beta}_1^*<1$ 和 $0<\bar{\beta}_2^*<1$，当 $\theta_1=\theta_2=1$，τ 和 π_0 分别在区间［0，1］和［0，0.98］内取值时，社会资本方运维能力的不确定性和政府方设置的绩效标准对激励系数的影响如图 5-13（a）所示；当 $\theta_1=0.7$，$\theta_2=0.4$，τ 和 π_0 分别在区间［0，1］和［0，0.1568］内取值时，不确定性和绩效标准对激励系数的影响如图 5-13（b）所示。从图中可以看出，在两种情况下，总有 $\bar{\beta}_1^*<\bar{\beta}_2^*$，且在运维能力的不确定性和绩效标准的共同影响下，在项目的第一个绩效考核周期，政府对社会资本方的最优激励系数 $\bar{\beta}_1^*$ 随着二者的增加而增加，而在项目的第二个绩效考核周期，政府对社会资本方的最优激励系数 $\bar{\beta}_2^*$ 和社会资本方运维能力的不确定性无相关关系，政府方在绩效考核周期设置的绩效标准越高，最优激励系数 $\bar{\beta}_2^*$ 也越大。

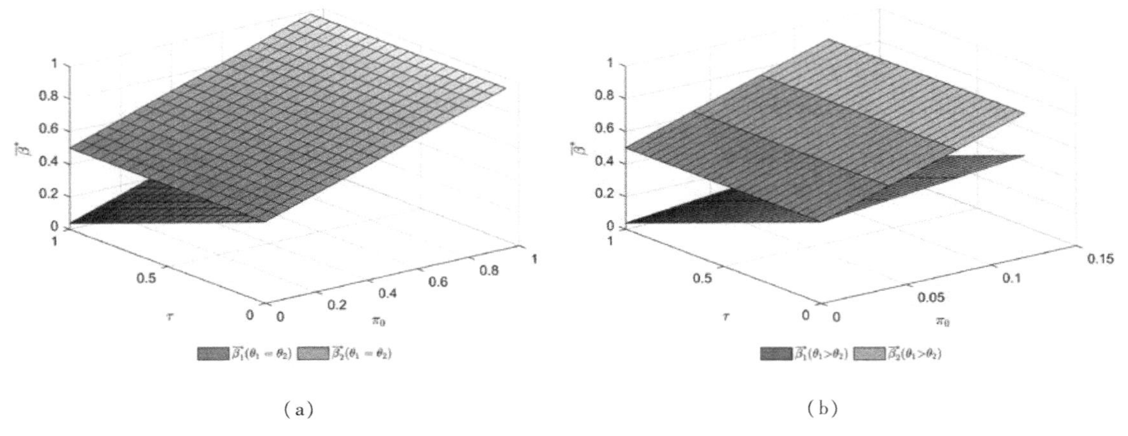

图 5-13　运维能力的不确定性和绩效标准对最优激励系数的影响

综上分析可知，政府方设置的绩效标准和社会资本方运维能力的不确定性的增大，会导致社会资本方的绩效收益减少。在项目的第一个绩效考核周期，政府方设置的绩效标准和社会资本方运维能力的不确定性相对较高，由于声誉效应的影响，社会资本方在满足合理收益的情况下，为了未来绩效考核周期的收益，会积极努力地提高绩效，而在项目的最后一个绩效考核周期，当面对相对较高的绩效标准和运维能力的不确定性时，声誉效应失去作用，社会资本方的积极性降低，在不能得到满意的收益时，甚至会为了自身收益而损失社会效益，因此，政府需要加大激励以保证社会资本方的合理利润。

2. 模型中关于最优激励系数的相关结论及证明

由前面的数值模拟可以看出，政府在项目的不同绩效考核周期对社会资本方的最优激励系数与政府方设置的绩效标准、社会资本方的讨价还价能力及成本系数等因素有关系。下面根据公式（5-38）和公式（5-39）给出满足最优激励系数之间不等式关系的一些结论及证明。

1）关于最优激励系数之间关系的相关结论

结论 1：若社会资本方在项目两个绩效考核周期的投入相同，即 $\theta_1 = \theta_2$，则 $\bar{\beta}_1^* < \bar{\beta}_2^*$。

该结论说明了社会资本方在各绩效考核周期的投入相同时，当前绩效考核周期的最优激励系数小于下一绩效考核周期的最优激励系数。

结论 2：当 $1/(2\tau\delta) < s < 1/(\tau\delta)$ 时，若 $0 < \pi_0 < (2s\tau\delta - 1)k^2\theta_1^2/c$，则有 $\bar{\beta}_1^* < \bar{\beta}_2^*$。

结论 3：当 $0 < s < 1/(\tau\delta)$ 时，若 $0 < \pi_0 < 2s\tau\delta k^2\theta_1^2\theta_2^2/c(\theta_2^2 - \theta_1^2)$，且 $(1 + 2s\tau\delta)\theta_1^2 < \theta_2^2$，则有 $\bar{\beta}_1^* < \bar{\beta}_2^*$。

结论 4：当 $0 < s < 1/(2\tau\delta)$ 时，若 $\dfrac{2s\tau\delta k^2\theta_1^2\theta_2^2}{c(\theta_2^2 - \theta_1^2)} < \pi_0 < \dfrac{(2s\tau\delta + 1)k^2\theta_1^2}{c}$，且 $(1 + 2s\tau\delta)\theta_1^2 < \theta_2^2$，则有 $\bar{\beta}_1^* > \bar{\beta}_2^*$。

2）结论的证明

结论 1 的证明：

当 $\theta_1=\theta_2$ 时，$\frac{(1-2s\tau\delta)k^2\theta_1^2+c\pi_0}{2k^2\theta_1^2}<\frac{k^2\theta_2^2+c\pi_0}{2k^2\theta_2^2}$，故 $\bar{\beta}_1^*<\bar{\beta}_2^*$ 成立。

结论 2 的证明：

根据 $0<\bar{\beta}_1^*<1$，$0<\bar{\beta}_2^*<1$ 可知，当 $1/(2\tau\delta)<s<1/(\tau\delta)$，$0<\pi_0<\frac{(2s\tau\delta-1)k^2\theta_1^2}{c}$ 时有：

$$\bar{\beta}_1^*=\frac{(1-2s\tau\delta)k^2\theta_1^2+c\pi_0}{2k^2\theta_1^2}\leqslant\frac{(1-2s\tau\delta)k^2\theta_1^2+(2s\tau\delta-1)k^2\theta_1^2}{2k^2\theta_1^2}=0,$$

$$\bar{\beta}_2^*=\frac{k^2\theta_2^2+c\pi_0}{2k^2\theta_2^2}>0$$

故 $\bar{\beta}_1^*<\bar{\beta}_2^*$ 成立。

结论 3 的证明：

由假设可知，$-1<1-2s\tau\delta<0$，$0<c\pi_0<(2s\tau\delta-1)k^2\theta_1^2/(\theta_2^2-\theta_1^2)$，从而：

$$\begin{aligned}\bar{\beta}_1^*-\bar{\beta}_2^*&=\frac{(1-2s\tau\delta)k^2\theta_1^2+c\pi_0}{2k^2\theta_1^2}-\frac{k^2\theta_2^2+c\pi_0}{2k^2\theta_2^2}\\&=\frac{k^2\theta_2^2(1-2s\tau\delta)\theta_1^2+\theta_2^2c\pi_0-\theta_1^2k^2\theta_2^2-\theta_1^2c\pi_0}{2\theta_1^2k^2\theta_2^2}\\&=\frac{k^2\theta_2^2(1-2s\tau\delta)\theta_1^2-\theta_1^2k^2\theta_2^2+(\theta_2^2-\theta_1^2)c\pi_0}{2\theta_1^2k^2\theta_2^2}\\&<\frac{k^2\theta_2^2(1-2s\tau\delta)\theta_1^2-\theta_1^2k^2\theta_2^2+2s\tau\delta k^2\theta_1^2\theta_2^2}{2\theta_1^2k^2\theta_2^2}=0\end{aligned}$$

所以 $\bar{\beta}_1^*<\bar{\beta}_2^*$。

结论 4 的证明：

由假设可知，$0<1-2\tau s\delta<1$，$2s\tau\delta k^2\theta_1^2\theta_2^2/(\theta_2^2-\theta_1^2)<c\pi_0<(2s\tau\delta+1)k^2\theta_1^2$，从而：

$$\begin{aligned}\bar{\beta}_1^*<\bar{\beta}_2^*&=\frac{\theta_2^2(1-2s\tau\delta)k^2\theta_1^2+\theta_2^2c\pi_0-\theta_1^2k^2\theta_2^2-\theta_1^2c\pi_0}{2k^2\theta_1^2\theta_2^2}\\&=\frac{\theta_2^2(1-2s\tau\delta_1)k^2\theta_1^2-\theta_1^2k^2\theta_2^2+(\theta_2^2-\theta_1^2)c\pi_0}{2k^2\theta_1^2\theta_2^2}\\&>\frac{\theta_2^2(1-2s\tau\delta_1)k^2\theta_1^2-\theta_1^2k^2\theta_2^2+2s\tau\delta_1k^2\theta_1^2\theta_2^2}{2k^2\theta_1^2\theta_2^2}=0\end{aligned}$$

故 $\bar{\beta}_1^*>\bar{\beta}_2^*$ 得证。

5.5.2 基于绩效的声誉和棘轮耦合效应下多周期动态激励机制模型的结果分析

1. 社会资本方的投入对最优激励系数的影响

在公式（5-67）和公式（5-68）中，假设 $c = 0.5$，$k = 0.7$，$d = 0.7$，$\delta_1 = 0.925$，$l = 0.8$，$\tau = 0.5$，$s = 0.2$，$\gamma = 0.8$，下面分两种情况分析社会资本方在项目的两个绩效考核周期的投入 θ_1 和 θ_2 对最优激励系数 $\tilde{\beta}_1^*$ 和 $\tilde{\beta}_2^*$ 的影响。为了方便表示，图中 $\tilde{\beta}^*$ 和 θ 分别表示最优激励系数和投入的集合，即 $\tilde{\beta}^* = \{\tilde{\beta}_1^*, \tilde{\beta}_2^*\}$，$\theta = \{\theta_1, \theta_2\}$。

1）社会资本方在两个绩效考核周期的投入相同时，投入对最优激励系数的影响

因为社会资本方在两个绩效考核周期的投入相同，故令 $\theta_1 = \theta_2 = \theta$，并将其他各参数的值代入到公式（5-67）和公式（5-68）中，根据 $0 < \tilde{\beta}_1^* < 1$ 和 $0 < \tilde{\beta}_2^* < 1$，可知 θ 在区间［0.7028，1］内取值，且 θ 和 $\tilde{\beta}_1^*$、$\tilde{\beta}_2^*$ 的关系如图 5-14 所示。

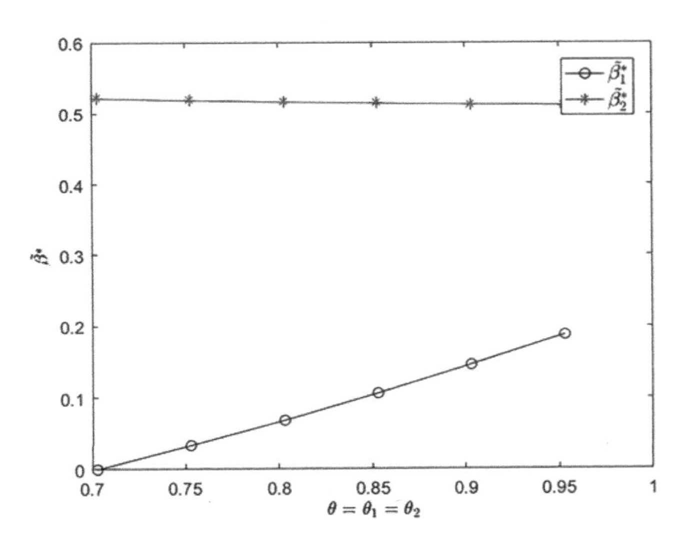

图 5-14　两个绩效考核周期的投入相同时，投入对最优激励系数的影响关系

从图中可以看出，社会资本方在项目不同绩效考核周期的投入相同时，政府在第二个绩效考核周期对社会资本方的最优激励系数 $\tilde{\beta}_2^*$ 大于在项目第一个绩效考核周期的最优激励系数 $\tilde{\beta}_1^*$，且第一个绩效考核周期的最优激励系数 $\tilde{\beta}_1^*$ 随投入 θ 的增加而增加，第二个绩效考核周期的最优激励系数 $\tilde{\beta}_2^*$ 和投入 θ 没有明显的相关关系。

2）社会资本方在两个绩效考核周期的投入不同时，投入对最优激励系数的影响

由于社会资本方在项目的两个绩效考核周期的投入不同，令 $\theta_1 \neq \theta_2$，将已知的各参数的值代入公式（5-67）和公式（5-68）中，根据 $0 < \tilde{\beta}_1^* < 1$ 和 $0 < \tilde{\beta}_2^* < 1$，得到社会

资本方在两个绩效考核周期的投入 θ_1 和 θ_2 的取值情况，如表 5-1 所示。为了直观看出 θ_1 和 θ_2 的变化对 $\tilde{\beta}_1^*$ 和 $\tilde{\beta}_2^*$ 的影响，将表中的数据表示在图 5-15 中。

表 5-1

社会资本方不同绩效周期的投入的取值情况

θ_2	θ_1	$\tilde{\beta}_1^*$	$\tilde{\beta}_2^*$
0.1	[0.2074, 1]	$0 < \tilde{\beta}_1^* < 1$	$0 < \tilde{\beta}_2^* < 1$
0.2	[0.2537, 1]	$0 < \tilde{\beta}_1^* < 1$	$0 < \tilde{\beta}_2^* < 1$
0.3	[0.3783, 1]	$0 < \tilde{\beta}_1^* < 1$	$0 < \tilde{\beta}_2^* < 1$
0.4	[0.5003, 1]	$0 < \tilde{\beta}_1^* < 1$	$0 < \tilde{\beta}_2^* < 1$
0.5	[0.6189, 1]	$0 < \tilde{\beta}_1^* < 1$	$0 < \tilde{\beta}_2^* < 1$
0.6	[0.7337, 1]	$0 < \tilde{\beta}_1^* < 1$	$0 < \tilde{\beta}_2^* < 1$
0.7	[0.8441, 1]	$0 < \tilde{\beta}_1^* < 1$	$0 < \tilde{\beta}_2^* < 1$
0.8	[0.9499, 1]	$0 < \tilde{\beta}_1^* < 1$	$0 < \tilde{\beta}_2^* < 1$

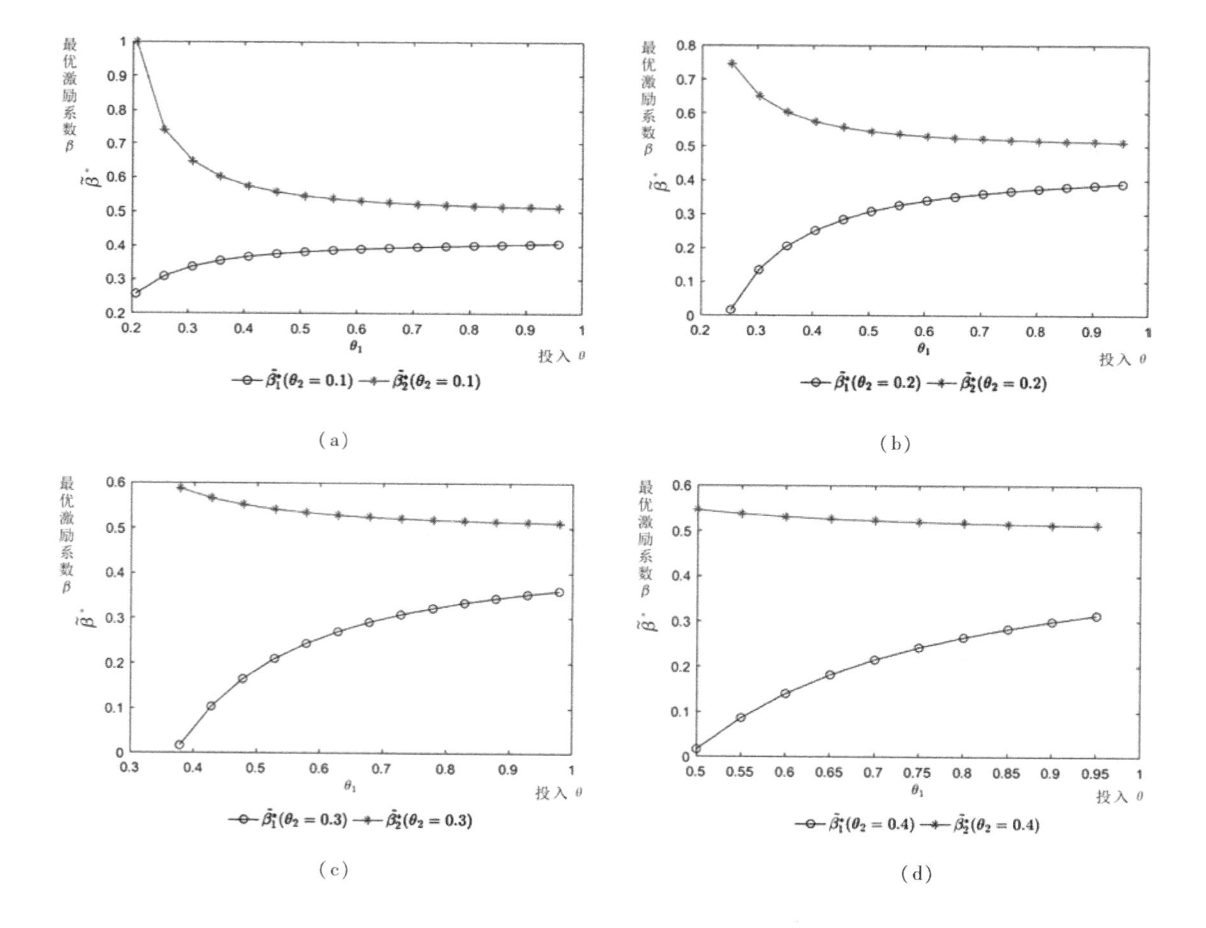

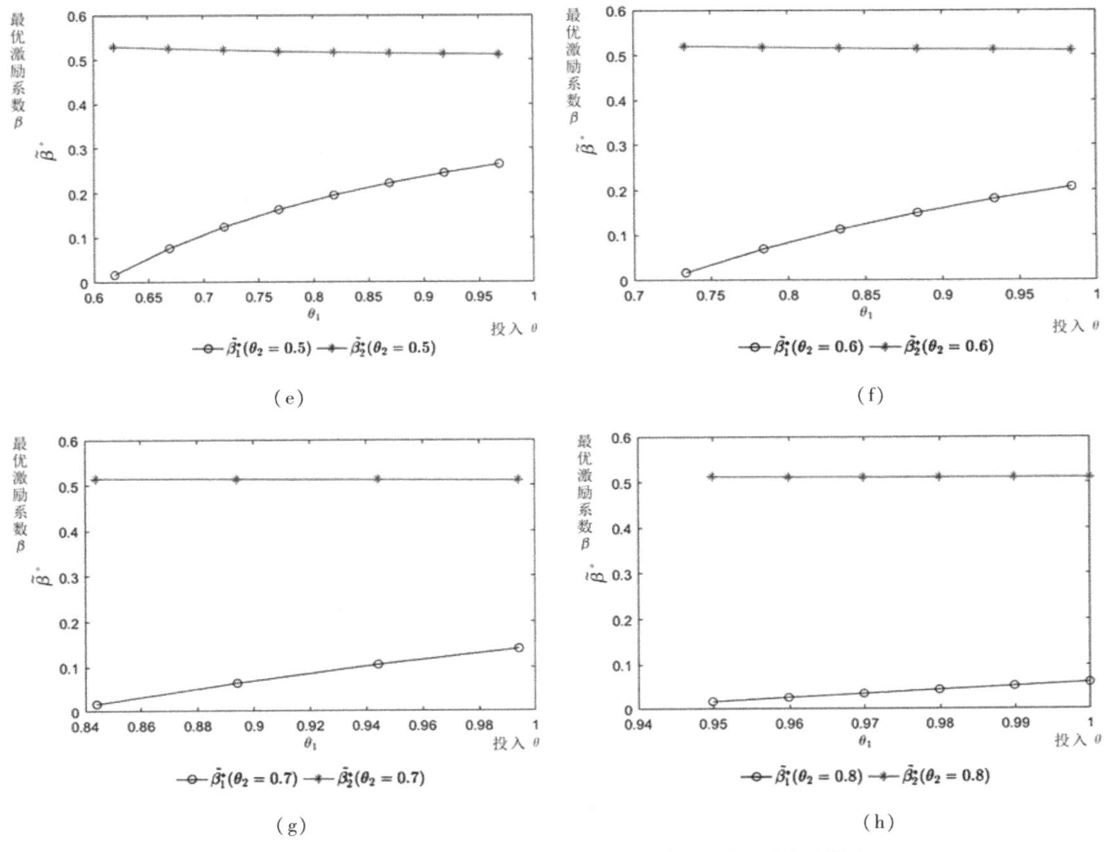

图 5-15 绩效考核周期的投入不同时，投入对最优激励系数的影响

从图中可以看出，社会资本方在项目的第一个绩效考核周期的投入 θ_1 总是大于第二个绩效考核周期的投入 θ_2，且政府在项目的第二个绩效考核周期对社会资本方的最优激励系数 $\tilde{\beta}_2^*$ 总是大于第一个绩效考核周期对社会资本方的最优激励系数 $\tilde{\beta}_1^*$。当社会资本方在项目第二个绩效考核周期的投入 θ_2 一定时，政府在项目的第一个绩效考核周期对社会资本方的最优激励系数 $\tilde{\beta}_1^*$ 总随着社会资本方在项目的第一个绩效考核周期的投入 θ_1 的增加而增加，在项目第二个绩效考核周期对社会资本方的最优激励系数 $\tilde{\beta}_2^*$ 随着 θ_1 的增加而减少。当社会资本方在项目的第二个绩效考核周期的投入 θ_2 大于等于0.5时，政府在项目第二个绩效考核周期对社会资本方的最优激励系数 $\tilde{\beta}_2^*$ 的大小和社会资本方在项目第一个绩效考核周期的投入 θ_1 的变化无相关关系。

综上分析可知，社会资本方在项目第一个绩效考核周期的投入大于等于项目第二个绩效考核周期的投入。当只考虑投入这个参数的影响时，政府在项目第一个绩效考核周期对社会资本方的最优激励系数总是小于其在项目第二个绩效考核周期对社会资本方的最优激励系数，且政府在项目第一个绩效考核周期对社会资本方的最优激励系数随投入的增加而增加，在项目第二个绩效考核周期对社会资本方的最优激励系数随投入的增加而减少。图5-16 给出了在上述两种投入情况下，政府对社会资本方的激励系数的对比关系，从图中看出，在第一个绩效考核周期，第一种情况下的激励系数小于第二种情况下的激励系数，而在第二个绩效考核周期中，两种情况下的激励系数相同。在最后一个绩效考核周期，由于没有支付的约束，社会资本方会减少自己的投入，政府就需要加大激励来促使社会资本增加投入。然而，当社会资本方的投入增加到0.5 时，激励效应失效，为了降低 PPP 项目残值风险，政府应加大特许经营期最后一个绩效考核周期的监督和管控。

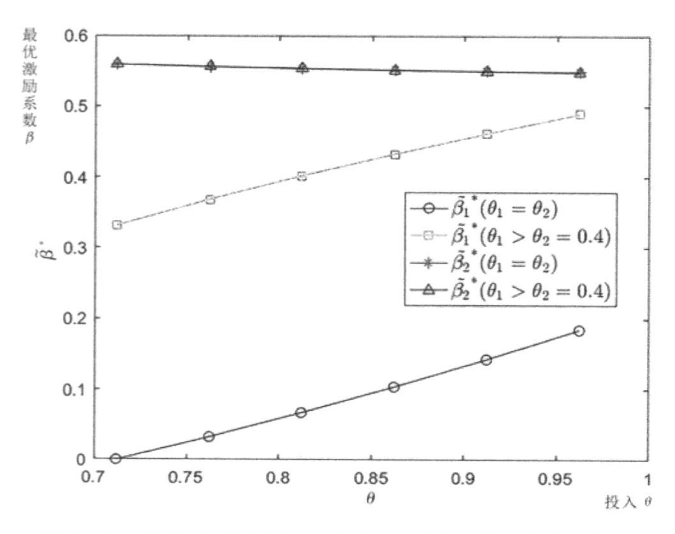

图 5-16　当投入相同和投入不同时，最优激励系数的对比关系

2. **政府方发现社会资本方的绩效水平是真实的概率和绩效调节系数对最优激励系数的影响**

在公式（5-67）和公式（5-68）中，假设 $\theta_1=0.7$，$\theta_2=0.4$，$c=0.5$，$k=0.7$，$\delta_1=0.925$，$d=0.7$，$\tau=0.5$，$s=0.2$，因为 $0<\tilde{\beta}_1^*<1$ 和 $0<\tilde{\beta}_2^*<1$，故得到 γ 和 l 分别在区间［0.4724，1］和［0.3755，0.9］内取值。于是，政府发现社会资本方的绩效水平是真实的概率 γ 和绩效调节系数 l 对最优激励系数 $\tilde{\beta}_1^*$ 和 $\tilde{\beta}_2^*$ 的影响如图 5-17 所示。从图中可以看出，在既定参数赋值的情况下，总有 $\tilde{\beta}_1^*<\tilde{\beta}_2^*$。在政府方发现社会资本方真实绩效水平的概率 γ 和绩效调节系数 l 的共同影响下，政府在项目的第一个绩效考核周期对社会资本方的最优激励系数 $\tilde{\beta}_1^*$ 随着二者的增加而增加，在项目的第二个绩效考核周期对社会资本方的最优激励系数 $\tilde{\beta}_2^*$ 随政府方发现社会资本方真实绩效水平的概率 γ 增加而减少，且与绩效调节系数 l 无明显的相关关系。

综上分析可知，在政府方发现社会资本方的绩效水平是真实的概率和绩效调节系数的共同影响下，政府在项目第一个绩效考核周期对社会资本方的最优激励系数小于其在项目第二个绩效考核周期对社会资本方的最优激励系数。政府方发现社会资本方的绩效水平是真实的概率增加，意味着加大了对社会资本方的惩罚程度；绩效调节系数的增加，意味着政府对社会资本方的绩效目标提高，进而社会资本方的绩效收益减少。因此，在项目的第一个绩效考核周期，由于声誉效应和棘轮效应的作用，即使政府方不付出太多激励，社会资本方在满足基本收益的情况下也会积极地付出努力，以提高未来绩效周期的收益，而在项目的第二个绩效考核周期，声誉效应和棘轮效应失去作用，政府方需要加大激励强度以保证社会资本方获得合理的收益。

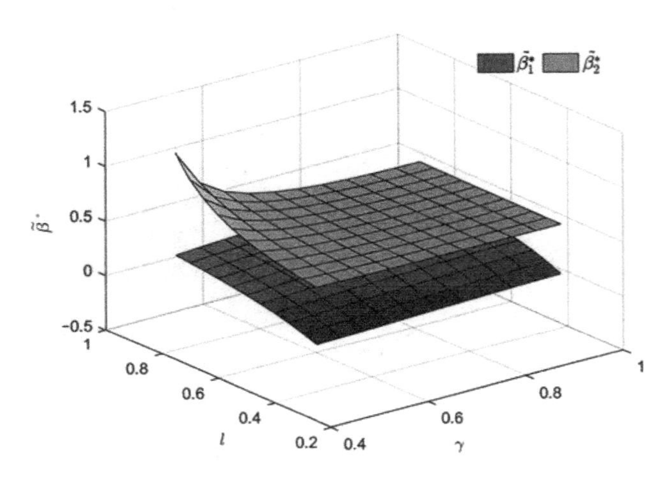

图 5-17　政府方发现社会资本方的绩效水平是真实的概率和绩效调节系数对最优激励系数的影响

3. 政府方发现社会资本方的绩效水平是真实的概率和惩罚系数对最优激励系数的影响

假设 $\theta_1 = 0.7$，$\theta_2 = 0.4$，$c = 0.5$，$k = 0.7$，$\delta_1 = 0.925$，$l = 0.8$，$\tau = 0.5$，$s = 0.2$，并将其代入公式（5-67）和公式（5-68）中，因为 $0 < \tilde{\beta}_1^* < 1$ 和 $0 < \tilde{\beta}_2^* < 1$，故得到 γ 和 d 分别在区间［0.6，1］和［0.4383，1］内取值。于是，政府方发现社会资本方的绩效水平是真实的概率 γ 和惩罚系数 d 对政府在项目的两个绩效考核周期对社会资本方的最优激励系数 $\tilde{\beta}_1^*$ 和 $\tilde{\beta}_2^*$ 的影响如图 5-18 所示。从图中可以看出，在既定参数赋值的情况下，总有 $\tilde{\beta}_1^* < \tilde{\beta}_2^*$。在政府方发现社会资本方的绩效水平是真实的概率 γ 和惩罚系数 d 的共同影响下，政府在项目的两个绩效考核周期对社会资本方的最优激励系数 $\tilde{\beta}_1^*$ 和 $\tilde{\beta}_2^*$ 随着二者的增加而增加。

综上分析可知，在政府方发现社会资本方的绩效水平是真实的概率和惩罚系数的共同影响下，政府在项目第一个绩效考核周期对社会资本方的最优激励系数小于其在项目第二个绩效考核周期对社会资本方的最优激励系数。政府方发现社会资本方的绩效水平是真实的概率增加，意味着加大了对社会资本方的惩罚程度。在第一个绩效考核周期，由于声誉效应和棘轮效应产生作用，为了提高未来绩效周期的收益，即使政府不付出更多激励，社会资本方在满足基本收益的情况下也会积极地提高绩效水平，而在第二个绩效考核周期，声誉效应和棘轮效应失去作用，社会资本方得不到满意的收益就会降低其努力的积极性，甚至会不惜降低绩效水平，因此，政府方需要加大激励强度以保证社会资本方获得合理的利润，进而提高项目的社会效益。

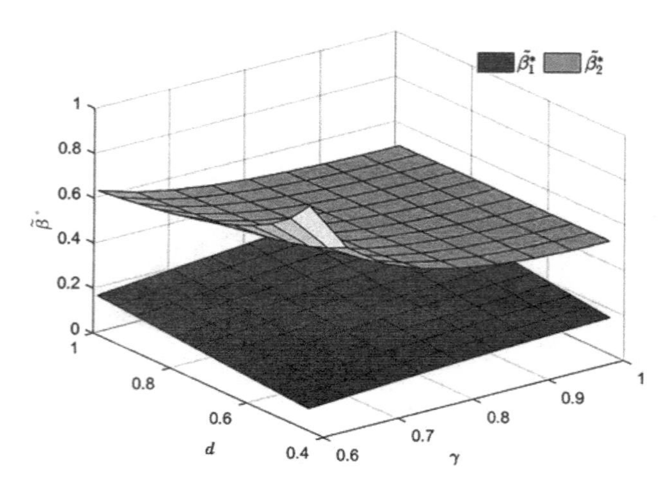

图 5-18　政府方发现社会资本方的绩效水平是真实的概率和惩罚系数对最优激励系数的影响

4. 社会资本方的讨价还价能力和政府方设置的绩效调节系数对最优激励系数的影响

假设 $\theta_1 = 0.7$，$\theta_2 = 0.4$，$c = 0.5$，$k = 0.7$，$\delta_1 = 0.925$，$\gamma = 0.8$，$\tau = 0.5$，$d = 0.7$，并将其代入公式（5-67）和公式（5-68）中，因为 $0 < \tilde{\beta}_1^* < 1$ 和 $0 < \tilde{\beta}_2^* < 1$，故得到 s 和 l 分别在区间［0，0.5324］和［0.5，1］内取值。于是，社会资本方的讨价还价能力 s 和绩效调节系数 l 对政府在两个绩效考核周期对社会资本方的最优激励系数 $\tilde{\beta}_1^*$ 和 $\tilde{\beta}_2^*$ 的影响如图 5-19 所示。从图中可以看出，在既定参数赋值的情况下，总有 $\tilde{\beta}_1^* < \tilde{\beta}_2^*$。在讨价还价能力和绩效调节系数的共同影响下，政府在项目第一个绩效考核周期对社会资本方的最优激励系数 $\tilde{\beta}_1^*$ 随着二者的增加而增加，而在项目第二个绩效考核周期对社会资本方的最优激励系数 $\tilde{\beta}_2^*$ 与二者的变化无明显的相关关系。

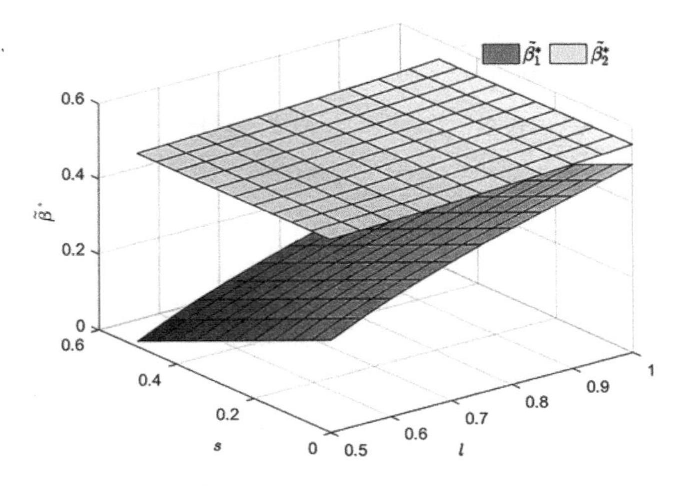

图 5-19　讨价还价能力和绩效调节系数对最优激励系数的影响关系

综上分析可知，在讨价还价能力和绩效调节系数的共同影响下，政府在项目的第一个绩效考核周期对社会资本方的最优激励系数小于第二个绩效考核周期对社会资本方的最优激励系数。社会资本方的讨价还价能力越强，意味着社会资本方的声誉越好，而绩效调节系数越大，则意味着政府设置的绩效目标越大，进而导致社会资本方的绩效收益减少。在项目的第一个绩效考核周期，由于声誉效应和棘轮效应产生作用，在满足社会资本方基本收益的情况下，即使政府方不付出太多激励，社会资本方为了提高未来绩效考核周期的收益也会积极地付出努力，而在项目的第二个绩效考核周期，声誉效应和棘轮效应失去作用，若社会资本方得不到满意的收益，不仅其努力的积极性会降低，甚至可能会降低绩效水平。因此，政府方需要加大激励强度以保证项目的社会效益。

5.5.3 模型的对比分析

在对已构建的激励机制模型的结果分析的基础上，本节将对构建的激励机制模型的结果进行对比分析。为了方便讨论，将基于绩效的声誉效应下多周期动态激励机制模型简称为“模型 1”，基于绩效的声誉和棘轮耦合效应下多周期动态激励机制模型简称为“模型 2”。

从前文对激励机制模型结果的分析来看，模型 1 中的主要影响参数讨价还价能力 s 的变化只与政府在项目第一个绩效考核周期对社会资本方的最优激励系数 $\bar{\beta}_1^*$ 有关，与项目第二个绩效考核周期对社会资本方的最优激励系数 $\bar{\beta}_2^*$ 不相关；模型 2 中的主要影响参数讨价还价能力 s 、绩效调节系数 l 、政府发现社会资本方的绩效水平是真实的概率 γ 、惩罚系数 d 只与第一个绩效考核周期的最优激励系数 $\tilde{\beta}_1^*$ 有关，与第二个绩效考核周期的激励系数 $\tilde{\beta}_2^*$ 无明显的相关关系，故这里只分析两个模型在第一个绩效考核周期的最优激励

系数 $\bar{\beta}_1^*$ 和 $\tilde{\beta}_1^*$ 在上述参数影响下的变化趋势。

第一步：对两个模型中的参数赋值，分别取 $\theta_1 = 0.7$，$\theta_2 = 0.4$，$c = 0.5$，$k = 0.7$，$\delta_1 = \delta = 0.925$，$\tau = 0.5$，$\pi_0 = 0.6$。

第二步：分析在参数讨价还价能力 s 、绩效调节系数 l 、政府发现社会资本方的绩效水平是真实的概率 γ 、惩罚系数 d 的影响下两个模型的最优激励系数 $\bar{\beta}_1^*$ 和 $\tilde{\beta}_1^*$ 的变化趋势。

1. 分析在讨价还价能力 s 和绩效调节系数 l 的影响下，最优激励系数 $\tilde{\beta}_1^*$ 和 $\bar{\beta}_1^*$ 的变化趋势

将在第一步中各参数的值分别代入公式（5-58）~公式（5-67）和公式（5-68）中，根据 $0 < \bar{\beta}_1^* < 1, 0 < \tilde{\beta}_1^* < 1, 0 < \tilde{\beta}_2^* < 1$，$s$ 和 l 分别在区间 $[0.2697, 0.5324]$ 和 $[0.5, 1]$ 内取值，可得到 $\tilde{\beta}_1^*$ 和 $\bar{\beta}_1^*$ 在讨价还价能力 s 和绩效调节系数 l 的共同影响下的变化情况，如图 5-20 所示。从图中可以看出，在其他各影响参数既定取值的情况下，最优激励系数 $\bar{\beta}_1^*$ 和 $\tilde{\beta}_1^*$ 在讨价还价能力 s 和绩效调节系数 l 的影响下，总是有 $\tilde{\beta}_1^* < \bar{\beta}_1^*$，且 $\bar{\beta}_1^*$ 和 $\tilde{\beta}_1^*$ 均随着 s 的增加而减少，$\tilde{\beta}_1^*$ 随着 l 的增加而增加，$\tilde{\beta}_1^*$ 在 s 和 l 的共同作用下呈增加的趋势。

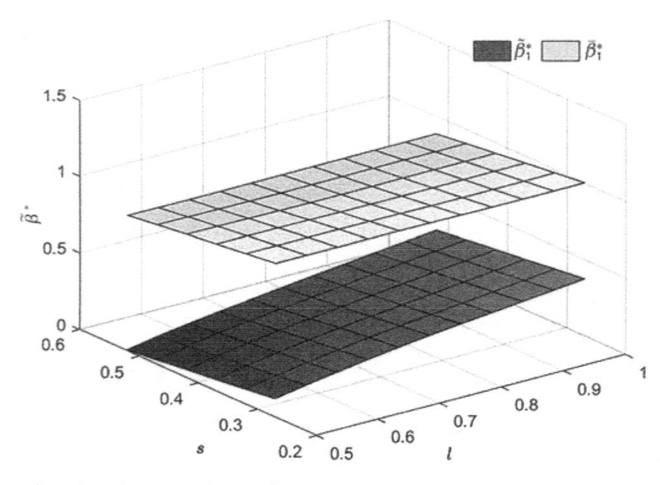

图 5-20 在讨价还价能力和绩效调节系数影响下两个模型的最优激励系数的对比关系

综上分析，最优激励系数 $\bar{\beta}_1^*$ 和 $\tilde{\beta}_1^*$ 均受社会资本方讨价还价能力的影响，且 $\tilde{\beta}_1^*$ 还受绩效调节系数的影响，以及在讨价还价能力和绩效调节系数的共同影响下，最优激励系数 $\tilde{\beta}_1^*$ 呈递增的趋势。在项目的第一个绩效考核周期，对于模型 1 来说，政府对社会资本方的最优激励系数只受声誉效应的影响，声誉替代了一部分激励，降低了政府的激励成本；而对于模型 2 来说，在讨价还价能力和绩效调节系数的共同影响下，政府对社会资本方的最优激励系数呈递增的趋势，由于棘轮效应的存在削弱了声誉效应，如果政府通过绩效调节系数提高绩效目标，在声誉效应和棘轮效应耦合作用的影响下，棘轮效应更强，政府应加大激励才能达到预期目标。

2. 分析在讨价还价能力 s 和政府发现社会资本方的绩效水平是真实的概率 γ 的影响下，最优激励系数 $\tilde{\beta}_1^*$ 和 $\bar{\beta}_1^*$ 的变化趋势

将第一步中给各参数赋的值分别代入公式（5-58）~公式（5-67）和公式（5-68）中，根据 $0<\bar{\beta}_1^*<1$，$0<\tilde{\beta}_2^*<1$，$0<\bar{\beta}_1^*<1$，s 和 γ 分别在区间［0.2697，1］和［0.6058，1］内取值，可得到 $\tilde{\beta}_1^*$ 和 $\bar{\beta}_1^*$ 在讨价还价能力 s 和政府发现社会资本方的绩效水平是真实的概率 γ 的共同影响下的变化情况，如图 5-21 所示。从图中可以看出，总是有 $\tilde{\beta}_1^*<\bar{\beta}_1^*$，且在其他各影响参数既定取值的情况下，$\bar{\beta}_1^*$ 和 $\tilde{\beta}_1^*$ 均随着 s 的增加而减少，$\tilde{\beta}_1^*$ 随着 γ 的增加而增加。在讨价还价能力 s 和政府发现社会资本方的绩效水平是真实的概率 γ 的共同影响下，$\tilde{\beta}_1^*$ 呈减少的趋势，由于模型 1 不考虑棘轮效应对激励系数的影响，故 $\bar{\beta}_1^*$ 的大小和 γ 的变化无任何相关关系。

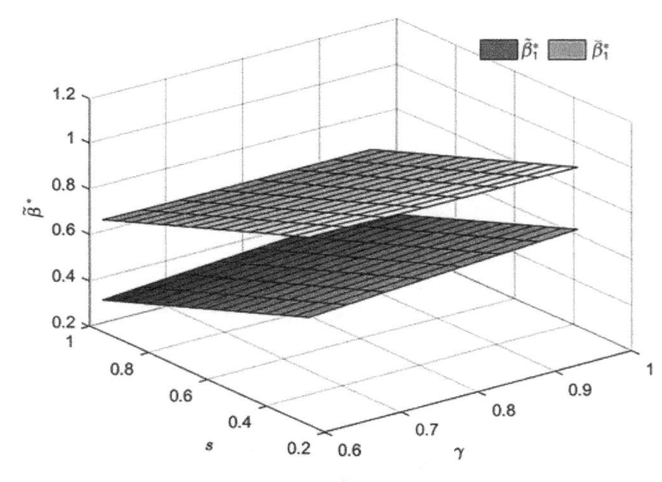

图 5-21　在讨价还价能力和政府发现社会资本方的绩效水平是真实的概率影响下两个模型的最优激励系数的对比关系

综上分析，政府对社会资本方的最优激励系数 $\bar{\beta}_1^*$ 和 $\tilde{\beta}_1^*$ 均受社会资本方讨价还价能力的影响，且 $\tilde{\beta}_1^*$ 还受政府发现社会资本方的绩效水平是真实的概率的影响，以及在讨价还价能力和政府发现社会资本方的绩效水平是真实的概率的共同影响下，最优激励系数 $\tilde{\beta}_1^*$ 呈递减的趋势。在项目的第一个绩效考核周期，对于模型 1 来说，政府对社会资本方的最优激励系数只受声誉效应的影响，声誉替代了一部分激励，降低了政府的激励成本；而对于模型 2 来说，在讨价还价能力和政府发现社会资本方的绩效水平是真实的概率的共同影响下，最优激励系数 $\tilde{\beta}_1^*$ 呈递减的趋势，由于声誉效应的存在削弱了棘轮效应，政府对社会资本方的惩罚越大，在声誉效应和棘轮效应耦合作用的影响下，声誉效应更强，能有效地降低政府在激励过程中的激励成本。

3. 分析在讨价还价能力 s 和惩罚系数 d 的共同影响下，最优激励系数 $\tilde{\beta}_1^*$ 和 $\bar{\beta}_1^*$ 的变化趋势

将第一步中给各参数赋的值分别代入公式（5-58）~公式（5-67）和公式（5-68）中，根据 $0<\tilde{\beta}_1^*<1, 0<\tilde{\beta}_2^*<1, 0<\bar{\beta}_1^*<1$，讨价还价能力 s 和惩罚系数 d 分别在区间［0.2697，0.6641］和［0，1］内取值，可得到最优激励系数 $\bar{\beta}_1^*$ 和 $\tilde{\beta}_1^*$ 在参数讨价还价能力 s 和惩罚系数 d 的共同影响下的变化情况，如图5-22所示。从图中可以看出，总是有 $\tilde{\beta}_1^*<\bar{\beta}_1^*$，且在其他各影响参数既定取值的情况下，最优激励系数 $\bar{\beta}_1^*$ 和 $\tilde{\beta}_1^*$ 均随着讨价还价能力 s 的增加而减少，最优激励系数 $\tilde{\beta}_1^*$ 随着惩罚系数 d 的增加而增加。在讨价还价能力 s 和惩罚系数 d 的共同影响下，模型2中政府对社会资本方的最优激励系数 $\tilde{\beta}_1^*$ 呈先增加后减小的趋势，而在模型1中由于不考虑棘轮效应对激励系数的影响，故最优激励次数 $\bar{\beta}_1^*$ 的大小和惩罚系数 d 的变化无相关关系。

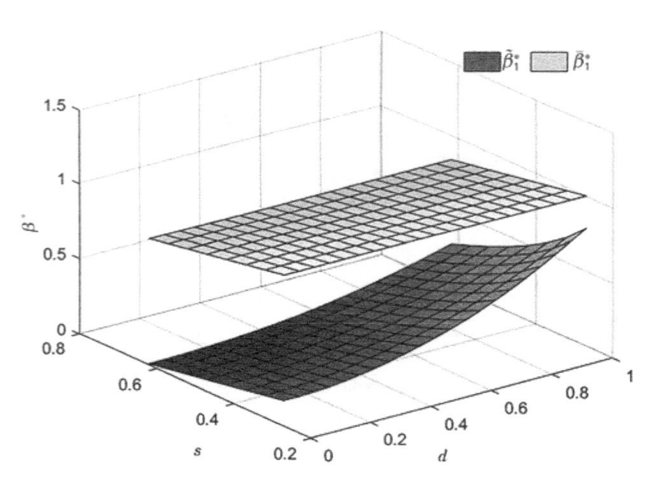

图5-22 在讨价还价能力和惩罚系数影响下两个模型的最优激励系数的对比关系

综上分析可知，最优激励系数 $\bar{\beta}_1^*$ 和 $\tilde{\beta}_1^*$ 均受讨价还价能力的影响，此外，最优激励系数 $\tilde{\beta}_1^*$ 还受惩罚系数的影响，且在讨价还价能力和惩罚系数的共同影响下，模型2中政府对社会资本方的最优激励系数 $\tilde{\beta}_1^*$ 呈先减小后增大的趋势。在项目的第一个绩效考核周期，对于模型1来说，社会资本方的讨价还价能力越强，说明其声誉越好，声誉代替了一部分激励，从而降低了政府的激励成本；而对于模型2来说，当讨价还价能力和惩罚系数均很小时，声誉效应更强，激励减少；当两者逐渐增大时，棘轮效应削弱声誉效应，为了防止棘轮效应引发的激励不相容，政府方在增大惩罚的情况下，需要加大激励，以实现“奖罚分明”。

5.6 本章小结

本章构建了基于绩效的水环境治理 PPP 项目多周期动态激励机制模型。首先，在水环境治理 PPP 项目激励机制基本模型的基础上，考虑在多周期委托代理过程中社会资本方的声誉效应，构建了基于绩效的声誉效应下多周期动态激励机制模型（模型 1）；其次，在模型 1 的基础上，继续考虑社会资本方在多周期委托代理过程中的棘轮效应，构建了基于绩效的声誉和棘轮耦合效应下多周期动态激励机制模型（模型 2）；最后，分别就构建的激励机制模型中的主要参数对结果的影响关系做了详细分析，并对两个模型得到的激励系数进行了对比分析。本章具体研究内容和主要结论如下：

（1）研究了声誉效应对社会资本方最优努力水平的影响。在项目的两个绩效考核周期内，社会资本方的最优努力水平与政府对社会资本方的激励系数、环境效益产出系数、社会资本方在运维期的投入呈正相关关系，而与其成本系数呈负相关关系；在项目的第一个绩效考核周期内，由于声誉效应的存在，和声誉效应相关的参数（社会资本方的讨价还价能力、社会资本方运维能力的方差与绩效产出的方差的比率）正向影响了社会资本方的最优努力水平。

（2）研究了声誉效应对政府对社会资本方的最优激励系数的影响。在项目的两个绩效考核周期内，政府对社会资本方的最优激励系数与环境效益产出系数、社会资本方在运维期的投入呈负相关关系。社会资本方的收益分为固定收益和绩效收益（可变收益），固定收益由上一周期的绩效产出和声誉决定，环境效益产出系数和社会资本方在运维期的投入影响社会资本方的绩效收益（可变收益）。如果政府能较为清晰地衡量环境效益产出和社会资本方在运维期的投入，降低政府和社会资本的信息不对称水平，便可以降低激励成本。在项目的第一个绩效考核周期，最优激励系数与社会资本的讨价还价能力、社会资本方运维能力的方差与绩效产出的方差的比率呈负相关关系，这两个参数决定了社会资本方的声誉效应，进而决定了社会资本方的固定收益部分，其声誉效应越强，固定收益部分越大，绩效收益就会相对减少，政府就可以减少激励付费，也就是说，声誉效应的存在，降低了政府的激励成本，实现了帕累托改进。在项目的第一个绩效考核周期，由于声誉效应的存在，即使政府方设置的期望目标绩效相对较高，为了提高未来绩效考核周期的收益，社会资本方会积极努力地提高绩效，而在项目的第二个绩效考核周期，声誉效应失去了作用，政府需要加大激励以促使社会资本方努力提高绩效。

（3）研究了声誉和棘轮耦合效应下社会资本方的最优努力水平。在项目的两个绩效考核周期内，社会资本方的最优努力水平与政府对社会资本方的激励系数、环境效益产出系数、社会资本方在运维期的投入呈正相关关系，与成本系数呈负相关关系；在项目的第一个周期内，由于声誉效应的存在，和声誉效应相关的参数（社会资本方的讨价还价能力、社会资本方运维能力的方差与绩效产出的方差的比率）正向影响社会资本的努力水平；由于棘轮效应的存在，政府设置较大的绩效调节系数会造成社会资本的努力水平降低。

（4）研究了棘轮效应影响下社会资本方对绩效的操纵程度。社会资本的绩效操纵程度与政府方发现社会资本方的绩效水平是真实的概率、社会资本方的讨价还价能力、政府方设置的惩罚系数呈负相关关系，政府方发现社会资本方的绩效水平是真实的概率越大，意味着社会资本被处罚的概率就越大；当惩罚系数增大时，社会资本操纵绩效的驱动力就会降低；绩效操纵程度越大，越容易被发现，声誉被破坏，最终影响收益，所以为了防止棘轮效应政府方要增强监管、加大惩罚力度，并扩大声誉效应影响，既实现了激励相容，又防止了“鞭打快牛”。

（5）研究了声誉和棘轮耦合效应下政府对社会资本方的最优激励系数。政府在最后一个绩效考核周期对社会资本方的最优激励系数总是大于第一个绩效考核周期政府对社会资本方的最优激励系数：①在项目最后一个绩效考核周期，声誉效应和棘轮效应失效，因此，绩效调节系数、讨价还价能力、政府方发现社会资本的绩效水平是真实的概率和惩罚系数不再影响激励系数。②在项目的第一个绩效考核周期，绩效调节系数、政府发现社会资本方的绩效水平是真实的概率、惩罚系数三者和棘轮效应相关的参数都与最优激励系数呈正相关关系。这说明在多周期动态激励中，如果政府想要提高绩效标准，为了防止棘轮效应的出现，就必须加强监管来增大发现社会资本真实绩效的概率，并加大处罚力度，同时还需要加大激励才能使社会资本接受不断提高的绩效标准并为之付出努力。讨价还价能力对最优激励系数产生负向影响，政府方没有给予太多的激励，社会资本方会为了维护自己“好的声誉”积极提高绩效水平，这是声誉激励（隐性激励）对显性激励的替代作用。

（6）分析了声誉和棘轮耦合效应。①讨价还价能力和绩效调节系数的耦合效应下，最优激励系数会随着二者的增加而增加，这是因为代表声誉机制（隐性激励）的讨价还价能力可以替代一部分的激励系数（显性激励），然而由于棘轮效应的存在，如果政府想通过绩效调节系数来提高绩效目标，就需要加大激励。②讨价还价能力和政府发现社会资本方真实绩效概率的耦合效应下，最优激励系数随两者的增加，总体呈现递增趋势。政府发现社会资本方的绩效水平是真实的概率越大，意味着政府对社会资本方的惩罚越大，政府需要加大激励实现“奖罚分明”。③在讨价还价能力和惩罚系数的耦合作用下，随着两者的增大，最优激励系数呈现先减小后增大的态势。在讨价还价能力和惩罚系数的值都较小时，激励系数在不断减小，说明声誉效应大于棘轮效应，声誉激励（隐性激励）在替代显性激励。随着讨价还价能力和惩罚系数的不断增大，激励系数增大，说明棘轮效应削弱了声誉效应，并且占据优势，为了防止棘轮效应引发的激励不相容，政府方在增大惩罚的情况下，更要加大激励，以实现“奖罚分明”。

| 6 |

结论与展望

本章主要归纳总结了本书的主要研究结论，并就其局限性和后续研究建议进行分析。

6.1 主要研究内容和结论

本书在研究水环境治理 PPP 项目绩效评价的基础上，综合运用运筹学、博弈论等方法，以“水环境治理 PPP 项目绩效激励机制”为研究对象，分析和研究了以下三个方面的内容：

（1）研究了水环境治理 PPP 项目绩效评价。首先，根据水环境治理 PPP 项目绩效评价指标选择的原则，结合文献综述、调查问卷等方法，并运用指标筛选模型，构建了水环境治理 PPP 项目绩效评价指标体系；其次，结合水环境治理 PPP 项目绩效评价涉及的专业多、数据类型复杂等特征，分别利用水环境治理 PPP 项目自适应加权融合算法以及语言直觉模糊理论对多源、多维、多时空、多主体数据信息进行集结；最后，综合利用传统的 MULTIMOORA 评价方法和直觉模糊集的优势，并结合水环境治理 PPP 项目绩效评价的实际问题，构建了改进的 MULTIMOORA 评价模型，该模型从比率系统、参照点法、全乘模型三个角度对评价对象进行评价，评价结果具有强鲁棒性。该部分内容是第 4 章和第 5 章研究的基础。

（2）设计了水环境治理 PPP 项目依效付费机制。该研究主要包含：①绩效挂钩率的计算。建立了以协调政府和社会资本双方利益诉求为目标的优化函数，并结合极值理论，得到绩效挂钩率的取值范围。结果表明，绩效挂钩率的最优取值范围与某一行业的社会平均生产水平有关，政府可以根据不同行业的生产力发展水平确定不同的绩效挂钩率。根据绩效挂钩率，政府对社会资本的付费可分为固定付费和绩效付费两部分，其中绩效付费为政府根据项目的绩效考核结果对社会资本方付费。②不同绩效水平下单位付费额的设计。结论表明，单位付费额主要由社会资本方的成本曲线、绩效水平区间的下界、绩效考核得分的概率分布三个参数决定。对于某一绩效水平区间，绩效考核得分在此区间内的概率越大，单位付费额也就越大，反之，政府应设置较小的单位付费额；绩效考核得分所在绩效水平区间的下界越高，设置的单位付费额也应越大；成本曲线的系数越大，单位付费额也越大。③基于绩效评价结果的政府阶段付费额优化模型的构建。运用多阶段随机动态规划理论，构建水环境治理 PPP 项目政府阶段付费额的优化模型，并利用逆序解法对模型求解。通过对某水环境治理 PPP 项目做案例分析，阐述了模型的求解过程，并验证了模型的可行性。

（3）构建了水环境治理 PPP 项目多周期动态激励机制模型。分别构建了基于绩效的声誉效应下多周期动态激励机制模型和基于绩效的声誉和棘轮耦合效应下多周期动态激励机制模型，并分析了激励机制模型结果，结果表明：①声誉效应正向影响社会资本方的最优努力水平，在项目的第一个绩效周期，声誉效应的存在可以降低政府的激励成本，而在项目的第二个绩效周期，也是最后一个绩效周期，声誉效应失去作用，政府需要加大激励以促进社会资本方提高绩效。②声誉效应和棘轮效应耦合的作用下，在项目的两个绩效周期内，社会资本方的最优努力水平与政府对社会资本方设置的激励系数、环境效益产出系数、社会资本方在运维期的投入呈正相关关系，与成本系数呈负相关关系；声誉效应在项目的第一个绩效周期可以有效地降低政府的激励成本，而在项目的第二个绩效周期，声誉效应失去作用，政府需要加大激励以促使社会资本方努力提高绩效，而为了防止棘轮效应，政府需要加大激励才能使社会资本接受不断提高的绩效标准并为之付出努力。③仅考虑声誉效应下多周期动态激励机制模型得到的最优激励系数总是大于考虑声誉效应和棘轮效应耦合作用下多周期动态激励机制模型得到的最优激励系数，即政府在对社会资本方的激励过程中，仅考虑声誉效应的影响时，政府的激励成本要大于同时考虑声誉效应和棘轮效应耦合作用下的激励成本。这是因为在激励过程中，声誉效应（隐性激励）可以替代一部分激励（显性激励），进而可以降低政府的激励成本，而棘轮效应的存在会削弱声誉效应，于是，当声誉效应和棘轮效应耦合作用时，在相同的绩效水平下，可以更加有效地降低政府的激励成本。

6.2 研究展望

本书以水环境治理 PPP 项目绩效激励机制为研究对象开展研究，取得了阶段性的研究成果，但以下方面仍需进一步研究：

（1）在已有研究的基础上，水环境治理 PPP 项目绩效评价的研究还需进一步完善。如何设计绩效评价体系才能对社会资本的努力起到正确的导向作用？绩效评价指标体系是否应当随着时间的演变而动态调整？如何根据绩效监测历史数据，体现基于大数据的指标实时更新过程？

（2）深入研究水环境治理 PPP 项目付费机制仿真模型，寻求更符合实际的扣除额的概率分布。在水环境治理 PPP 项目依效付费机制设计中，政府依据社会资本方绩效考核不合格的部分进行付费扣除，因为在每个绩效考核周期中，社会资本方的绩效考核结果是不确定的，故每个绩效考核周期内的扣除额具有随机性，需要根据历史数据来模拟扣费的概率分布，以使付费机制的设计更加优化。

（3）在多周期动态激励机制模型的构建中，需进一步考虑其他关键因子对水环境治理 PPP 项目长期激励机制设计的影响。在多阶段博弈的情况下，资产有随时间劣化的趋势，在合同设计和付费过程中要充分考虑特许期较长资产劣化的因素。那么，资产随时间劣化的特性如何影响激励机制的设计，声誉机制、资产劣化如何影响激励机制的设计，声誉机制、棘轮效应、资产劣化如何同时影响激励机制的设计等仍有待进一步研究。

参考文献

［1］王永康．绿水青山与金山银山［J］．求是，2014（16）：56-57.

［2］Hurwicz L. The Design of Mechanisms for Resource Allocation［J］. American Economic Review，1973，63（2）：1-30.

［3］Hurwicz L. Optimality and Informational Effciency in Resource Allocation Processes［J］. Mathematical Social Sciences，1960，89（353）：27-46.

［4］Hurwicz L. On Informationally Decentralized Systems［M］. Amsterdam and London：North-Holland，1972.

［5］朱静．以全面绩效考核践行 PPP 项目初心［N］．政府采购信息报，2018-10-29.

［6］Beatham S，Anumba C，Thorpe T，et al. KPIs：A Critical Appraisal of Their Use in Construction［J］. Benchmarking：An International Journal，2004，11（1）：93-117.

［7］Liu J X，Love P E D，Davis P R，et al. Concept Framework for The Performance Measurement of Public-Private Partnerships［J］. Journal of Infrastructure Systems，2015，21（1）.

［8］Martinez J R B，Rodriguez R E. Performance-based Indicators as A Tool to Manage Energy Efficiency in Transport. Case Study in Spain［J］. Procedia Computer Science，2016，83：847-854.

［9］Yu B，Zhang J，Wei S，et al. The Research on Information System Project Performance Evaluation based on Fuzzy Neural Network［C］. Wireless Communications，Networking and Mobile Computing，Wicom International Conference，2007.

［10］姜爱华，刘家象．PPP 项目实施过程中的财政激励约束机制研究［J］．烟台大学学报（哲学社会科学版），2017，30（4）：100-107.

［11］Mladenovic G，Vajdic N，Wündsch B，et al. Use of Key Performance Indicators for PPP Transport Projects to Meet Stakeholders' Performance Objectives［J］. Built Environment Project and Asset Management，2013，3（2）：228-249.

［12］Toor S U R，Ogunlana S O. Beyond the 'Iron Triangle'：Stakeholder Perception of Key Performance Indicators（KPIs）for Large-scale Public Sector Development Projects［J］. International Journal of Project Management，2010，28（3）：228-236.

［13］Liu J X，Love P E D，Sing M C P，et al. PPP Social Infrastructure Procurement：Examining the Feasibility of A Lifecycle Performance Measurement Framework［J］. Journal of Infrastructure Systems，2016，23（3）：04016041.

［14］Yuan J F，Zeng A Y，Skibniewski M J，et al. Selection of Performance Objectives and Key Performance Indicators in Public-Private Partnership Projects to Achieve Value for Money［J］. Construction Management and Economics，2009，27（3）：253-270.

［15］Yuan J F，Wang C，Skibniewski M J，et al. Developing Key Performance Indicators for Public-Private Partnership Projects：Questionnaire Survey and Analysis［J］. Journal of Management in Engineering，2012，28（3）：252-264.

[16] Yuan J F, Li W, Zheng X D, et al. Improving Operation Performance of Public Rental Housing Dlivery by PPPs in China [J]. Journal of Management in Engineering, 2018, 34 (4): 04018015.

[17] Liu J X, Love P E D, Smith J, et al. Praxis of Performance Measurement in Public-Private Partnerships: Moving beyond The Iron Triangle [J]. Journal of Management in Engineering, 2016, 32 (4): 04016004.

[18] Negishi K, Tiruta-Barna L, Schiopu N, et al. An Operational Methodology for Applying Dynamic Life Cycle Assessment to Buildings [J]. Building and Environment, 2018, 144: 611-621.

[19] Song J, Hu Y, Feng Z. Factors Influencing Early Termination of PPP Projects in China [J]. Journal of Management in Engineering, 2018, 34 (1): 05017008.

[20] Cong X H, Ma L. Performance Evaluation of Public-Private Partnership Projects from The Perspective of Efficiency, Economic, Effectiveness, and Equity: A Study of Residential Renovation Projects in China [J]. Sustainability, 2018, 10 (6): 1-21.

[21] Luo Z H, Yang Y F, Pan H, et al. Research on Performance Evaluation System of Shale Gas PPP Project based on Matter Element Analysis [J]. Mathematical Problems in Engineering, 2018, 2018: 1-18.

[22] 袁竞峰，季闯，李启明．国际基础设施建设PPP项目关键绩效指标研究 [J]．工业技术经济，2012, 31 (6): 109-120.

[23] Lawther W. Availability payments and key performance indicators: challenges in the effective implementation of performance management systems in transportation related public private partnerships [J]. Public Works Management and Policy, 2014, 19 (5): 315-316.

[24] 王亚华，吴丹．淮河流域水环境管理绩效动态评价 [J]．中国人口·资源与环境，2012, 22 (12): 32-38.

[25] 马涛，翁晨艳．城市水环境治理绩效评估的实证研究 [J]．生态经济，2011 (6): 24-26, 34.

[26] 李雪松，孙博文．基于层次分析的城市水环境治理综合效益评价——以武汉市为例 [J]．地域研究与开发，2013, 32 (4): 171-176.

[27] Cheung E, Chan A P C, Kajewski S. The Public Sector's Perspective on Procuring Public Works Projects - comparing The Views of Practitioners in Hong Kong and Australia [J]. Journal of Civil Engineering and Management, 2010, 16 (1): 19-32.

[28] 张传彬，马宇晴．新公共管理视角下高校后勤管理社会化的机制障碍及实现路径 [J]．教育理论与实践，2018, 38 (9): 16-18.

[29] 程言美．基于DEA法的水环境PPP项目绩效评价与支付设计 [J]．财会月刊，2016 (18): 94-96.

[30] 沈言言，邵俊岗．PPP项目定价理论、模式与定价机制构建 [J]．地方财政研究，2017 (10): 19-26.

[31] 宋金波，张紫薇．基于系统动力学的污水处理BOT项目特许定价 [J]．系统工程，2017, 35 (7): 138-145.

［32］何寿奎，孙立东．公共项目定价机制研究——基于 PPP 模式的分析［J］．价格理论与实践，2010（2）：71-72.

［33］姚鹏程，王松江．双层目标规划模型在 PPP 项目中的应用研究［J］．中国行政管理，2010（8）：122-125.

［34］任志涛，高素侠．PPP 项目价格上限定价规制研究——基于服务质量因子的考量［J］．价格理论与实践，2015（5）：51-53.

［35］段世霞，朱琼，侯阳．PPP 项目特许价格影响因素的结构方程建模分析［J］．科技管理研究，2013，33（10）：197-201.

［36］叶晓甦，杨俊萍．基于多目标规划模型的 PPP 项目定价方式研究［J］．统计与决策，2012，6：74-77.

［37］易欣．基于动态多目标的 PPP 轨道交通项目定价机制［J］．技术经济，2015，34（12）：108-115.

［38］邵俊岗，沈言言，李振．基于双层规划模型的 PPP 项目定价与政府补偿分析—以茂名市为例［J］．价格理论与实践，2016（9）：144-147.

［39］孙春玲，徐叠元．利益均衡视角下的 PPP 项目定价研究［J］．价格理论与实践，2015（10）：123-125.

［40］张水波，张晨，高颖．公私合营（PPP）项目的规制研究［J］．天津大学学报（社会科学版），2014，16（1）：30-35.

［41］Aziz A，Ahmed M. A Survey of The Payment Mechanisms For Transportation DBFO Projects in British Columbia［J］. Construction Management and Economics，2007，25（5）：529-543.

［42］Aziz A，Abdelhalim K. Comparative Analysis of P3 Availability Payments in The USA and Canada［C］. In Proceeding of The 2nd International Conference on Public Private Partnerships，Austin，Texas，USA，2015（5）：26-29.

［43］Zhu X，Cui Q. Availability Payment Design in Public Private Partnership［C］. POMS 25th Annual Conference on Atlanta，GA，USA，2014（5）：9-12.

［44］郑皎，侯嫚嫚．公益性 PPP 项目政府付费机制影响因素［J］．土木工程与管理学报，2018，35（6）：149-156.

［45］袁竞峰，李启明，邓小鹏．基础设施特许经营 PPP 项目的绩效管理与评估［M］．南京：东南大学出版社，2013.

［46］曹启龙，盛昭瀚，刘慧敏，等．多任务目标视角下 PPP 项目激励问题与模型构建［J］．软科学，2016，30（5）：114-118.

［47］Liu J，Gao R，Cheah C Y J，et al. Incentive Mechanism for Inhibiting Investors' Opportunistic Behavior in PPP Projects［J］. International Journal of Project Management，2016，34（7）：1102-1111.

［48］Sabry MI. Good Governance，Institutions and Performance of Public Private Partnerships［J］. The International Journal of Public Sector Management，2015，28（7）：566-582.

[49] Koo J, Yoon G-S, Hwang I, et al. A Pitfall of Private Participation in Infrastructure [J]. The American Review of Public Administration, 2012, 43 (6): 674-689.

[50] Greco L. Imperfect Bundling in Public-Private Partnerships [J]. Journal of Public Economic Theory, 2015, 17 (1): 136-146.

[51] 柯永建，王守清，陈炳泉. 私营资本参与基础设施 PPP 项目的政府激励措施 [J]. 清华大学学报（自然科学版），2009, 49 (9): 1480-1483.

[52] 易欣. PPP 轨道交通项目多任务委托代理监管激励机制 [J]. 交通运输系统工程与信息，2016, 16 (3): 1-7.

[53] Guasch J L, Laffont J J, Straub S. Renegotiation of Concession Contracts in Latin America [J]. International Journal of Industrial Organization, 2008, 26 (2): 421-442.

[54] 石莎莎，杨明亮. 城市基础设施 PPP 项目内部契约治理的柔性激励机制探析 [J]. 中南大学学报（社会科学版），2011, 17 (6): 155-160.

[55] 曹启龙，盛昭瀚，周晶，等. 契约视角下 PPP 项目寻租行为与激励监督模型 [J]. 科学决策，2015, 9: 51-67.

[56] Jensen P H, Stonecash R E, 叶婷婷，等. 公共部门外包合同的激励与效率 [J]. 经济资料译丛，2009 (3): 35-45.

[57] Andreoni J, Bergstrom T. Do Government Subsidies Increase The Private Supply of Public Goods? [J]. Public Choice, 1996, 88 (3/4): 295-308.

[58] Reeven P V. Subsidisation of Urban Public Transport and The Mohring Effect [J]. Journal of Transport Economics and Policy, 2008, 42 (2): 349-359.

[59] 曹启龙，盛昭瀚，周晶，等. 激励视角下 PPP 项目补贴方式研究 [J]. 科技管理研究，2016, 36 (14): 228-233.

[60] Acerete J B, Shaoul J, Stafford A, et al. The Cost of Using Private Finance for Roads in Spain And The UK [J]. Australian Journal of Public Administration, 2010, 69 (s1): S48-S60.

[61] 曹启龙，周晶，盛昭瀚. 基于声誉效应的 PPP 项目动态激励契约模型 [J]. 软科学，2016, 30 (12): 20-23.

[62] Rangel T, Vassallo J M, Arenas B. Effectiveness of Safety-based Incentives in Public Private Partnerships: Evidence from The Case of Spain [J]. Transportation Research Part A: Policy and Practice, 2012, 46 (8): 1166-1176.

[63] 刘德海，赵宁，邹华伟. 环境污染群体性事件政府应急策略的多周期声誉效应模型 [J]. 管理评论，2018, 30 (9): 239-245.

[64] 陈辉. PPP 模式手册 [M]. 北京：知识产权出版社，2015.

[65] 逯元堂，刘双柳，徐顺青，等. 基于弹性系数法的 PPP 项目建设期调价机制优化——以污水垃圾处理

类项目为例［J］．生态经济，2019，35（8）：167-170+229.

［66］Zhang Y W，Feng Z，Zhang S B. The Effects of Concession Period Structures on BOT Road Contracts［J］. Transportation Research Part A：Policy and Practice，2018，107：106-125.

［67］Roumboutsos A，Pantelias A. Allocating Revenue Risk in Transport Infrastructure Public－Private Partnership Projects：How it Matters［J］. Transport Reviews，2015，35（2）：183-203.

［68］Van den Hurk M，Verhoest K. On the fast track? Using Standard Contracts in Public-Private Partnerships for Sports Facilities：A Case Study［J］. Sport Management Review，2017，20（2）：226-239.

［69］胡君辰，宋源．绩效管理［M］．成都：四川人民出版社，2008.

［70］傅庆阳，张阿芬，李兵．PPP 项目绩效评价——理论与案例［M］．北京：中国电力出版社，2019.

［71］袁竞峰，王帆，李启明，等．基础设施 PPP 项目的 VFM 评估方法研究及应用［J］．现代管理科学，2012（1）：27-30.

［72］Morallos D，Amekudzi A. The State of the Practice of Value for Money Analysis in Comparing Public Private Partnerships to Traditional Procurements［J］. Public Works Management and Policy，2008，13（2）：114-125.

［73］高会芹，刘运国，亓霞，等．基于 PPP 模式国际实践的 VFM 评价方法研究——以英国、德国、新加坡为例［J］．项目管理技术，2011，9（3）：18-21.

［74］Vickrey W. Counterspeculation，Auctions，and Competitive Sealed Tenders［J］. Journal of Finance，1961，16（1）：8-37.

［75］Coase R H. The Nature of the Firm［J］. Economica，1937，11：386-405.

［76］Williamson O E. Markets and hierarchies：Analysis and Antitrust Implications［M］. New York：Free press，1975.

［77］丁翔．委托代理视角下大型工程合谋行为及其治理机制研究［D］．南京：南京大学，2015.

［78］Chang C Y. Principal－agent Model of Risk Allocation in Construction Contracts and Its Critique［J］. Journal of Construction Engineering and Management，2014，140（1）：04013032.

［79］刘敬伟．基于互惠性偏好的委托代理理论及其对和谐经济的贡献［D］．重庆：重庆大学，2010.

［80］Spence M，Zeckhauser R. Insurance，Information and Individual Action［J］. American Economic Review，1971，61（2）：380-387.

［81］Ross S A. The Economic Theory of agency：the Principle's Problem［J］. American Economic Review，1973，63（2）：134-139.

［82］Holmström B. Moral Hazard and Observability［J］. The Bell Journal of Economics，1979，10（1）：74-91.

［83］Holmström B. Moral Hazard in Teams［J］. The Bell Journal of Economics，1982，13（2）：324-340.

［84］Grossman S J，Hart O D. An Analysis of the Principal－agent Problem［J］. Econometrica，1983，51（1）：7-45.

[85] Laffont J J, Martimort D. The Theory of Incentives: the Principal-agent Model [M]. Princeton: Princeton University Press, 2001.
[86] Spence M, Zeckhauser R. Insurance, Information and Individual Action [J]. American Economic Review, American Economic Association, 1971, 61 (2): 380-387.
[87] Ross S A. The Economic Theory of Agency: the Pricipale's Problem [J]. American Economic Review, 1973, 63 (2): 134-139.
[88] Holmstrom B. Moral Hazard and Observability [J]. Bell Journal of Economics, 1979, 10 (1): 74-91.
[89] Mirrlees J. The Optimal Structure of Authority and Incentives Within an Oranization [J]. Bell Journal of Economics, 1976, 7 (1): 105-131.
[90] 财政部. 财政支出绩效评价管理暂行办法 [M]. 财政部. 中华人民共和国国务院公报. 2011: 39-43.
[91] 赵新博. PPP 项目绩效评价研究 [D]. 北京: 清华大学, 2009.
[92] 袁竞峰, Skibniewski M J, 邓小鹏, 等. 基础设施建设 PPP 项目关键绩效指标识别研究 [J]. 重庆大学学报 (社会科学版), 2012, 18 (3): 56-63.
[93] 林荣华. PPP 模式下水环境治理项目公司绩效考核指标及体系构建研究 [D]. 北京: 对外经济贸易大学, 2016.
[94] 孙慧, 申宽宽, 范志清. 基于 SEM 方法的 PPP 项目绩效影响因素分析 [J]. 天津大学学报 (社会科学版), 2012, 14 (6): 513-519.
[95] 崔德高. PPP 项目执行阶段操纵指南: 绩效考核实例 [M]. 北京: 法律出版社, 2018.
[96] 汪伦焰, 曹永超, 李慧敏, 等. 基于云模型的水环境质量评价——以贾鲁河郑州段为例 [J]. 节水灌溉, 2018 (7): 61-64+70.
[97] 史晓新, 夏军. 水环境质量评价灰色模式识别模型及应用 [J]. 中国环境科学, 1997, 17 (2): 127-130.
[98] 中华人民共和国建设部. CJJ 36-2006 城镇道路养护技术规范 [M]. 北京: 中国建筑工业出版社, 2006.
[99] 中华人民共和国建设部. CJJ 99-2017 城市桥梁养护技术规范 [M]. 北京: 中国建筑工业出版社, 2017.
[100] 湖北省质量技术监督局. DB 42/T 1124-2015 城市园林绿化养护管理质量标准 [M]. 2015.
[101] 王广满, 陈军. 安徽省水利工程维修养护定额标准 [M]. 安徽: 合肥工业大学出版社, 2016.
[102] 齐文启, 连军, 孙宗光.《地表水和污水监测技术规范》(HJ/T 91-2002) 的相关技术说明 [J]. 中国环境监测, 2006, 22 (1): 54-57.
[103] 王广满, 陈军. 安徽省水利工程维修养护定额标准 [M]. 安徽: 合肥工业大学出版社, 2016.
[104] 徐雄峰, 张艺才. 关于深圳城市河道管养的设计研究 [J]. 中国农村水利水电, 2012, 10: 48-49.
[105] 周志新, 赵翔. 小曹娥镇水资源与社会经济协调程度评价 [J]. 水利水电科技进展, 2010, 30 (S1): 149-151.

[106] 胡宇飞，余得昭，过龙根，等．武汉东湖水体异味物质及其与水环境因子相互关系［J］．湖泊科学，2017，29（1）：87-94.

[107] 程燕，张良璞，邹爱红．水体异味的调查与分析——以合肥雨花塘公园为例［J］．安徽农学通报，2016，22（18）：77-78.

[108] 卜久贺，梁红丽，王楠，等．一种景观式新型微纳米增氧生物浮岛技术在水环境治理中的应用［J］．华北水利水电大学学报（自然科学版），2018，39（4）：16-22.

[109] 湖北省质量技术监督局．DB 42/T 1124-2015 城市园林绿化养护管理质量标准［M］．2015.

[110] 中华人民共和国建设部．CJJ 36-2006 城镇道路养护技术规范［M］．北京：中国建筑工业出版社，2006.

[111] 中华人民共和国住房和城乡建设部．CJJ 99-2017［M］．北京：中国建筑工业出版社，2017.

[112] 孙傅，刘毅，曾思育，等．城市水体功能定位与水质控制标准制定技术［J］．中国给水排水，2014，30（4）：25-31.

[113] 张宝，刘静玲．湖泊富营养化影响与公众满意度评价方法［J］．水科学进展，2009，20（5）：695-700.

[114] 胡兰心，李雯，曹敏，等．上海市苏州河景观公众偏好研究［J］．环境科学与技术，2014，37（S1）：412-418.

[115] 程军蕊，徐继荣，郑琦宏，等．宁波市城区河道水环境综合整治效果评价方法及应用［J］．长江流域资源与环境，2015，24（6）：1060-1066.

[116] 朱伟，夏霆，姜谋余，等．城市河流水环境综合评价方法探讨［J］．水科学进展，2007（5）：736-744.

[117] 崔家萍，唐德善．基于 ISM 的城市黑臭水体整治公众满意度影响因素［J］．南水北调与水利科技，2018，16（6）：103-108+118.

[118] 余海霞，来勇，李晓龙，等．杭州城市河道综合治理工程生态环境效应评估指标体系［J］．水资源保护，2017，33（3）：90-94.

[119] 王桂林，郦息明，陶淑芸．连云港市典型河湖健康评价研究［J］．江苏水利，2017（3）：28-33.

[120] 李浩，杨侃，陈静，等．灰色三角白化权集对分析模型在河流健康评价中的应用［J］．水电能源科学，2015，33（8）：33-36.

[121] 刘童，何穆，王禹骁，等．基于 AHP 与 Kano 模型分析的天津水上公园满意度综合评价［J］．山东农业大学学报（自然科学版），2016，47（3）：417-424.

[122] 陈嘉，翟熙辰．水环境治理 PPP 项目的研究与分析［J］．中国战略新兴产业，2018（12）：79-80.

[123] 张利华，邹波，黄宝荣．城市绿地生态功能综合评价体系研究的新视角［J］．中国人口·资源与环境，2012，22（4）：67-71.

[124] 荣伟，王淑贤，李莉．城市公园公共服务市民满意度及影响因素分析——以乌鲁木齐市为例［J］．中国园林，2017，33（5）：101-105.

[125] 刘昌雪，汪德根．外国游客对中国城市旅游公共服务体系满意度评价——以苏州市为例 [J]．城市发展研究，2015，22 (7)：101-110.

[126] 吴春梅，何秉宇，吴磊，等．基于市民满意度的城市环境综合整治效果评估研究——以乌鲁木齐市为例 [J]．干旱区资源与环境，2015，29 (5)：42-47.

[127] 辛琛，李文英．渭河公园的公众满意度分析 [J]．安徽农业科学，2012，40 (3)：1574-1576+1827.

[128] 石宝峰，迟国泰．基于信息含量最大的绿色产业评价指标筛选模型及应用 [J]．系统工程理论与实践，2014，34 (7)：1799-1810.

[129] 周荣义，张诺曦，周瑛．基于 AHP 与重要性指标筛选的神经网络评价模型与应用 [J]．中国安全科学学报，2007，17 (4)：43-47.

[130] 甘琳，申立银，傅鸿源．基于可持续发展的基础设施项目评价指标体系的研究 [J]．土木工程学报，2009，42 (11)：133-138.

[131] Liu B, Hu Y, Wang A, et al. Critical Factors of Effective Public Participation in Sustainable Energy Projects [J]. Journal of Management Engineering, 2018, 34 (5): 04018029.

[132] Turcu C. Re-thinking Sustainability Indicators: Local Perspectives of Urban Sustainability [J]. Journal of Environmental Planning and Management, 2013, 56 (5): 695-719.

[133] 周剑，肖甫，杜宁，等．基于情绪感知的语言多属性决策方法 [J/OL]．控制与决策：1-8 [2019-11-09]．https://doi.org/10.13195/j.kzyjc.2018.1435.

[134] 袁宇翔，孙静春．多粒度语言信息的交互式多属性群决策方法及应用 [J]．运筹与管理，2019，28 (6)：25-32.

[135] 彭勃，叶春明，杜雪樵．基于直觉纯语言集结算子的多属性群决策方法 [J]．运筹与管理，2017，26 (5)：62-68.

[136] 王中兴，陈晶，兰继斌．基于直觉不确定语言新集成算子的多属性决策方法 [J]．系统工程理论与实践，2016，36 (7)：1871-1878.

[137] Zadeh L A. Fuzzy sets [J]. Information and Control, 1965, 8 (3): 338-353.

[138] Atanassov K T, Rangasamy P. Intuitionistic fuzzy sets [J]. Fuzzy Sets and Systems, 1986, 20 (1): 87-96.

[139] Xu Z S. Intuitionistic Fuzzy Aggregation Operators [J]. IEEE Transactions on Fuzzy Systems, 2007, 15 (6): 1179-1187.

[140] 徐泽水．直觉模糊信息集成理论及应用 [M]．北京：科学出版社，2008.

[141] Xu Z S, Yager R R. Some Geometric Aggregation Operators Based on Intuitionistic Fuzzy Sets [J]. International Journal of General Systems, 2006, 35 (4): 417-433.

[142] 徐永杰，孙涛，李登峰．直觉模糊 POWA 算子及其在多准则决策中的应用 [J]．控制与决策，2011，26 (1)：129-132.

[143] Herrera F, Herrera-Viedma E, Verdergay J. L. A model of Consensus in Group Decision Making under Linguistic Assessments [J]. Fuzzy Sets and Systems, 1996, 78 (1): 73-78.

[144] Xu Z S. A method Based on Linguistic Aggregation Operators for Group Decision Making with Linguistic Preference Relations [J]. Information Sciences, 2004, 166 (1-4): 19-30.

[145] 徐泽水. 基于语言标度中术语指标的多属性群决策法 [J]. 系统工程学报, 2005, 20 (1): 84-88.

[146] 徐泽水. 基于语言信息的决策理论与方法 [M]. 北京: 科学出版社, 2008.

[147] Xu Z S. Interactive Group Decision Making Procedure Based on Uncertain Multiplicative Linguistic Preference Relations [J]. Journal of Systems Engineering and Electronics, 2010, 21 (3): 408-415.

[148] Xu Z S. Uncertain Linguistic Aggregation Operators Based Approach to Multiple Attribute Group Decision Making under Uncertain Linguistic Environment [J]. Information Sciences, 2004, 168 (1): 171-184.

[149] 王武平. 面向群评价的混合多属性群决策方法研究 [D]. 天津: 天津大学, 2008.

[150] 秦寿康. 综合评价原理与应用 [M]. 北京: 电子工业出版社, 2003.

[151] 夏勇其, 吴祈宗. 一种混合型多属性决策问题的TOPSIS方法 [J]. 系统工程学报, 2004, 19 (6): 630-634.

[152] 徐泽水, 达庆利. 区间型多属性决策的一种新方法 [J]. 东南大学学报(自然科学版), 2003, 33 (4): 498-501.

[153] 徐泽水. 不确定多属性决策方法及应用 [M]. 北京: 清华大学出版社, 2004.

[154] 韩二东, 徐国东. 基于直觉模糊交叉熵及灰色关联的混合评价信息供应商选择决策 [J]. 科学技术与工程, 2017, 17 (7): 1-9.

[155] Zhang S, Liu S. A GRA-based Intuitionistic Fuzzy Multi-criteria Group Decision Making Method for Personnel Selection [J]. Expert Systems with Applications, 2011, 38 (9): 11401-11405.

[156] Xu Z S. Intuitionistic Fuzzy Aggregation Operators [J]. IEEE Transactions on Fuzzy Systems, 2007, 15 (6): 1179-1187.

[157] 曹守启, 刘影. 基于水产品保活运输的多传感器数据融合算法 [J]. 山东农业大学学报(自然科学版), 2018, 49 (6): 941-945.

[158] 孙国祥. 基于多信息融合的温室黄瓜肥水一体化灌溉系统研究 [D]. 南京: 南京农业大学, 2016.

[159] 陈智芳. 基于多源信息融合的灌溉决策方法研究 [D]. 北京: 中国农业科学院, 2018.

[160] 李战明, 陈若珠, 张保梅. 同类多传感器自适应加权估计的数据级融合算法研究 [J]. 兰州理工大学学报, 2006, 32 (4): 78-82.

[161] Brooks R R, Iyengar S S. Multi-Sensor Fusion [M]. New York: Prentice Hall, 1998.

[162] 孙克雷, 秦汝祥. 基于自适应分批估计的瓦斯监测多传感器数据融合研究 [J]. 传感器与微系统, 2011, 30 (10): 47-49.

[163] 何友，王国宏，彭应宁，等. 多传感器信息融合及应用 [M]. 北京：电子工业出版社，2000.
[164] 程砚秋. 基于区间相似度和序列比对的群组 G1 评价方法 [J]. 中国管理科学，2015，23（S1）：204-210.
[165] 安进，徐廷学，曾翔，等. 组合赋权下的装备质量状态信息融合评估方法 [J]. 控制与决策，2018，33（9）：1693-1698.
[166] 刘宏涛，赵希男，侯楠. 基于主客体双重视角的专家权重确定方法 [J]. 统计与决策，2018，34（12）：34-38.
[167] 李柏洲，尹士. 基于一致性的制造业企业伙伴选择多属性决策模型研究——合作创新视角 [J]. 运筹与管理，2018，27（6）：6-13.
[168] 迟国泰，李鸿禧，潘明道. 基于违约鉴别能力组合赋权的小企业信用评级—基于小型工业企业样本数据的实证分析 [J]. 管理科学学报，2018，21（3）：105-126.
[169] 李刚，李建平，孙晓蕾，等. 兼顾序信息和强度信息的主客观组合赋权法研究 [J]. 中国管理科学，2017，25（12）：179-187.
[170] 李刚，李建平，孙晓蕾，等. 主客观权重的组合方式及其合理性研究 [J]. 管理评论，2017，29（12）：17-26+61.
[171] 蔡晨光，徐选华，王佩，等. 基于决策者信任水平和组合赋权的不完全偏好 复杂大群体应急决策方法 [J]. 运筹与管理，2019，28（5）：17-25.
[172] 刘满凤，任海平. 基于一类新的直觉模糊熵的多属性决策方法研究 [J]. 系统工程理论与实践，2015，35（11）：2909-2916.
[173] 张亮，王坚浩，郑东良，等. 基于直觉模糊熵和 VIKOR 的装备器材供应商选优决策 [J]. 系统工程与电子技术，2019，41（7）：1568-1575.
[174] 王文宾，丁军飞. 基于电商平台的混合销售渠道对供应链决策的影响研究 [J]. 运筹与管理，2019，28（6）：89-97.
[175] 韩二东，郭鹏，赵静. 基于距离测度及支持度的混合评价信息供应商选择决策 [J]. 运筹与管理，2018，27（9）：73-78.
[176] 糜万俊，戴跃伟. 基于前景理论的风险型混合模糊多准则群决策 [J]. 控制与决策，2017，32（7）：1279-1285.
[177] Chen X，Zhao L，Liang H. A Novel Multi-attribute Group Decision-making Method Based on the MULTIMOORA with Linguistic Evaluations [J]. Soft Computing，2018，22（16）：5347-5361.
[178] Pérez-Domínguez L，Rodríguez-Picón L A，Alvarado-Iniesta A，et al. MOORA under Pythagorean Fuzzy Set for Multiple Criteria Decision Making [J]. Complexity，2018，2018（5）：1-10.
[179] Brauers W. Project Management for a Country with Multiple Objectives [J]. Czech Economic Review，2012，6（1）：80-101.

[180] Karel W, Brauers M, Zavadskas E K. The MOORA Method and Its Application to Privatization in a Transition Economy [J]. Control and Cybernetics, 2006, 35 (35): 445-469.

[181] Liu H C, Fan X J, Li P, et al. Evaluating the Risk of Failure Modes with Extended MULTIMOORA Method under Fuzzy Environment [J]. Engineering Applications of Artificial Intelligence, 2014, 34, 168-177.

[182] Brauers W, Zavadskas E K. Project Management by Multimoora as an Instrument for Transition Economies [J]. Technological and Economic Development, 2010, 16 (1): 5-24.

[183] Zavadskas E K, Bausys R, Juodagalviene B, et al. Model for Residential House Element and Material Selection by Neutrosophic MULTIMOORA Method [J]. Engineering Applications of Artificial Intelligence, 2017, 64: 315-324.

[184] Hafezalkotob A, Hafezalkotob A. Interval MULTIMOORA Method with Target Values of Attributes Based on Interval Distance and Preference Degree: Biomaterials Selection [J]. Journal of Industrial Engineering International, 2016, 13 (2): 181-198.

[185] Ijadi Maghsoodi A, Abouhamzeh G, Khalilzadeh M, et al. Ranking and Selecting the Best Performance Appraisal Method Using the MULTIMOORA Approach Integrated Shannon's Entropy [J]. Frontiers of Business Research in China, 2018, 12 (1): 1-21.

[186] Fattahi R, Khalilzadeh M. Risk Evaluation using a Novel Hybrid Method Based on FMEA, Extended MULTIMOORA, and AHP Methods Under Fuzzy Environment [J]. Safety Science, 2018, 102: 290-300.

[187] Zhao H, You J X, Liu H C. Failure Mode and Effect Analysis Using MULTIMOORA Method with Continuous Weighted Entropy Under Interval-valued Intuitionistic Fuzzy Environment [J]. Soft Computing, 2016, 21 (18): 5355-5367.

[188] Brauers W K M, Zavadskas E K. Robustness of MULTIMOORA: a Method for Multi-objective Optimization [J]. Informatica, 2012, 23 (1): 1-25.

[189] Baležentis T, Baležentis A. A Survey on Development and Applications of the Multi-criteria Decision Making Method MULTIMOORA [J]. Journal of Multi-Criteria Decision Analysis, 2013, 21 (3-4): 209-222.

[190] Brauers W K M, Baležentis A, Baležentis T. Multimoora for the EU Member States Updated with Fuzzy Number Theory [J]. Technological and Economic Development of Economy, 2011, 17 (2): 259-290.

[191] 刘天寿，匡海波，刘家国，等．区间数熵权 TOPSIS 的港口安全管理成熟度评价 [J]．哈尔滨工程大学学报，2019，40 (5)：1024-1030.

[192] 郑寇全，雷英杰，王睿，等．直觉模糊时间序列建模及应用 [J]．控制与决策，2013，28 (10)：1525-1530.

[193] 吴孝灵，周晶，彭以忱，等．基于公私博弈的 PPP 项目政府补偿机制研究 [J]．中国管理科学，2013，21 (S1)：198-204.

[194] Suprapto M, Bakker H L M, Mooi H G, et al. Sorting out the Essence of Owner - Contractor Collaboration in Capital Project Delivery [J]. International Journal of Project Management, 2015, 33 (3): 664-683.
[195] Hosseinian S M, Carmichael D G. Optimal Incentive Contract with Risk-neutral Contractor [J]. Journal of Construction Engineering and Management, 2013, 139 (8): 899-909.
[196] Jacopino A. Mastering Performance Based Contracts: From Why to What to How [M]. America: CreateSpace Independent Publishing Platform, 2018.
[197] Abdelaziz B F, Aouni B, Fayedh E R. Multi-objective Stochastic Programming for Portfolio Selection [J]. European Journal of Operational Research, 2007, 177 (3): 1811-1823.
[198] 曾雪婷. 随机模糊规划方法及流域水权交易研究 [D]. 北京: 华北电力大学, 2015.
[199] 胡运权. 运筹学教程 [M]. 北京: 清华大学出版社, 2018.
[200] Winston W L. Operations Research: Applications and Algorithms [M]. USA: Duxbury Press, 2004.
[201] Holmstrom B, Milgrom P. Multitask Principal-agent Analyses: Incentive Contracts, Asset Ownership, and Job Design [J]. Journal of Law Economics and Organization, 1991, 7 (Special Issue): 24-52.
[202] 徐飞, 宋波. 公私合作制 (PPP) 项目的政府动态激励与监督机制 [J]. 中国管理科学, 2010, 18 (3): 165-173.
[203] 张维迎. 博弈论与信息经济学 [M]. 上海: 上海人民出版社, 2004.
[204] Gill D, Stone R. Fairness and Desert in Tournaments [J]. Games and Economic Behavior, 2010, 69 (2): 346-364.
[205] Xing D, Liu T. Sales Effort Free Riding and Coordination with Price Match and Channel Rebate [J]. European Journal of Operational Research, 2012, 219 (2): 264-271.
[206] 谢识予. 经济博弈论 [M]. 上海: 复旦大学出版社, 2017.
[207] Luo B, Wang C, Li C. Incentive Mechanism Design Aiming at Deflated Performance Manipulation in Retail Firms: Based on the Ratchet Effect and the Reputation Effect [J]. Mathematical Problems in Engineering, 2016, 2016: 1-9.

附录 1

水环境治理 PPP 项目关键绩效指标调查问卷

尊敬的女士/先生，您好：

首先，诚挚感谢您能在百忙之中抽出宝贵时间参与此次问卷调查。

我们正在进行一项关于水环境治理 PPP 项目关键绩效指标的调查分析，以发现水环境治理 PPP 项目顺利实施的关键绩效指标。以此为出发点，我们希望研究成果能够为政府和 SPV 项目公司合理地管理和有效地运营 PPP 项目提供参考。

随后附上调查问卷表，请您按照自己的观点选择您最想选择的答案。您填写此次问卷是对我们课题研究工作的极大支持，非常希望您能够将该问卷分享给您所熟知的相关专家和同事，以使我们的研究更具代表性。

我们承诺本次问卷调研纯属学术研究，均采用匿名填写，调查结果只供本学术研究使用。请您认真填写本次问卷，您提供的信息对本研究课题十分重要。谢谢您的配合与支持，不胜感激。

感谢您的关注和参与！

第一部分　背景资料

1. 您参与的 PPP 项目类型：

   a. 公共服务（能源、交通运输、水利、教育、科学体育、医疗卫生、养老等）

   b. 城市基础设施（公共停车场、供热、供气、供水、地下综合管廊等）

   c. 生态保护（河流、渠道、湖泊综合治理等）

   d. 资源环境（污泥污水处理、垃圾处理、工业园区资源环境等）

2. 您目前所在的单位类型：

   a. 政府相关部门　b. 研究机构　c. 投资公司　d. 设计单位

   e. 施工单位　f. SPV 项目公司　g. 其他

3. 您从事 PPP 项目相关工作的时间：

   a. 1 年及以下　b. 2～3 年　c. 4～5 年　d. 6 年及以上

4. 您曾参与过多少项 PPP 项目：

   a. 0～1 项　b. 2～3 项　c. 4～5 项　d. 6 项及以上

5. 您的受教育情况：

   a. 初中及以下　b. 高中或中专　c. 大专或本科　d. 硕士及以上

第二部分　关键绩效指标的选择

下面几个问题是对 SPV 公司治理等关键绩效指标的相关描述，请您根据所参与 PPP 项目的经历和感受，选择各指标的重要程度。选项为 a、b、c、d、e，表示为可以忽略、一般重要、重要、比较重要、非常重要。

序号	SPV 公司治理	可以忽略	一般重要	重要	比较重要	非常重要
		a	b	c	d	e
1	组织机构					
2	制度机制					
3	安全管理					
4	财务管理					
5	人力资源管理					
6	日常设施巡查及维护					

序号	河道堤防	可以忽略	一般重要	重要	比较重要	非常重要
		a	b	c	d	e
1	堤顶及防汛道路					
2	堤坡戗台					
3	堤身					
4	防浪（洪）墙					
5	减压及排渗设施					
6	堤肩					
7	河道防护工程					
8	堤防附属设施					

序号	水工建筑物	可以忽略	一般重要	重要	比较重要	非常重要
		a	b	c	d	e
1	主体结构					
2	伸缩缝					
3	闸门表面					
4	闸室					
5	闸门承载及支撑装置					
6	标识					
7	机电设备运行状况					
8	日常维护记录					
9	启闭机整体状况					

序号	河道水体	可以忽略	一般重要	重要	比较重要	非常重要
		a	b	c	d	e
1	水面保洁程度					
2	水体透明度					
3	无异味					
4	氨氮含量					
5	总磷含量					
6	化学需氧量（COD）					
7	岸线标志牌					
8	岸线周围污染源控制					

序号	园林设施	可以忽略	一般重要	重要	比较重要	非常重要
		a	b	c	d	e
1	绿地栅栏、挡土墙、防寒设施					
2	树（花）池界石					
3	景观栈道及亲水平台					
4	景观廊架、景观亭、景观雕塑					
5	路面状况					
6	无障碍设施					
7	照明					
8	园林灌溉设施					
9	休息、娱乐、服务设施					
10	卫生设施					
11	服务设施					
12	护栏					
13	停车场					
14	标识牌					
15	园内道路					

序号	园林植物	可以忽略	一般重要	重要	比较重要	非常重要
		a	b	c	d	e
1	长势					
2	修剪					
3	病虫害防治					
4	施肥					
5	浇灌					
6	除草					
7	补植					
8	松土					
9	树穴					

序号	桥梁	可以忽略	一般重要	重要	比较重要	非常重要
		a	b	c	d	e
1	桥面					
2	伸缩装置					
3	桥梁支座					
4	墩台					
5	人行通道					
6	排水设施					
7	防护设施					

序号	公众满意度	可以忽略	一般重要	重要	比较重要	非常重要
		a	b	c	d	e
1	水体透明度					
2	水体有无异味					
3	水体流动性					
4	水面清洁程度					
5	河中有无障碍物					
6	河中水量是否充沛					
7	植物种类多样性					
8	植物生长态势					
9	植物的层次性					
10	植物修剪情况					
11	四季变化丰富程度					
12	河流周围卫生情况					
13	绿植覆盖率					
14	建筑设施配套完备程度					
15	休息娱乐设施舒适度					
16	主体设施					
17	安全设施完善度					
18	安全标识完善度					
19	路灯位置合理性					
20	路灯亮度合理性					
21	垃圾桶设置合理性					
22	卫生间便利性					
23	路面卫生情况					

续表

序号	公众满意度	可以忽略	一般重要	重要	比较重要	非常重要
		a	b	c	d	e
24	休闲设施卫生情况					
25	卫生间卫生情况					
26	各类设施与整体环境协调程度					
27	监督或投诉渠道多样性					
28	监督或投诉渠道畅通性					
29	服务人员综合素质					
30	发现的问题的落实情况					
31	提高生活便利性					
32	满足健身需要					
33	满足生活休闲需要					
34	在周边活动时给您带来愉悦感					
35	周围环境给您带来舒适感					
36	环境设计人性化					

问卷调查到此结束，再次感谢您的合作和支持，谢谢！

附录 2

水环境治理 PPP 项目关键绩效指标重要程度调查问卷

尊敬的女士/先生，您好：

首先，诚挚感谢您能在百忙之中抽出宝贵时间参与此次问卷调查。

我们正在进行一项关于水环境治理 PPP 项目关键绩效指标的调查分析，以发现水环境治理 PPP 项目顺利实施的关键绩效指标。以此为出发点，我们希望研究成果能够为政府和 SPV 项目公司合理地管理和有效地运营 PPP 项目提供参考。

随后附上调查问卷表，请您按照自己的观点选择您最想选择的答案。您填写此次问卷是对我们课题研究工作的极大支持，非常希望您能够将该问卷分享给您所熟知的相关专家和同事，以使我们的研究更具代表性。

我们承诺本次问卷调研纯属学术研究，均采用匿名填写，调查结果只供本学术研究使用。请您认真填写本次问卷，您提供的信息对本研究课题十分重要。谢谢您的配合与支持，不胜感激。

感谢您的关注和参与！

第一部分　背景资料

1. 您目前所在的单位类型：

a. 政府相关部门　b. 研究机构　c. 投资公司　d. 设计单位

e. 施工单位　f. SPV 项目公司　g. 其他

2. 您从事 PPP 项目相关工作的时间：

a. 1 年及以下　b. 2～3 年　c. 4～5 年　d. 6 年及以上

3. 您曾参与过多少项 PPP 项目：

a. 0～1 项　b. 2～3 项　c. 4～5 项　d. 6 项及以上

4. 您的受教育情况：

a. 初中及以下　b. 高中或中专　c. 大专或本科　d. 硕士及以上

第二部分 关键绩效指标重要程度的选择

下面几个问题是对 SPV 公司治理等关键绩效指标的相关描述，请您根据所参与 PPP 项目的经历和感受，选择各指标的重要程度。选项为 a、b、c、d、e，表示为可以忽略、一般重要、重要、比较重要、非常重要。

序号	SPV 公司治理	可以忽略	一般重要	重要	比较重要	非常重要
		a	b	c	d	e
1	组织机构					
2	制度机制					
3	安全管理					
4	财务管理					

序号	河道堤防	可以忽略	一般重要	重要	比较重要	非常重要
		a	b	c	d	e
1	堤顶及防汛道路					
2	堤坡戗台					
3	堤身					
4	堤肩					

序号	水工建筑物	可以忽略	一般重要	重要	比较重要	非常重要
		a	b	c	d	e
1	主体结构					
2	伸缩缝					
3	闸门表面					
4	标识					
5	机电设备运行状况					
6	日常维护记录					

序号	河道水体	可以忽略	一般重要	重要	比较重要	非常重要
		a	b	c	d	e
1	水面保洁程度					
2	水体透明度					
3	无异味					
4	氨氮含量					
5	总磷含量					
6	化学需氧量（COD）					

序号	园林设施	可以忽略	一般重要	重要	比较重要	非常重要
		a	b	c	d	e
1	树（花）池界石					
2	景观栈道及亲水平台					
3	景观廊架、景观亭、景观雕塑					
4	路面状况					
5	无障碍设施					
6	照明					
7	园林灌溉设施					
8	休息、娱乐、服务设施					
9	卫生设施					

序号	园林植物	可以忽略	一般重要	重要	比较重要	非常重要
		a	b	c	d	e
1	长势					
2	修剪					
3	病虫害防治					
4	除草					
5	补植					

序号	桥梁	可以忽略	一般重要	重要	比较重要	非常重要
		a	b	c	d	e
1	桥面					
2	伸缩装置					
3	人行通道					
4	排水设施					
5	防护设施					

序号	公众满意度	可以忽略	一般重要	重要	比较重要	非常重要
		a	b	c	d	e
1	水体透明度					
2	水体有无异味					
3	水面清洁程度					
4	植物种类多样性					
5	植物生长态势					

续表

序号	公众满意度	可以忽略	一般重要	重要	比较重要	非常重要
		a	b	c	d	e
6	植物修剪情况					
7	四季变化丰富程度					
8	绿植覆盖率					
9	建筑设施配套完备程度					
10	休息娱乐设施舒适度					
11	安全设施完善度					
12	安全标识完善度					
13	路灯位置、亮度合理性					
14	卫生情况					
15	各类设施与整体环境协调程度					
16	监督或投诉渠道多样性、畅通性					
17	服务人员综合素质					
18	发现的问题的落实情况					
19	在周边活动时给您带来愉悦感					
20	环境设计人性化					

问卷调查到此结束，再次感谢您的合作和支持，谢谢！

附录 3

水环境治理 PPP 项目公众满意度调查问卷

尊敬的女士/先生，您好：

首先，诚挚感谢您能在百忙之中抽出宝贵时间参与此次问卷调查。

我们正在进行一项关于水环境治理 PPP 项目关键绩效指标的调查分析，以发现水环境治理 PPP 项目顺利实施的关键绩效指标。以此为出发点，我们希望研究成果能够为政府和 SPV 项目公司合理地管理和有效地运营 PPP 项目提供参考。

随后附上调查问卷表，请您按照自己的观点选择您最想选择的答案。您填写此次问卷是对我们课题研究工作的极大支持，非常希望您能够将该问卷分享给您所熟知的相关专家和同事，以使我们的研究更具代表性。

我们承诺本次问卷调研纯属学术研究，均采用匿名填写，调查结果只供本学术研究使用。请您认真填写本次问卷，您提供的信息对本研究课题十分重要。谢谢您的配合与支持，不胜感激。

感谢您的关注和参与！

1. 您认为当地水体透明度怎么样？

   a. 一般清澈　b. 清澈　c. 浑浊　d. 比较浑浊　e. 非常浑浊

2. 您认为当地水体有无异味？

   a. 无异味　b. 微弱　c. 弱　d. 强　e. 很强

3. 您认为当地水面清洁程度怎么样？

   a. 水面没有杂草和漂浮物

   b. 水面有少量的杂草和漂浮物

   c. 水面有较多的杂草和漂浮物

   d. 水面有非常多的杂草和漂浮物

   e. 水面有极多的杂草和漂浮物

4. 您认为当地水环境中植物种类多样性怎么样？

   a. 极度不丰富　b. 比较丰富　c. 丰富　d. 非常丰富　e. 极度丰富

5. 您认为当地植物生长态势怎么样？

   a. 生长态势非常差　b. 生长态势较差　c. 生长态势一般

   d. 生长态势较好　e. 生长态势非常好

6. 您认为当地植物修剪情况怎么样？

   a. 极度不满意　b. 比较满意　c. 满意　d. 非常满意　e. 极度满意

7. 您认为当地四季变化丰富程度怎么样？

a. 极度不丰富　b. 比较丰富　c. 丰富　d. 非常丰富　e. 极度丰富

8. 您认为当地绿植覆盖率为多少？

a. 20%以下　b. 20% ~40%　c. 40% ~60%

d. 60% ~80%　e. 80%以上

9. 您认为当地建筑设施配套完备程度怎么样？

a. 非常不完备　b. 比较完备　c. 完备　d. 一般完备　e. 非常完备

10. 您认为当地休息娱乐设施舒适度怎么样？

a. 舒适度非常差　b. 舒适度较差　c. 舒适度差

d. 舒适度良好　e. 舒适度非常好

11. 您认为当地安全设施完善度怎么样？

a. 设施完善度非常低　b. 设施完善度较低　c. 设施完善度低

d. 设施完善度高　e. 设施完善度非常高

12. 您认为当地安全标识完善度怎么样？

a. 标识完善度非常低　b. 标识完善度较低　c. 标识完善度低

d. 标识完善度高　e. 标识完善度非常高

13. 您认为当地路灯位置、亮度合理性怎么样？

a. 极其不合理　b. 非常不合理　c. 合理

d. 非常合理　e. 极其合理

14. 您认为当地卫生情况怎么样？

a. 极度不满意　b. 比较满意　c. 满意　d. 非常满意　e. 极度满意

15. 您认为当地各类设施与整体环境协调程度怎么样？

a. 各类设施与整体环境协调程度非常低

b. 各类设施与整体环境协调程度较低

c. 各类设施与整体环境协调程度低

d. 各类设施与整体环境协调程度高

e. 各类设施与整体环境协调程度非常高

16. 您认为当地监督或投诉渠道多样性、畅通性怎么样？

a. 监督或投诉渠道多样性、畅通性非常差

b. 监督或投诉渠道多样性、畅通性较差

c. 监督或投诉渠道多样性、畅通性差

d. 监督或投诉渠道多样性、畅通性好

e. 监督或投诉渠道多样性、畅通性非常好

17. 您认为当地服务人员综合素质怎么样？

a. 特差　b. 较差　c. 一般　d. 良好　e. 优秀

18. 您认为当地发现的问题的落实怎么样？

a. 非常不好　b. 较差　c. 差　d. 较好　e. 非常好

19. 您认为当地满足生活休闲需要怎么样？

a. 极大地不满足　b. 不满足　c. 较满足

d. 非常满足　e. 极大地满足

20. 您认为在当地周边活动时给您带来的愉悦感怎么样？

a. 极大地不愉悦　b. 不愉悦　c. 较愉悦

d. 非常愉悦　e. 极大地愉悦

21. 您认为当地周围环境给您带来的舒适感怎么样？

a. 极大地不舒适　b. 不舒适　c. 较舒适

d. 非常舒适　e. 极大地舒适

问卷调查到此结束，再次感谢您的合作和支持，谢谢！

附录4

水环境治理PPP项目关键绩效指标调查问卷

尊敬的女士/先生，您好：

首先，诚挚感谢您能在百忙之中抽出宝贵时间参与此次问卷调查。

我们正在进行一项关于水环境治理PPP项目关键绩效指标的调查分析，以发现水环境治理PPP项目顺利实施的关键绩效指标。以此为出发点，我们希望研究成果能够为政府和SPV项目公司合理地管理和有效地运营PPP项目提供参考。

随后附上调查问卷表，请您按照自己的观点选择您最想选择的答案。您填写此次问卷是对我们课题研究工作的极大支持，非常希望您能够将该问卷分享给您所熟知的相关专家和同事，以使我们的研究更具代表性。

我们承诺本次问卷调研纯属学术研究，均采用匿名填写，调查结果只供本学术研究使用。请您认真填写本次问卷，您提供的信息对本研究课题十分重要。谢谢您的配合与支持，不胜感激。

感谢您的关注和参与！

SPV公司治理部分

1. 您认为公司组织机构设置是否合理？

   a. 非常不合理　b. 不合理　c. 合理　d. 比较合理　e. 非常合理

2. 您认为公司制度机制是否合理？

   a. 非常不合理　b. 不合理　c. 合理　d. 比较合理　e. 非常合理

3. 您认为公司安全管理是否具有完善性？

   a. 安全管理完善性非常差

   b. 安全管理完善性较差

   c. 安全管理完善性差

   d. 安全管理完善性好

   e. 安全管理完善性非常好

4. 您认为公司财务管理是否具有合理性？

   a. 极度不合理　b. 比较合理　c. 合理　d. 非常合理　e. 极度合理

河道堤防部分

1. 您认为河道堤顶及防汛道路是否坚实平整？

   a. 非常不平整　b. 不平整　c. 平整　d. 比较平整　e. 非常平整

2. 您认为河道堤坡戗台渗水性怎么样？

   a. 渗水性非常差　b. 渗水性比较差　c. 渗水性好

d. 渗水性较好　　　　　　　e. 渗水性非常好

3. 您认为河道堤身稳定性怎么样？

a. 极度不稳定　b. 比较稳定　c. 稳定　d. 非常稳定　e. 极度稳定

4. 您认为河道堤肩是否顺直？

a. 非常不顺直　b. 不顺直　c. 顺直　d. 比较顺直　e. 非常顺直

水工建筑物部分

1. 您认为水工建筑物混凝土、橡胶坝结构是否稳定？

a. 极度不稳定　b. 非常不稳定　c. 比较不稳定　d. 稳定

e. 比较稳定　f. 非常稳定　g. 极度稳定

2. 您认为水工建筑物伸缩缝、排水设施是否正常？

a. 极度不正常　b. 非常不正常　c. 比较不正常　d. 正常

e. 比较正常　f. 非常正常　g. 极度正常

3. 您认为水工建筑物闸门表面及止水装置完备性怎么样？

a. 非常不完备　b. 比较不完备　c. 一般不完备　d. 完备

e. 一般完备　f. 比较完备　g. 非常完备

4. 您认为水工建筑物附属设施及标识是否完好？

a. 非常不完好　b. 比较不完好　c. 一般不完好　d. 完好

e. 一般完好　f. 比较完好　g. 非常完好

5. 您认为水工建筑物机电设备运行状况是否正常？

a. 极度不正常　b. 非常不正常　c. 比较不正常　d. 正常

e. 比较正常　f. 非常正常　g. 极度正常

6. 您认为水工建筑物日常维护记录怎么样？

a. 非常不好　b. 比较不好　c. 一般不好　d. 好

e. 一般好　f. 比较好　g. 非常好

河道水体部分

1. 您认为河道水体水面保洁程度怎么样？

a. 水面没有杂草和漂浮物

b. 水面有少量的杂草和漂浮物

c. 水面有较多的杂草和漂浮物

d. 水面有非常多的杂草和漂浮物

e. 水面有极多的杂草和漂浮物

2. 您认为河道水体透明度怎么样？

a. 一般清澈　b. 清澈　c. 浑浊　d. 比较浑浊　e. 非常浑浊

3. 您认为河道水体有无异味？

a. 无异味　b. 微弱　c. 弱　d. 强　e. 很强

4. 您认为河道水体氨氮含量是否正常？

a. 非常不正常　b. 比较不正常　c. 正常　d. 比较正常　e. 非常正常

5. 您认为河道水体总磷含量是否正常？

a. 非常不正常　b. 比较不正常　c. 正常　d. 比较正常　e. 非常正常

6. 您认为河道水体化学需氧量（COD）是否正常？

a. 非常不正常　b. 比较不正常　c. 正常　d. 比较正常　e. 非常正常

7. 您认为河道水体岸线周围污染源控制是否完善？

a. 极大地不完善　b. 不完善　c. 较完善　d. 非常完善　e. 极大地完善

园林设施部分

1. 您认为园林设施树（花）池界石是否美观？

a. 极其不美观　b. 非常不美观　c. 不美观　d. 比较不美观　e. 一般美观

f. 比较美观　g. 美观　h. 非常美观　i. 极其美观

2. 您认为园林设施景观栈道及亲水平台是否环保？

a. 极其不环保　b. 非常不环保　c. 不环保　d. 比较不环保　e. 一般环保

f. 比较环保　g. 环保　h. 非常环保　i. 极其环保

3. 您认为园林设施景观廊架、景观亭、景观雕塑是否经济？

a. 极其不经济　b. 非常不经济　c. 不经济　d. 比较不经济　e. 一般经济

f. 比较经济　g. 经济　h. 非常经济　i. 极其经济

4. 您认为园林设施路面状况是否平整？

a. 极其不平整　b. 非常不平整　c. 不平整　d. 比较不平整　e. 一般平整

f. 比较平整　g. 平整　h. 非常平整　i. 极其平整

5. 您认为当地无障碍设施是否安全？

a. 极其不安全　b. 非常不安全　c. 不安全　d. 比较不完全　e. 一般安全

f. 比较安全　g. 安全　h. 非常安全　i. 极其安全

6. 您认为园林设施照明是否方便维护？

a. 极其不方便　b. 非常不方便　c. 不方便　d. 比较不方便　e. 一般方便

f. 比较方便　g. 方便　h. 非常方便　i. 极其方便

7. 您认为当地园林灌溉设施是否合理？

a. 极其不合理　b. 非常不合理　c. 不合理　d. 比较不合理　e. 一般合理

f. 比较合理　g. 合理　h. 非常合理　i. 极其合理

8. 您认为当地休息、娱乐、服务设施是否齐全？

a. 极其不齐全　b. 非常不齐全　c. 不齐全　d. 比较不齐全　e. 一般齐全

f. 比较齐全　g. 齐全　h. 非常齐全　i. 极其齐全

9. 您认为园林设施卫生设施是否干净？

a. 极其不干净 b. 非常不干净 c. 不干净 d. 比较不干净 e. 一般干净

f. 比较干净 g. 干净 h. 非常干净 i. 极其干净

10. 您认为园林设施护栏是否安全？

a. 极其不安全 b. 非常不安全 c. 不安全 d. 比较不完全 e. 一般安全

f. 比较安全 g. 安全 h. 非常安全 i. 极其安全

园林植物部分

1. 您认为园林植物长势怎么样？

a. 极其不好 b. 非常不好 c. 比较不好 d. 好 e. 比较好

f. 非常好 g. 极其好

2. 您认为园林植物修剪是否合理？

a. 极其不合理 b. 非常不合理 c. 比较不合理 d. 合理 e. 比较合理

f. 非常合理 g. 极其合理

3. 您认为园林植物病虫害防治是否有效？

a. 非常无效 b. 比较无效 c. 一般无效 d. 有效 e. 一般有效

f. 比较有效 g. 非常有效

4. 您认为园林植物除草是否完全？

a. 非常不完全 b. 比较不完全 c. 一般不完全 d. 完全 e. 一般完全

f. 比较完全 g. 非常完全

5. 您认为园林植物补植是否符合要求？

a. 极其不符合 b. 非常不符合 c. 比较不符合 d. 符合 e. 比较符合

f. 非常符合 g. 极其符合

桥梁部分

1. 您认为桥梁桥面的平整防滑性怎么样？

a. 极差 b. 非常差 c. 差 d. 比较差 e. 一般好

f. 比较好 g. 好 h. 非常好 i. 极好

2. 您认为桥梁伸缩装置是否牢固可靠？

a. 极其不牢固 b. 非常不牢固 c. 不牢固 d. 比较不牢固 e. 一般牢固

f. 比较牢固 g. 牢固 h. 非常牢固 i. 极其牢固

3. 您认为桥梁支座是否稳定？

a. 极其不稳定 b. 非常不稳定 c. 不稳定 d. 比较不稳定 e. 一般稳定

f. 比较稳定 g. 稳定 h. 非常稳定 i. 极其稳定

4. 您认为桥梁排水设施是否完好通畅？

a. 极其不通畅 b. 非常不通畅 c. 不通畅 d. 比较不通畅 e. 一般通畅

f. 比较通畅　　g. 通畅　　h. 非常通畅　i. 极其通畅

问卷调查到此结束，再次感谢您的合作和支持，谢谢！

附录 5

θ_1	θ_2	δ_1	$\dot{\tau}$	s	l	γ	d	c	k	$\bar{\beta}_1$	$\bar{\beta}_2$
0.799	0.049	0.04	0.114	0.945	0.94	0.93	0.662	0.8	0.34	0.4941	0.4334
0.92	0.186	0.904	0.916	0.833	0.496	0.73	0.947	0.769	0.98	0.3164	0.5052
0.815	0.06	0.84	0.833	0.584	0.545	0.26	0.557	0.723	0.81	0.3502	0.5302
0.431	0.239	0.545	0.967	0.81	0.869	0.13	0.888	0.732	0.87	0.3124	0.5128
0.81	0.262	0.073	0.665	0.186	0.137	0.73	0.127	0.642	0.68	0.0564	0.4339
0.64	0.095	0.889	0.104	0.731	0.186	0.3	0.197	0.183	0.8	0.4181	0.5029
0.815	0.107	0.583	0.097	0.699	0.441	0.55	0.467	0.731	0.48	0.4590	0.4691
0.809	0.311	0.152	0.44	0.903	0.428	0.52	0.895	0.185	0.48	0.3889	0.4087
…	…	…	…	…	…	…	…	…	…	…	…
0.76	0.15	0.43	0.32	0.41	0.94	0.18	0.96	0.48	0.4	0.6367	0.6462
0.95	0.66	0.94	0.28	0.45	0.32	0.12	0.7	0.72	0.97	0.3684	0.5435
0.96	0.49	0.25	0.29	0.55	0.6	0.18	0.48	0.62	0.84	0.2801	0.4624
0.74	0.34	0.16	0.75	0.27	0.94	0.3	0.36	0.3	0.48	0.1744	0.9601
0.9	0.26	0.9	0.51	0.5	0.26	0.43	0.22	0.11	0.54	0.1132	0.5532
0.66	0.15	0.49	0.22	0.66	0.07	0.27	0.87	0.22	0.66	0.4511	0.4836
0.74	0.05	0.98	0.86	0.62	0.23	0.52	0.59	0.28	0.68	0.0675	0.5732
0.94	0.3	0.84	0.39	0.57	0.92	0.47	0.92	0.99	0.9	0.5895	0.5792
0.94	0.2	0.97	0.85	0.69	0.12	0.31	0.45	0.38	0.98	0.2468	0.5025
0.85	0.08	0.58	0.73	0.84	0.68	0.43	0.32	0.56	0.77	0.3173	0.4991